Was misst Self-Rated Health?

Patrick Lazarevič

Was misst Self-Rated Health?

Die Basis subjektiver Gesundheit und Unterschiede nach Geschlecht, Alter und Kohorte in Europa und Kanada

 Springer VS

Patrick Lazarevič
Vienna Institute of Demography
Wien, Österreich

Dissertation in der Fakultät Erziehungswissenschaft, Psychologie und Soziologie der
TU Dortmund

ISBN 978-3-658-28025-3   ISBN 978-3-658-28026-0   (eBook)
https://doi.org/10.1007/978-3-658-28026-0

Die Deutsche Nationalbibliothek verzeichnet diese Publikation in der Deutschen National-
bibliografie; detaillierte bibliografische Daten sind im Internet über http://dnb.d-nb.de abrufbar.

Springer VS ist ein Imprint der eingetragenen Gesellschaft Springer Fachmedien Wiesbaden GmbH
und ist ein Teil von Springer Nature.
Die Anschrift der Gesellschaft ist: Abraham-Lincoln-Str. 46, 65189 Wiesbaden, Germany

Danksagung

Zuallererst möchte in chronologischer Reihenfolge den Menschen danken, die mir die Freiräume, Gelegenheiten und Unterstützung gaben und geben, durch die ich zu der (Forscher-)Person werden konnte, die ich heute bin:

Jutta und Alexander Lazarevič für alles von Anfang an,
Martina Brandt für die hilfreich-pragmatische Begleitung in mein Wissenschaftlerleben,
Amélie Quesnel-Vallée pour l'expérience géniale à Montréal et son soutien indéfectible
und *Marc Luy* für das nächste Kapitel in Wien.

Darüber hinaus möchte ich all jenen Danken, die mir auch in schwierigen Zeiten privat wie beruflich mit Rat und Tat zur Seite standen. Ein besonderer Dank gilt dabei – ebenfalls chronologisch – Sebastian Sombrowski, Fabian Ephraim Koenen & Maxwell Roth, Andrea Schwarz, Laura Unsöld, Judith Kaschowitz und Alina Schmitz.

Die Ergebnisse dieser Arbeit sind Teil des Projektes „LETHE - Levels and Trends of Health Expectancy: Understanding its Measurement and Estimation Sensitivity", für das Fördermittel des Europäischen Forschungsrats (ERC) im Rahmen des Programms der Europäischen Union für Forschung und Innovation „Horizont 2020" bereitgestellt wurden (Finanzhilfevereinbarung Nr. 725187).

Abkürzungsverzeichnis

BMI	Body-Mass-Index
CCHS	Canadian Community Health Survey
CHMS	Canadian Health Measures Survey
GE	Gesundheitseinfluss
GI	Gesundheitsindikator
IHS	Inverse hyperbolische Sinustransformation
NGE	Nichtgesundheitseinfluss
NGI	Nichtgesundheitsindikator
NPHS	National Population Health Survey
SHARE	Survey of Health, Ageing and Retirement in Europe
SRH	Self-Rated Health

Abbildungsverzeichnis

Tabellenverzeichnis

Inhaltsverzeichnis

1 Einführung und Motivation: Die Relevanz subjektiver Gesundheit und offene Fragen[1]

Die Gesundheit eines Menschen stellt nicht nur für ihn selbst, sondern auch für sämtliche Wissenschaftsdisziplinen, die sich mit dem menschlichen (Zusammen)Leben befassen, einen zentralen Aspekt dar. Insbesondere vor dem Hintergrund der weiter andauernden Bevölkerungsalterung beschäftigt sich eine stetig wachsende Anzahl quantitativ-empirischer Studien mit Fragen individueller und gesellschaftlicher Gesundheit (Hank & Brandt 2016). Im Fokus dieser Untersuchungen stehen dabei häufig entweder Maßnahmen zur Verbesserung der Gesundheit bzw. Verlängerung gesunder Lebenszeit oder Determinanten und Auswirkungen gesundheitlicher Ungleichheit (z.B. Brandt et al. 2012; Hank et al. 2013; Deindl et al. 2016; Kaschowitz & Brandt 2017). Die große Bedeutung von Gesundheit in der Wissenschaft gilt umso mehr für die Alter(n)sforschung bzw. Gerontologie, da insbesondere Menschen im höheren Alter sich mit einer verschlechternden Gesundheit konfrontiert sehen (McCullough & Laurenceau 2004). Darum ist es auch nicht weiter verwunderlich, dass große Altersstudien wie z.B. die Berliner Altersstudie (BASE), der Deutsche Alterssurvey (DEAS) oder der Survey of Health, Ageing and Retirement in Europe (SHARE) immer auch die Gesundheit der Befragten extensiv erheben. Die Ergebnisse der auf diesen Erhebungen basierenden Untersuchungen haben eine hohe gesellschaftliche Relevanz und dienen als wissenschaftliche Basis für entsprechende politische Maßnahmen wie die aktuelle deutsche Pflegereform (Brandt et al. 2016).

Das analytische Herzstück solcher (sozial-)gerontologischer, (sozial-)epidemiologischer und artverwandter Studien ist die Definition und Messung von dem, was unter „Gesundheit" verstanden werden soll. Wie auch schon in anderen wissenschaftlichen Kontexten wiederholt gezeigt werden konnte, haben diesbezügliche Entscheidungen potenziell drastische Konsequenzen für die inhaltlichen Ergebnisse wissenschaftlicher Untersuchungen (z.B. Roberts et al. 1996; Edgar & Geare 2005; Verhaest & Omey 2010; Kümmerling & Lazarevič 2016). Sofern kein spezifischer gesundheitlicher Aspekt, wie die Wahrscheinlichkeit, von einer bestimmten Krankheit betroffen zu sein oder die Auswirkungen einer Maßnahme auf die mentale Gesundheit, im Fokus steht, sind hierzu Messinstrumente der sogenannten generischen Gesundheit, also der allgemeinen gesundheitlichen Verfassung (auch „latente Gesundheit") einer Person notwendig. Um eine möglichst genaue und umfassende Messung zu erreichen, wurde bereits eine Vielzahl unterschiedlichster Verfahren entwickelt (Jylhä 2009). Diese reichen von detaillierten Fragebögen wie dem Health Utilities Index (HUI-3) (Feeny et al. 1995), dem *Cohen-Hoberman Inventory of Physical Symptoms* (CHIPS) (Cohen 1988), dem Short Form Health Survey (SF-36) (Ware 1993),

---

[1] Weite Teile dieser Einleitung und des theoretischen Hintergrundes in Kapitel 2 wurden bereits in einer früheren Version vorab im Rahmen eines Sammelbandbeitrages veröffentlicht (Lazarevič 2018).

dem European Health Status Module (EHSM) (Robine & Jagger 2003), über physische Leistungstests wie die Greifkraftmessung oder die Messung der Gehgeschwindigkeit oder des Lungenvolumens (für einen Überblick siehe Cooper et al. 2011), bis hin zu den sogenannten (Labor-)Biomarkern, also Laboruntersuchungen z.B. von Blut-, Speichel-, Urin- oder Haarproben (für einen Überblick siehe Mayeux 2004; McDade et al. 2007).

Für die meisten Studien, die auf Surveydaten beruhen, stehen jedoch weder die zeitlichen noch finanziellen Ressourcen zur Verfügung, um die genannten Maßnahmen zur umfassenden Gesundheitsmessung anhand ausführlicher Fragebögen, Leistungstests oder Biomarker zu gewährleisten. Insbesondere in multithematischen Studien kann eine ausführliche Messung der Gesundheit und die daraus resultierende längere Befragungsdauer die sogenannte „Respondent Burden" erhöhen, worunter nicht zuletzt die Datenqualität potenziell leidet (Bradburn 1979; Sharp & Frankel 1983). Gleichzeitig kann die Verwendung dieser Methoden aber auch abschreckend für ForscherInnen sein, da sie ihnen und gegebenenfalls ihren RezipientInnen weiterführende Kenntnisse statistischer Methoden (z.B. Faktorenanalysen oder Strukturgleichungsmodelle im Falle komplexer Skalen) bzw. der Humanbiologie/-medizin (im Falle von Laborbiomarkern) oder einen allgemein größeren Aufwand (z.B. bei der Kodierung des HUI-3) abverlangen. Hieraus resultiert ein großes Interesse daran, die latente Gesundheit anhand möglichst weniger und einfacher Fragen verlässlich zu ermitteln. Doch welche Eigenschaften sollten entsprechende Surveyfragen hierzu aufweisen?

In einer Publikation der World Health Organisation (WHO) definieren de Bruin et al. (1996: 50) sechs Anforderungen, die Gesundheitsindikatoren bzw. Fragen in Gesundheitsinterviews erfüllen sollten:

1. Sie sollten so kurz wie möglich sein.
2. Sie sollten nicht durch Aspekte wie das Geschlecht oder Alter verzerrt sein.
3. Sie sollten für die Erhebung in persönlichen Interviews oder durch die Befragten selbst auszufüllende Fragebögen geeignet sein, ohne dass eine spezielle (medizinische) Bildung nötig ist.
4. Sie sollten für Proxybefragungen geeignet sein.
5. Sie sollten (Gesundheits-)Informationen erfragen, die nicht zu selten in der Zielbevölkerung vorkommen.
6. Sie sollten einfach zu erheben sein und Daten produzieren, die leicht zu verarbeiten sind (z.B. in statistischen Analysen).

Eine Alternative zu den ausführlichen Messinstrumenten wird unter der (wenigstens impliziten) Annahme, dass alle diese Anforderungen erfüllt sind, sowohl von FragebogendesignerInnen großer Surveys wie NutzerInnen von Sekundärdaten häufig in einer direkten subjektiven Selbsteinschätzung der generischen Gesundheit durch die Befragten gesehen. Diese wird typischerweise in Form einer Einzelfrage wie z.B. "Würden Sie sagen, Ihr Gesundheitszustand ist...?" (Ausgezeichnet/Sehr gut/Gut/Mittelmäßig/Schlecht) (Fragebogen des SHARE, 2015) erhoben. Die Attraktivität, die latente Gesundheit durch diese Frage zu messen, begründet sich aus surveymethodologischer Sicht mindestens dadurch, dass es sich um eine relativ simple und kurze Frage handelt (Anforderung 1), zu der vermeintlich jeder Mensch entweder eine konkrete und begründbare Meinung hat (Anforderungen 3 und 5) oder sich notfalls schnell eine solche bilden kann (Jylhä 2009). Aus diesen Gründen wird dieser Gesundheitsindikator auch in der oben genannten WHO-Publikation explizit zur Messung der Gesundheit empfohlen (de Bruin et al. 1996: 51–53) und – mit leichten Variationen – nicht nur in den erwähnten Alterssurveys, sondern auch in vielen allgemeinen gesundheitsbezogenen (z.B. Gesundheit in Deutschland aktuell (GEDA)) wie multithematischen Bevölkerungssurveys national (z.B. im Sozio-oekonomischen Panel (SOEP)) wie international (z.B. im European Social Survey (ESS)) standardmäßig erhoben, was auch eine Vergleichbarkeit dieser Daten zwischen Bevölkerungsgruppen und Ländern impliziert (Anforderung 2). Dieser auch als „Self-Rated Health" (SRH) bezeichnete Indikator wird von NutzerInnen üblicherweise entweder quasimetrisch (z.B. Singh-Manoux et al. 2006) oder dichotomisiert in Kategorien wie 'mindestens gute Gesundheit' und 'schlechter als gut' (z.B. Manor et al. 2000) verwendet, wodurch er augenscheinlich ohne Weiteres für eine ganze Reihe statistischer Methoden geeignet ist (Anforderung 6). Die Erhebung und Verwendung von SRH lässt sich aber auch empirisch begründen: In zahlreichen Studien konnte immer wieder gezeigt werden, dass SRH einen konsistenten, unabhängigen und merklichen Beitrag zur Prognose von Morbidität und Mortalität leistet (für einen Überblick siehe Idler & Benyamini 1997).

Darüber hinaus gibt es auch auf theoretisch-inhaltlicher Ebene vor allem vier Eigenschaften von SRH, die zur Begründung der Verwendung dieses Messinstruments zur generischen Gesundheitsmessung herangezogen werden (Idler & Benyamini 1997; Benyamini 2011): *Erstens* ist SRH inklusiv in der Hinsicht, dass Befragte zur Bewertung ihrer Gesundheit alle erdenklichen und subjektiv relevanten Aspekte berücksichtigen können. Es werden also nicht nur manifeste, bekannte und erfragbare Tatsachen wie Diagnosen oder Krankheitssymptome einbezogen, die eventuell im Rahmen des restlichen Fragebogens nicht abgefragt wurden, sondern auch eher latente Gesundheitsmerkmale wie die (subjektive) Schwere und Auswirkungen etwaiger Gesundheitsprobleme oder auch potenziell unbewusste biomedizinische Prozesse wie Entzündungen, die ansonsten nur über Biomarker erfasst werden könnten. Dadurch hat SRH folglich gerade durch seine Subjektivität das Potenzial, Gesundheitsmerkmale zu erheben, die z.B. über die einfache Abfrage medizinischer Diagnosen hinausgehen. Darüber hinaus ist SRH *zweitens* dynamisch, d.h. die Bewertung beinhaltet nicht nur den derzeitigen Gesundheitszustand, sondern auch mögliche Gesundheitsentwicklungen und -veränderungen. Die Befragten können also auch kurz- und langfristige Prozesse berücksichtigen, die potenziell fundamental für die Bewertung sein können. *Drittens* ist davon auszugehen, dass die Evaluation der eigenen Gesundheit auch das Verhalten der Befragten beeinflusst, da eine suboptimale Gesundheit z.B. die Motivation für präventives Gesundheitsverhalten wie physische Aktivität verringern kann. Dies hat in der Folge etwa Konsequenzen für die Vorhersage zukünftiger Gesundheitsentwicklungen. Eine letzte theoretische Annahme in Bezug auf SRH ist *viertens*, dass in dieses Urteil auch Ressourcen der Befragten wie ihr sozioökonomischer Status, (potenzielle) soziale Unterstützung und ihre allgemeine Vitalität eingehen. Das (Nicht-)Vorhandensein dieser Ressourcen kann seinerseits einen eigenständigen Einfluss auf den (zukünftigen) Gesundheitsstatus, z.B. bezüglich der möglichen Bewältigungsstrategien gesundheitlicher Rückschläge, haben.

Auf Basis dieser vorteilhaften surveymethodologischen, empirischen und theoretischen Eigenschaften und nicht zuletzt der Empfehlung der WHO durch de Bruin et al. (1996), SRH als Standardindikator zur Gesundheitsmessung zu verwenden, ist die geradezu allgegenwärtige Verbreitung von SRH nicht überraschend: Es lässt sich vor dem Hintergrund hunderter Untersuchungen, die SRH verwenden (Jylhä 2009), mit einigem Recht behaupten, dass SRH als faktischer „State-of-the-Art" generischer Gesundheitsmessung und populäres Allroundwerkzeug der quantitativen Alter(n)s- und Gesundheitsforschung bezeichnet werden kann.

In der überwiegenden Mehrheit der Studien, die SRH als Maß für den Gesundheitszustand von Befragten verwenden, wird dieser von ForscherInnen als folglich feststehende Tatsache behandelt und mit der latenten Gesundheit einer Person gleichgesetzt. Das Wissen über die kognitiven Prozesse, auf denen die Antworten der Befragten beruhen, ist jedoch stark fragmentiert und die Auswirkungen dieser Prozesse liegen immer noch weitgehend im Dunkeln. Entsprechend wissen DatennutzerInnen und ihre RezipientInnen oftmals nicht, auf welchen Informationen, Empfindungen und Überlegungen diese Gesundheitsbewertungen tatsächlich gründen und welches Gewicht ihnen jeweils zukommt. Aus diesen Unklarheiten und Forschungsdefiziten ergibt sich die übergreifende Forschungsfrage dieser Arbeit, die geklärt werden muss, um überhaupt zielgerichtete Forschung mit diesem Gesundheitsindikatoren betreiben zu können: *Was misst SRH?*

Darüber hinaus stellt sich - entgegen der durch die Empfehlung signalisierten Annahme von de Bruin et al. (1996) – die Frage, ob sämtliche oben postulierten Voraussetzungen für SRH erfüllt sind. So wissen DatennutzerInnen in der Regel nicht, ob oder inwieweit verschiedene Gruppen, z.B. Frauen und Männer, Altersgruppen oder Bewohner unterschiedlicher Länder, sich in der Basis und Gestaltung ihrer Bewertung unterscheiden oder ob sich Proxybefragte nicht doch von ihrer Einschätzung von den eigentlich zu Befragenden unterscheiden. Aus diesen Unklarheiten ergeben sich besondere Probleme der Vergleichbarkeit der Daten und Validität empirischer Ergebnisse, die auf diesem Gesundheitsindikatoren beruhen: In letzter Konsequenz werden sämtliche Gruppenvergleiche auf Basis von SRH in Frage gestellt. Das Ausmaß eventueller Probleme ist ohne entsprechende Untersuchungen selbst für ForscherInnen schwer einzuschätzen und vermutlich den meisten RezipientInnen nicht vollumfänglich bewusst. Entsprechend gibt es auch dringenden Forschungsbedarf in der Frage, inwieweit die Gesundheitsbewertungen Bevölkerungsgruppen, die in empirischer Gesundheitsforschung häufig miteinander verglichen werden, auf den gleichen gesundheitsbezogenen Grundlagen basieren. Die oben genannten Gruppen, d.h. Geschlecht, Alter bzw. Kohorte und das Land der Befragung, bieten sich dabei in besonderer Weise zum Vergleich an, da sie in Surveys vergleichsweise einfach und objektiv messbar, weitestgehend exogen hinsichtlich der Gesundheit der Befragten und gewissermaßen universell sind, wodurch ein Vergleich der Ergebnisse auch über verschiedene Datengrundlagen hinweg relativ gut möglich ist. Entsprechend lautet die diesbezügliche zweite Hauptforschungsfrage dieser Arbeit: *Unterscheiden sich Männer und Frauen, die Angehörigen verschiedener Altersgruppen oder die Bewohner unterschiedlicher Länder hinsichtlich der Grundlage ihrer Gesundheitsbewertung?*

Diese Arbeit soll einen Beitrag dazu leisten, diese und damit verbundene Fragen zu klären und so eine bessere Entscheidungsgrundlage für die Verwendung von SRH zu bieten. Hierzu werden zuerst in Kapitel 2 theoretische Ansätze zum Ablauf bzw. Zustandekommen der Bewertung der eigenen Gesundheit zusammengefasst. Zu diesem Zweck wird aus der Synthese eines grundlegenden kognitionswissenschaftlichen Modells zur Beschreibung des Antwortprozesses bei Surveyfragen und verschiedenen Modellen zur Bewertung der allgemeinen Gesundheit ein übergreifendes kognitives Modell zum gesamten Antwortprozess bei der Frage nach der selbst eingeschätzten Gesundheit hergeleitet. Der in diesem Modell dargestellte kognitive Gesamtprozess lässt sich in seinen einzelnen Schritten empirisch untersuchen und testen, woraus sich wichtige Erkenntnisse über SRH allgemein gewinnen lassen. Als entsprechende Illustration dient im Anschluss ein spezifischeres analytisches Modell zu den Grundlagen und dieser Bewertung und ihrer Gewichtung, welches sich direkt empirisch umsetzen und überprüfen lässt. In diesem Modell wird die allgemeine Gesundheitsbewertung als Resultat einer Integration von fünf Gesundheitsdimensionen vor dem Hintergrund von nicht gesundheitsbezogenen Einflüssen (also Einflüssen, die nicht Teil der latenten Gesundheit sind) gesehen, wobei diese (nicht) gesundheitsbezogenen Einflüsse auf die Gesundheitsbewertung jeweils durch die oben genannten soziodemographischen Aspekte moderiert werden. Die Herleitung und Beschreibung dieser theoretischen Modelle mündet schlussendlich der Spezifizierung fünf konkreter Forschungsfragen zum Thema subjektiver Gesundheitsbewertungen. Die Aufstellung dieser Forschungsfragen schon zu diesem Zeitpunkt dient der Anleitung und Strukturierung der restlichen Arbeit, weshalb sich im weiteren weiteren Verlauf immer wieder Rückbezüge auf diese finden lassen. Darauf folgen in Kapitel 3 einige ausgewählte empirische Befunde bezüglich der aufgestellten Forschungsfragen und damit verbundene Konsequenzen und Anknüpfungspunkte für weitere Forschung sowohl in dieser Arbeit als auch darüber hinaus.

Auf Basis dieser Vorüberlegungen und Befunde findet dann in den Kapiteln 4 und 5 die Konzeption der empirischen Untersuchung der Forschungsfragen dieser Arbeit statt. Dieser Teil der vorliegenden Arbeit wird aus zwei Gründen im Vergleich zur Beschreibung der theoretischen Modelle und des Forschungsstandes einen vergleichsweise großen Anteil in dieser Arbeit einnehmen. Erstens ist zur Begründung der Eignung und zur Erklärung der Funktionsweise der verwendeten statistischen Methoden eine relativ detaillierte Erläuterung derselben notwendig – insbesondere, da einige dieser Methoden in den Sozialwissenschaften bislang nur wenig geläufig sind. Zweitens erfordert die Datenbasis dieser Arbeit mit drei verschiedenen Surveys einigen Raum für deren jeweilige Beschreibung, Begründung ihrer Verwendung, Diskussion ihrer Vergleichbarkeit und die jeweilige Operationalisierung des analytischen Modells. Dieser Teil ist demgemäß so aufgebaut, dass ich zunächst in Kapitel 4 die statistischen Analysemethoden zur Umsetzung des theoretischen Modells erläutere und diskutiere, um ihre jeweilige Eignung zur Bearbeitung der Forschungsfragen zu begründen, wobei ich auch speziell auf das Skalenniveau von SRH als abhängiger Variable dieser Arbeit eingehe. Daraus leite ich dann im selben Kapitel die Analysestrategie der empirischen Untersuchung her, welche die Grundlage derselben darstellt. Im Anschluss stelle ich in Kapitel 5 drei geeignete Datensätze zur Umsetzung dieser Analysestrategie vor. Dabei sollen wie erwähnt jeweils Besonderheiten der Datensätze erläutert, ihre Eignung zur Untersuchung der Forschungsfragen diskutiert und die in den Analysen verwendeten Variablen besprochen und dokumentiert werden.

Die Kapitel 6, 7, 8 und 9 dienen dann der Darstellung der Ergebnisse der Umsetzung der zuvor aufgestellten Analysestrategie. Für einen besseren Überblick und zur Nachvollziehbarkeit des jeweiligen Zusammenhangs mit den aufgestellten Forschungsfragen beginnt dabei jedes dieser Kapitel mit einer kurzen Beschreibung des speziell angepassten zugrunde liegenden analytischen Modells und dessen konkreter Umsetzung anhand des jeweiligen

Datensatzes und endet mit einem Zwischenfazit, in welchem die Ergebnisse nochmal zusammengefasst und auf ihre Bedeutung für die Forschungsfragen hin diskutiert werden.

In Kapitel 10 werden die Ergebnisse der vorherigen vier Kapitel dann schlussendlich nochmals zusammengefasst und unter Bezugnahme auf ihre Bedeutung für die ursprünglichen theoretischen Überlegungen und Forschungsfragen diskutiert. An dieser Stelle findet auch ein übergreifender Vergleich der jeweiligen Ergebnisse statt, um zu eruieren, inwieweit sich auf Basis der verschiedenen Datensätze konsistente Ergebnisse ausfindig machen ließen. Zum Abschluss dieses Kapitels diskutiere ich im Rahmen eines Ausblicks Implikationen dieser Ergebnisse für die Verwendung von SRH und mögliche Anknüpfungspunkte für weitere Forschung hinsichtlich der mit dieser Variablen angestrebten kurzen generischen Gesundheitsmessung.

Das aus dieser Arbeit resultierende bessere Verständnis der Basis, Aussagekraft und Probleme subjektiver Gesundheitsmessung soll eine zielgerichtetere Forschung bezüglich individueller, gruppenspezifischer und gesamtgesellschaftlicher Gesundheit und davon abgeleitete evidenzbasierte Handlungsoptionen ermöglichen. Abgesehen von diesen direkten Beiträgen zur Gesundheitsforschung können die in dieser Arbeit synthetisierten bzw. abgeleiteten theoretischen Modelle und empirischen Ansätze auch für über die Ergebnisse dieser Arbeit hinausgehende Forschung genutzt werden, um das Verständnis dieses Gesundheitsindikatoren weiter zu verbessern.

2 Theorie: Modelle subjektiver Gesundheitsbewertungen

2.1 Die Grundfrage: Wie entstehen gesundheitsbezogene Selbsteinschätzungen und was messen sie?

Die grundsätzliche Annahme, dass die Bewertung der eigenen Gesundheit durch die Befragten in Surveys sich von den Ergebnissen klinischer Untersuchungen oder der Einschätzung durch geschultes Personal wie KrankenpflegerInnen oder ÄrztInnen deutlich unterscheidet, ist nicht neu und begleitet SRH gewissermaßen von Anfang an. So wurde schon in den 50er Jahren festgestellt: „As a substitute for an actual medical examination, these self-ratings do indeed appear to have extremely low validity" (Suchman et al. 1958: 232). Dieser Befund konnte über die Jahrzehnte auch in anderen empirischen Untersuchungen regelmäßig und konsistent bestätigt werden (z.B. Maddox 1962; Kelly-Hayes et al. 1992; für Deutschland Lehr 1982). Offensichtlich gibt also es einen erheblichen Unterschied zwischen dem, was medizinisches Fachpersonal und Befragte in einem Interview unter 'allgemeiner Gesundheit' verstehen – oder anders ausgedrückt: „self-ratings of health measure something different than physicians' ratings" (Suchman et al. 1958: 232).

Diese Diskrepanz führte in jüngerer Zeit zu der grundsätzlicheren Frage „What is Self-Rated Health?" (Jylhä 2009). Im Rahmen dieses Forschungsfeldes geht es also um die Frage, wie gesundheitsbezogene Selbsteinschätzungen entstehen und was sie eigentlich messen – oder in Kurzform: „Was misst SRH"? Diese Frage nach der Grundlage dieses Gesundheitsindikatoren ist vor dem Hintergrund seiner häufigen Verwendung, die teilweise einer Gleichsetzung mit der latenten Gesundheit entspricht, umso dringlicher. Um dieser Frage aber systematisch nachgehen zu können, sind zuerst theoretische Modelle zur Generierung der Antwort durch die Befragten notwendig, die einerseits systematische empirische Untersuchungen anleiten können und andererseits, um neue Befunde einzuordnen. Wie läuft also der kognitive Prozess der Bewertung der eigenen Gesundheit theoretisch ab?

2.2 Kognitive Prozesse der Selbsteinschätzung der generellen Gesundheit

Abbildung 2.1 zeigt ein im Rahmen dieser Arbeit entwickeltes allgemeines kognitives Modell des Antwortprozesses im Falle der Selbsteinschätzung der eigenen Gesundheit im Rahmen von Surveyinterviews. Dieses Modell integriert zwei theoretische Modelle spezifisch zum Prozess der Bewertung der eigenen Gesundheit von Knäuper & Turner (2003) und Jylhä (2009) in ein generelles Modell zur Beantwortung von Surveyfragen von Tourangeau (1984) bzw. dessen Reformulierung und Erweiterung von Strack & Martin (1987). Es handelt sich anders ausgedrückt gewissermaßen um eine Synthese dieser Modelle, die in einer Anwendung spezifischer Modelle der Bewertung von der eigenen Gesundheit auf

© Springer Fachmedien Wiesbaden GmbH, ein Teil von Springer Nature 2019
P. Lazarević, *Was misst Self-Rated Health?*,
https://doi.org/10.1007/978-3-658-28026-0_2

ein allgemeines kognitionspsychologisches Modell des Antwortprozesses bei Surveyfragen
besteht und im Folgenden genauer erläutert wird. Darüber hinaus lässt sich in dieses Modell auch das theoretische Konzept des „Response Shift" von Sprangers & Schwartz (1999)
und Schwartz & Sprangers (1999) integrieren, welches sich mit drei theoretischen Mechanismen altersbedingter Veränderungen im Antwortverhalten beschäftigt: Reconceptualization (Veränderung des Gesundheitskonzeptes), Reprioritization (Veränderung der Gewichtung von Gesundheitsinformationen) und Recalibration (Veränderung interner Standards
für gute Gesundheit). Diese drei Konzepte werden hierzu an den entsprechend passenden
Punkten des kognitiven Modells des Antwortprozesses kurz diskutiert.

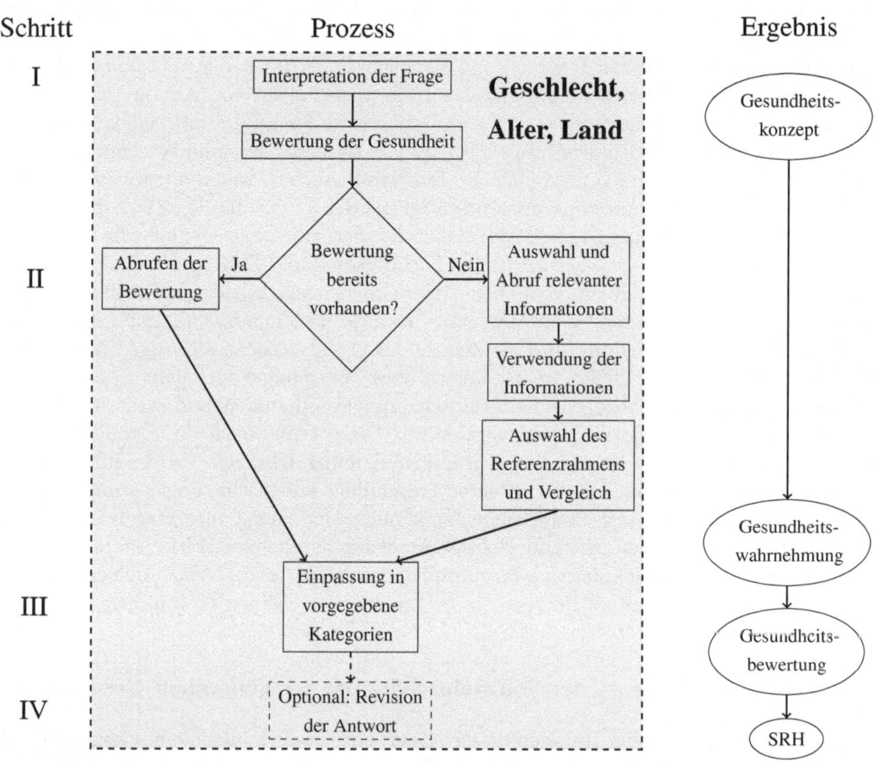

Abb. 2.1: Kognitives Grundmodell zur Erklärung des Prozesses subjektiver Gesundheitsbewertungen

Das hier vorgestellte Modell besteht, genau wie das von Strack & Martin (1987), aus
vier grundsätzlichen kognitiven Schritten: (1) der Interpretation der Frage, (2) der Generierung der (internen) Gesundheitsbewertung, (3) der Einpassung in die vorgegebenen
Antwortmöglichkeiten sowie (4) die (optionale) Revision der Antwort. Dabei haben die

vorhergehenden Schritte immer einen Einfluss auf die nachfolgenden, weshalb sie jeweils in deren Kontext zu sehen sind. Selbstverständlich muss an dieser Stelle betont werden, dass es sich um ein schematisches (Optimal-)Modell der zugrundeliegenden kognitiven Prozesse handelt. Die einzelnen Schritte müssen nicht zwangsläufig in der hier beschriebenen Reihenfolge erfolgen oder können auch teilweise sogar komplett übersprungen werden (Tourangeau 1984), was üblicherweise als „Satisficing" (Krosnick 1991) bezeichnet wird. Dies könnte zum Beispiel in der Form geschehen, dass die Befragten die Frage kurzerhand mit „gut" beantworten, ohne sich weitere Gedanken zu machen.

Zusätzlich ist der gesamte Prozess, wie auch in der Abbildung dargestellt immer vor dem individuellen Hintergrund der ihn durchlaufenden Person zu sehen: Wie genau bzw. mit welchem Ergebnis die einzelnen kognitiven Schritte absolviert werden, wird immer auch von individuellen Eigenschaften wie z.B. dem Geschlecht, Alter, oder dem Länderkontext beeinflusst, wie im Folgenden anhand theoretischer Überlegungen und empirischer Forschung vertiefend erläutert wird. Dazu werden im Folgenden die einzelnen Schritte dieses kognitiven Prozesses genauer erläutert und exemplarisch einige denkbare Beispiele für mögliche Gruppenunterschiede hinsichtlich der genannten Personenmerkmale dargestellt. Von einem angewandt empirischen Standpunkt aus kann dieses Modell dann hilfreich sein, um systematische Forschung bezüglich der Grundlagen selbst eingeschätzter Gesundheit durch Befragte anzuleiten, die Ergebnisse dieser Forschung besser zu verstehen sowie Fehlerquellen und Artefakte durch ein passendes Survey- oder Fragebogendesign zu vermeiden (Strack & Martin 1987).

Den *ersten* Schritt in diesem Modell stellt die Interpretation der Frage nach dem 'gegenwärtigen' (BASE-II/SOEP, 2012) bzw. 'derzeitigen' (DEAS, 2014) Gesundheitszustand oder dem 'Gesundheitszustand im Allgemeinen' (GEDA, 2014) oder einfach nur nach dem 'Gesundheitszustand' (SHARE, 2015) seitens der Befragten dar. Sie müssen also die Frage lesen, verstehen und ermitteln, welche Aspekte sie für das Konzept 'Gesundheitszustand' als relevant erachten. Das Ergebnis dieses Schrittes ist dann ein mehr oder weniger konkretes *Gesundheitskonzept*, welches der späteren Bewertung der eigenen Gesundheit zugrunde liegt. Dieses Konzept bestimmt dabei den restlichen Prozess, indem hier gewissermaßen festgelegt wird, welche Aspekte relevant für die Gesundheitsbewertung sind. Hierbei können sie insbesondere durch sogenannte Kontext- oder Fragereihenfolgeeffekte beeinflusst werden. Damit ist im Falle von SRH gemeint, dass z.B. vorhergehende Fragen bzw. Fragekomplexe im Fragebogen die Befragten darin beeinflussen, was sie für das Konzept Gesundheit als relevant erachten – insbesondere, wenn sich die Fragen auf die Gesundheit der Befragten beziehen, da so gewissermaßen ein bestimmtes Verständnis oder eine Interpretation von Gesundheit durch den Kontext vorgegeben wird (Lee & Schwarz 2014; Garbarski 2016).[2]

Einerseits kann es hier zu sogenannten Substraktions- oder Kontrasteffekten kommen. Dies bedeutet, dass die Befragten annehmen, dass mit der Frage diejenigen Aspekte aus dem Themenkomplex der Gesundheit gemeint sind, die bislang nicht abgefragt wurden (Tourangeau et al. 1991). Beziehen sich die vorhergehenden Fragen beispielsweise eine de-

---

[2] Eine andere Art von Kontexteffekten, nämlich die verfügbaren Antwortmöglichkeiten können ebenfalls die Interpretation der Frage beeinflussen, wenn die Befragten von den Antwortmöglichkeiten auf die 'durchschnittliche' Kategorie schließen. Aufgrund des Aufbaus des theoretischen Modells soll dieser Aspekt aber erst im Rahmen des dritten Schritts des Modells besprochen werden.

taillierte Abfrage von Diagnosen verschiedener Krankheiten, würden die Befragten im Falle von Kontrasteffekten versuchen, ihre Gesundheit unabhängig vom Vorliegen der abgefragten Krankheiten zu bewerten – z.B. in Form ihrer Gesundheit abgesehen von den durch diese Krankheiten bedingten Einschränkungen. Dies hätte für ForscherInnen den Vorteil, dass sie den Befragten eine Möglichkeit geben, bislang nicht abgefragte Aspekte bei der Messung der Gesundheit zu berücksichtigen, wobei bei der Auswertung unbekannt wäre, worauf sich die Bewertung eigentlich bezieht. Andererseits kann es aber auch zu gegenteiligen sogenannten Assimilationseffekten kommen. In diesem Fall würden die Befragten als Antwort auf die Frage nach der gesundheitsbezogenen Selbsteinschätzung gewissermaßen eine allgemeine Zusammenfassung ihrer bisherigen Antworten geben, weil sie die Frage als abschließende Globalbewertung dieser Informationen verstehen (Garbarski et al. 2015). Dies hätte zwar den Nachteil, dass keine eigentlich neuen Informationen gewonnen würden, jedoch käme es durch die Befragten zu einer subjektiv sinnvollen eigenständigen Relevanzsetzung. Bislang ist weitgehend ungeklärt, ob Kontrasteffekte oder Assimilationseffekte überwiegen – wobei es laut Garbarski und Kolleginnen (2015) eine Tendenz zu Assimilationseffekten gibt.

Unabhängig davon, welche Art von Effekten hier überwiegt, können jedoch beide Effekte für Altersvergleiche problematisch sein: In Laborexperimenten konnten Knäuper et al. (2007) nämlich zeigen, dass Fragereihenfolgeeffekte aufgrund der Verschlechterung der kognitiven Leistungsfähigkeit (insbesondere des Arbeitsgedächtnisses) mit steigendem Alter abnehmen, wodurch methodisch bedingte Artefakte entstehen oder bestehende Unterschiede verwischt werden können. Um entsprechende Einflüsse generell zu vermeiden, wird SRH für gewöhnlich vor sämtlichen anderen Fragen zur Gesundheit erhoben, wobei dies wiederum natürlich dazu führt, dass nicht von einer einheitlichen Interpretation ausgegangen werden kann (Garbarski 2016). In diesem Zusammenhang ist auch das Konzept der Reconceptualization von Sprangers & Schwartz (1999) und Schwartz & Sprangers (1999) relevant, da es ebenfalls zu altersspezifischen Unterschieden im Antwortverhalten führen kann. Hiermit ist gemeint, dass ältere Menschen z.B. aufgrund gesundheitlicher Verschlechterungen das Konzept von Gesundheit grundlegend anders definieren als jüngere Menschen weshalb bestimmte (ehemals relevante) Gesundheitsdimensionen für sie keine Relevanz für die Gesundheitsbewertung (mehr) haben (Sprangers & Schwartz 1999; Schwartz & Sprangers 1999; Galenkamp et al. 2012b; Spuling et al. 2017).

Beim *zweiten* Schritt dieses Antwortprozesses handelt es sich um die interne Ermittlung einer Wahrnehmung der eigenen Gesundheit auf Basis der vorhergehenden Interpretation. Mit anderen Worten 'produzieren' die Befragten in diesem Schritt die globale *Gesundheitswahrnehmung*, die die Basis der standardisierten Bewertung ist. Dabei handelt es sich eher um einen generellen Eindruck von der eigenen Gesundheit, der noch nicht zwangsweise mit einer konkreten Bewertung belegt sein muss. Zur Ermittlung der Gesundheitswahrnehmung gibt es prinzipiell zwei Möglichkeiten des Ablaufs. Zum einen kann es sein, dass die Befragten bereits auf eine bestehende Bewertung ihrer Gesundheit zurückgreifen (können), was mit dem linken Pfad des Modells korrespondiert. Dies ist insbesondere bei Personen zu vermuten, die z.B. bereits im Rahmen von Panelbefragungen vor kurzer Zeit (oder regelmäßig) ihre Gesundheit bewertet haben oder die sich, bspw. aufgrund von Gesundheitsproblemen oder Neigungen zu Hypochondrie, häufig mit ihrer Gesundheit und deren Evaluation beschäftigen. Zum anderen können die Befragten aber auch im Rahmen des Interviews direkt eine spontane Bewertung ihrer Gesundheit durchführen. Dieses Vorgehen ist im rechten Pfad von Abbildung 2.1 dargestellt und besteht idealtypisch betrachtet aus drei verschiedenen Teilschritten. Erstens wählen sie Aspekte aus, die ihrer Meinung nach relevant für das Konzept Gesundheit sind. Hier können laut Knäuper & Turner (2003) und Jylhä (2009) zum Beispiel Faktoren wie medizinische Diagnosen oder Symptome, Beobachtungen über ihren funktionalen Status, Erfahrungen mit akuten oder chronischen Schmerzen sowie die Wahrnehmung ihres Körpers in Betracht gezogen werden. Darüber hinaus können die Befragten – wie auch in der Gesundheitsdefinition der World Health Organization (2006) vorgesehen – Depressionen oder depressive Symptome als relevant für ihren Gesundheitszustand erachten (de Bruin et al. 1996; Kivinen et al. 1998; Schnittker 2005; Han & Jylhä 2006).

Die subjektiv relevanten Faktoren müssen dabei aus dem Gedächtnis abgerufen werden. Natürlich kann es hinsichtlich der Aspekte, die für das Konzept der Gesundheit als bedeutsam erachtet und aus dem Gedächtnis abgerufen werden, auch gruppenspezifische Unterschiede geben. So ist z.B. anzunehmen, dass die wachsende Akzeptanz von psychischen Erkrankungen als legitime Gesundheitsprobleme eine große Rolle spielt (Schomerus et al. 2012; Spuling et al. 2015). Folglich wäre es denkbar, dass diese Aspekte für jüngere Menschen relevanter sind als für ältere. Weiter ist beim Abruf der Informationen aus dem Gedächtnis anzunehmen, dass salientere Aspekte wie akute Krankheiten, starke gesundheitliche Einschränkungen oder Schmerzen aufgrund ihrer besseren Verfügbarkeit im Gedächtnis eine größere Rolle spielen als z.B. langfristig bestehende (und damit gewohnte) bzw. subjektiv weniger stark einschränkende Krankheiten (Krause & Jay 1994; Knäuper & Turner 2003).

Im Zusammenhang der Bewertung spielt das Konzept der Reconceptualization potenziell eine bedeutende Rolle. So kann etwa der Bewertungsprozess in unterschiedlichen Altersgruppen zu einem anderen Ergebnis kommen, wenn bestimmte Aspekte in spezifischen Altersgruppen entweder nicht (mehr) oder zum ersten mal zur Bewertung genutzt werden (Sprangers & Schwartz 1999; Schwartz & Sprangers 1999; Galenkamp et al. 2012b; Spuling et al. 2017). Dies kann etwa der Fall sein, wenn z.B. durch die mangelnde Erfahrung eingeschränkter Leistungsfähigkeit in jüngeren Altersgruppen dieser Aspekt nicht in die Bewertung einbezogen und somit andere Faktoren genutzt werden (Krause & Jay 1994; Simon et al. 2005) oder wenn Funktionsverluste durch adäquate Versorgung und Behandlung nicht direkt wahrgenommen werden (Maddox 1962; Simon et al. 2005). Ebenfalls ist davon auszugehen, dass gerade ältere Menschen sich tendenziell länger an chronische Erkrankungen und funktionale Einschränkungen gewöhnen bzw. ihren Alltag und ihre Gesundheitserwartungen an diese anpassen konnten. Dies kann dann dazu führen, dass sie sich – obwohl aus ForscherInnensicht möglicherweise relevant für die angestrebte generische Gesundheitsmessung – weniger stark auf die allgemeine Bewertung auswirken (Simon et al. 2005).

Liegen die subjektiv bedeutsamen Informationen über die eigene Gesundheit vor, müssen sie in einem zweiten Teilschritt durch die Befragten zu einer globalen Bewertung zusammengefasst werden (Tourangeau 1984; Strack & Martin 1987). Hierzu bieten sich verschiedene mögliche Vorgehensweisen. Eine Möglichkeit dafür bietet die „Integration Theory" nach Anderson (1971), die davon ausgeht, dass alle verfügbaren bzw. relevanten Informationen hinsichtlich ihrer Bedeutung bewertet und entsprechend gewichtet in eine

Gesamtbewertung eingehen. Dieser Vorgang lässt sich in etwa so vorstellen, dass jeder verfügbaren Information, z.B. einer Krankheitsdiagnose oder bestimmten gesundheitlichen Einschränkung, ein spezifischer Skalenwert und ein Gewicht zugeordnet wird. Eine solche Bewertung und Gewichtung von Gesundheitsinformationen könnte beispielsweise auf Basis des Ausmaßes der Einschränkung (also der Skalenwert) und der persönlichen Relevanz gesundheitsbezogener Einschränkungen (d.h. das Gewicht der Information) erfolgen. Alle so bewerteten und gewichteten Informationen gehen dann z.B. additiv oder multiplikativ in eine Gesamtwertung ein, wobei sowohl die Skalenwerte als auch die Gewichtung sich zwischen verschiedenen Gruppen oder gar Individuen unterscheiden können (Anderson 1971, 1974). Eine andere – kognitiv weniger anspruchsvolle – Möglichkeit zur Integration der Gesundheitsinformation in eine Gesamtbewertung stellen einfache Bewertungsheuristiken, wie die der „Availability" nach Tversky & Kahneman (1973) dar. Diese meint kurz die Annahme, dass Ereignisse oder Eigenschaften z.B. wichtiger, typischer oder häufiger sind, je mehr Beispiele man für sie finden kann. Hier ist in erster Linie die Verfügbarkeit der Information entscheidend für ihre Bewertung. Bezogen auf die Evaluation der Gesundheit könnten diese Heuristiken etwa so funktionieren, dass man die eigene Gesundheit umso schlechter bewertet, je einfacher bzw. schneller man negative Informationen im Zusammenhang mit der eigenen Gesundheit aus dem Gedächtnis abrufen kann, etwa in Form von Diagnosen ernsthafter Krankheiten oder bei starken gesundheitsbedingten Einschränkungen im Alltag.

Es ist plausibel, dass innerhalb einer Population, in bestimmten Subgruppen oder sogar individuellen Personen beide Erklärungsmuster zu einem gewissen Grad zutreffen. Dabei lässt sich annehmen, dass für beide Erklärungen (sogar gleichlaufende) gruppenspezifische Muster zu finden sind: Einerseits ist es im Rahmen der „Integration Theory" z.B. möglich, dass die Bewertung und Gewichtung von Gesundheitsinformationen innerhalb bestimmter Gruppen ähnlich erfolgt, etwa im Falle einer subjektiv geringeren Relevanz des bloßen Vorliegens chronischer Krankheiten aufgrund der Präsenz umfassender und möglicherweise sogar davon unabhängiger funktionaler Einschränkungen im höheren Alter. Andererseits ließe sich derselbe Befund auch durch die Brille der Erklärung der „Availablity"-Heuristik dadurch begründen, dass im höheren Alter funktionale Einschränkungen im Alltag eine allgegenwärtige und akute Präsenz haben und somit die Wahrnehmungen chronischer Erkrankungen überlagern. Im Rahmen des Konzepts des Response Shifts würden derartige Phänomene als Reprioritization bezeichnet, womit gemeint ist, dass sich die Wichtigkeit bzw. Gewichtung von Aspekten oder Gesundheitsdimensionen verändert, wodurch manche Dimensionen mehr und andere weniger stark ins Gewicht fallen (Sprangers & Schwartz 1999; Schwartz & Sprangers 1999; Galenkamp et al. 2012b; Spuling et al. 2017). Entsprechend handelt es sich bei der oben angerissenen Reconceptualization hier praktisch gesehen lediglich um einen Spezial- bzw. Extremfall der hier beschriebenen Reprioritization, da Reconceptualization den Fall beschreibt, dass die Relevanz einer Dimension durch den Übergang in eine andere Altersgruppe – mathematisch gesprochen – auf null fällt oder (umgekehrt) größer als null wird (Spuling et al. 2017: 86). Entsprechend soll im Folgenden bei Bezügen auf das Konzept des Response Shifts, die sich mit einer Veränderung des Gewichts einzelner Gesundheitsdimensionen befassen, nur noch von Reprioritization die Rede sein.

Das so ermittelte interne globale Gesundheitsbild wird schlussendlich mit einem eigenen Referenzrahmen verglichen, der z.B. auf konkreten Personen oder aber abstrakten generellen Stereotypen basieren kann, wobei für die Wahl dieses Referenzrahmens insbesondere soziodemographische Faktoren wie das eigene Alter oder Geschlecht eine Rolle zu spielen scheinen (Strack & Martin 1987; Krause & Jay 1994; Knäuper & Turner 2003; Cheng et al. 2007; Jylhä 2009), selbst wenn zu einem entsprechenden Vergleich mit z.B. AltersgenossInnen nicht explizit aufgefordert wird. Hier ist der Einfluss von Gruppenspezifika der Gesundheitsbewertung also unmittelbar gegeben, etwa durch niedrigere Ansprüche an die eigene Gesundheit bei älteren Menschen (Tornstam 1975): Das Vorliegen typischer Alterskrankheiten wird von älteren Befragten so als Normalität und entsprechend weniger wichtig oder gar komplett irrelevant für eine Bewertung der Gesundheit angesehen (Maddox 1962; Tornstam 1975; Idler 1993a; Krause & Jay 1994; Simon et al. 2005; kritisch dazu Vuorisalmi et al. 2006). Vor dem Hintergrund des Response-Shift-Konzeptes wird dies unter dem Begriff der Recalibration diskutiert, womit gemeint ist, dass ältere Menschen aufgrund von Alterungsprozessen ihre Standards für 'gute Gesundheit' senken, wodurch sie einen gegebenen Gesundheitszustand positiver bewerten als jüngere Menschen (Sprangers & Schwartz 1999; Schwartz & Sprangers 1999; Galenkamp et al. 2012b; Spuling et al. 2017).

Der *dritte* Schritt besteht dann aus dem Einpassen der Wahrnehmung der eigenen Gesundheit in die vorgegebenen Antwortmöglichkeiten, also die Generierung einer standardisierten *Gesundheitsbewertung*. In diesem Schritt wird also aus dem abstrakten Eindruck eine konkrete Bewertung. Dabei stimmt das Urteil der Befragten nicht unbedingt mit den vorgegebenen Optionen wörtlich überein, weshalb sie sich bei ihrer Antwort auch an den Antwortmöglichkeiten orientieren müssen (Strack & Martin 1987; Schwarz 1999b; Schwarz 1999a; Schwarz 1999c). Entsprechend wird die Bewertung der Gesundheit z.B. durch die Vorgabe der Antwortmöglichkeiten (Jürges et al. 2008; Lee 2015) oder ihre Reihenfolge (Garbarski et al. 2015) beeinflusst. Altersunterschiede lassen sich, genau wie bei den erwähnten Fragereihenfolgeeffekten, unter anderem dadurch vermuten, dass ältere Menschen weniger stark auf Kontexteffekte wie Feinheiten der Frageformulierung oder Antwortmöglichkeiten reagieren (Knäuper 1999; Schwarz 1999b; Schwarz 1999a; Knäuper et al. 2007). Genauso lassen sich aber auch bei multinationalen Surveys oder Vergleichen verschiedener Bevölkerungsgruppen Unterschiede aufgrund des (Herkunfts-)Landes, z.B. in Form von kulturellen Normen bezüglich des Antwort- bzw. Bewertungsverhaltens oder schlicht und einfach der Sprache des Fragebogens erwarten (Jürges 2007; Vuorisalmi et al. 2008; Viruell-Fuentes et al. 2011).

In einem *vierten* und letzten Schritt können Befragte vor der Äußerung ihrer Antwort selbige noch einmal modifizieren. In diesem Schritt wird also aus der internen bzw. latenten Gesundheitsbewertung die geäußerte bzw. manifeste Gesundheitsbewertung – d.h. SRH. Hiermit ist gemeint, dass sie ihre Bewertung, bspw. aufgrund von sozialer Erwünschtheit, nach oben oder unten korrigieren können (Strack & Martin 1987). Sozial erwünschtes Antwortverhalten kann laut Paulhus (1984, 1991) zum einen in einer „Self-Deception", also einer eher unbewussten Selbsttäuschung, bestehen und zum anderen kann es sich um eher bewusstes „Impression Management" handeln, also dem Versuch, sich selbst gegenüber anderen positiv oder sympathisch darzustellen. Dies kann einerseits – im Falle einer positiveren Bewertung – etwa geschehen, um nicht den Eindruck der Gebrechlichkeit bzw. Schwäche zu erwecken oder um die Rolle des/der 'Kranken' zurückzuweisen und andererseits – im Falle einer negativeren Antwort – bspw. um die Rolle des Kranken zum eigenen Vorteil zu nutzen (Maddox 1962).

Wie an diesem kognitiven Modell des Antwortprozesses deutlich geworden ist, ist die Bewertung des eigenen Gesundheitszustandes eine sehr komplexe Angelegenheit, welche in jedem Schritt Potenzial für systematische Unterschiede im Antwortverhalten birgt. Insbesondere das Alter scheint aus den verschiedensten Gründen eine große Rolle für die Bewertung der Gesundheit zu spielen. Aus diesem Grund sind Untersuchungen nötig, welche das Antwortverhalten verschiedener Altersgruppen systematisch näher beleuchten. Sofern sich das Antwortverhalten, z.B. in der Relevanzsetzung und Gewichtung verfügbarer Informationen unterscheidet, sind sämtliche komparativen Analysen dieser Gruppen – von deskriptiven Statistiken bis hin zu multivariaten Analysen – und ihre Ergebnisse potenziell verzerrt. Entsprechende Forschung ist bislang allerdings eher theoriefrei und die Ergebnisse sind folglich fragmentiert. Empirische Forschung zu diesem Thema muss sich daher an theoretischen Modellen orientieren, indem sie daraus konkrete analytische Modelle und Forschungsfragen ableitet und die daraus resultierenden Ergebnisse auf die Theorie zurück bezieht. Auf Basis des hier dargestellten allgemeinen Modells des Bewertungsprozesses soll diese Arbeit einen Beitrag zu diesem Unterfangen leisten.

2.3　Ein (mögliches) analytisches Modell zur empirischen Umsetzung

Das eben beschriebene theoretische Gesamtmodell lässt sich zwar nicht direkt in seiner Gesamtheit empirisch testen, jedoch lassen sich einzelne Teile des Modells separat überprüfen, indem zum Beispiel bestimmte Kognitionsschritte empirisch untersucht werden. Ein Beispiel hierfür wird in diesem Kapitel dargestellt, indem ein Untersuchungsmodell mit Schwerpunkt auf der Generierung der Gesundheitsbewertung (Schritt II des in Kapitel 2.2 dargestellten Prozesses) – also die Auswahl und den Abruf relevanter Informationen aus dem Gedächtnis, die Verwendung bzw. Integration dieser Informationen zu einer Gesamtbewertung und den Vergleich der eigenen Gesundheit mit einem selbstgewählten Referenzrahmen – hergeleitet und beschrieben wird.

Erste Untersuchungen konkret zum Zustandekommen gesundheitlicher Selbsteinschätzungen fanden bereits Mitte des 20. Jahrhunderts statt, wobei festgestellt wurde, dass z.B. gesundheitliche Einschränkungen im Alltag (Suchman et al. 1958) sowie Schmerzen und die Betroffenheit von Krankheiten (Tornstam 1975) einen ausgeprägten negativen Einfluss auf die Bewertung der Gesundheit haben. Seitdem haben viele Untersuchungen zeigen können, dass die subjektive Gesundheit sowohl mit den genannten Aspekten als auch stark und konsistent mit anderen üblichen Gesundheitsindikatoren wie Gesundheitsverhalten bzw. dessen Konsequenzen wie Rauchen (z.B. Wang et al. 2012) oder Unter- sowie Übergewicht (z.B. Manderbacka et al. 1999) sowie mentaler Gesundheit bzw. Depressionen und depressiven Symptomen (z.B. Maddox 1962) zusammenhängt. Allen diesen Determinanten ist gemein, dass sie gewissermaßen als verschiedene Teilaspekte des Gesamtkonzepts '(latente) Gesundheit' verstanden werden können. Entsprechend des oben dargestellten Modells des kognitiven Prozesses (Abbildung 2.1) beeinflussen sie die letztendliche Antwort, also den Messwert von SRH, indem sie von den Befragten als Basis zur Bewertung ihrer Gesundheit herangezogen werden. Um diese Art von Einflüssen von anderen denkbaren Einflussfaktoren der Gesundheitswahrnehmung und -bewertung abzugrenzen, bezeichne ich sie im Folgenden auf theoretischer Ebene als 'Gesundheitseigenschaften' (GE) bzw. auf empirischer Ebene als 'Gesundheitsindikatoren' (GI).

Gleichzeitig ist es aber auch naheliegend, dass eine derart vage Frage wie die nach dem allgemeinen Gesundheitszustand auch von nicht (direkt) gesundheitsbezogenen Aspekten beeinflusst wird. Diesen Aspekten wäre gemein, dass sie sich zwar nicht auf die faktische bzw. latente Gesundheit der Befragten auswirken, wohl aber auf ihre Gesundheitswahrnehmung oder ihr Antwortverhalten. Diese Aspekte bewirken also, dass die Befragten ihre Gesundheit besser oder schlechter wahrnehmen bzw. bewerten als andere Personen, obwohl sie 'objektiv gesehen' einen identischen allgemeinen Gesundheitszustand haben. Dies können *erstens* Befragteneigenschaften wie deren Bildung, eine Disposition zu Optimismus, Hypochondrie oder sozial erwünschtem Antwortverhalten sein (Barsky et al. 1992; Shmueli 2003; Layes et al. 2012; Warner et al. 2012 Latkin et al. 2017). Neben solchen Befragteneigenschaften lassen sich *zweitens* zumindest in Face-to-Face-Interviews auch InterviewerInneneffekte als Quelle nicht gesundheitsbezogener Einflüsse auf SRH erwarten. Der Einfluss von InterviewerInneneigenschaften ist aufgrund fehlender InterviewerInnendaten in den meisten Surveys wenig erforscht (Davis et al. 2010b), allerdings lassen sich verschiedene Ursachen denken, warum InterviewerInnen einen Einfluss auf die Gesundheitswahrnehmung oder -bewertung haben. So können z.B. InterviewerInnen allein durch ihre äußere Erscheinung einen direkten Referenzrahmen bzw. Anhaltspunkt für sozial erwünschtes Antwortverhalten durch die Befragten liefern oder sie durch ihre Interviewführung anderweitig beeinflussen (Reinecke 1991). Zudem besteht auch die Möglichkeit einer Interaktion zwischen Eigenschaften der InterviewerInnen und Befragten, also bspw. Einflüsse der Altersdifferenz zwischen InterviewerIn und befragter Person oder ihrer Geschlechterkombination (Lipps & Lutz 2017). *Drittens* lässt sich auch argumentieren, dass bei multinationalen Befragungen das Land der Befragung möglicherweise als Quelle nicht gesundheitsbezogener Einflüsse ebenfalls einen direkten Einfluss auf das Antwortverhalten, z.B. durch kulturell geprägte Bewertungsnormen bzw. entsprechendes Antwortverhalten oder einfach die Übersetzung, ausüben kann (Jürges 2007).

Im Folgenden werden derartige Einflüsse im theoretischen Kontext 'Nichtgesundheitseigenschaften' (NGE) bzw. 'Nichtgesundheitsindikatoren' (NGI) im Rahmen der empirischen Analysen bezeichnet. Damit ist gemeint, dass sie kein Teil des Konzeptes der latenten Gesundheit sind, aber einen Einfluss auf die Wahrnehmung und Bewertung von Gesundheit haben und darum potenziell die Messung des Gesundheitszustandes durch SRH verzerrend beeinflussen. Hierbei kann grundsätzlich zwischen direkten und indirekten Einflüssen auf die Wahrnehmung und Bewertung von Gesundheit unterschieden werden, die auch gleichzeitig für einen bestimmten NGE vorliegen können. Die Einflüsse der NGE auf SRH sind in Abbildung 2.2 schematisch dargestellt. *Direkte* Effekte bedeuten hierbei, dass NGE die Gesundheitswahrnehmung und -einschätzung direkt beeinflussen (oberer Pfeil in Abbildung 2.2) und sich somit positiv oder negativ auf die Gesamtbewertung auswirken ohne, dass die Basis der Bewertung (also die latente Gesundheit der Befragten) berührt wird. Ein Beispiel hierfür könnte sein, dass Menschen mit höherer Bildung aufgrund ihres privilegierten Sozialstatus höhere Erwartungen an ihren Gesundheitszustand haben und entsprechend einen bestimmten Gesundheitszustand als negativer einstufen als Personen mit geringerer Bildung und entsprechend niedrigeren Erwartungen.

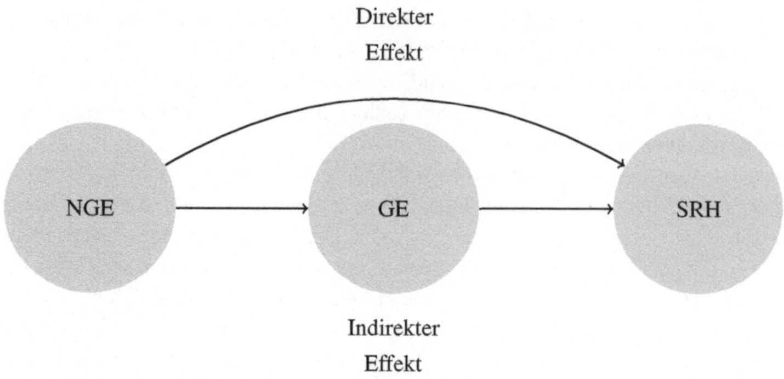

NGE: Nichtgesundheitseigenschaften; GE: Gesundheitseigenschaften; SRH: Self-Rated Health

Abb. 2.2: Direkte und indirekte Einflüsse von Nichtgesundheitsindikatoren auf SRH

Mit *indirekten* Effekten sind in diesem Zusammenhang NGE gemeint, die einen kausalen Einfluss auf die latente Gesundheit haben und erst durch diesen vermittelt SRH beeinflussen. Damit ist also gemeint, dass sie die Gesundheitseinschätzung bzw. -bewertung dadurch beeinflussen, dass sie einen oder mehrere GE verbessern oder verschlechtern, wodurch wiederum die darauf beruhende Gesamtbewertung entsprechend beeinflusst wird (untere Pfeile in Abbildung 2.2). Um beim Beispiel der Bildung zu bleiben, könnte ein indirekter Einfluss darin bestehen, dass höher gebildete Personen z.B. durch die Nutzung größerer Ressourcen oder höhere Kompetenzen zur Verbesserung ihrer Gesundheit tatsächlich einen besseren (objektiven bzw. latenten) Gesundheitszustand haben und deshalb ihre Gesundheit als positiver einschätzen als Menschen mit geringerer Bildung, die diese Gesundheitsvorteile nicht haben. Hier wird also die Gesundheitswahrnehmung und -bewertung nicht durch unterschiedliche Wahrnehmungen, andere Ansprüche oder Verzerrungen beeinflusst, sondern dadurch, dass ihre objektive Grundlage (d.h. GE) verändert wird. An diesem Beispiel wird deutlich, dass die Auswirkungen indirekter NGE für die Messung generischer Gesundheit ausdrücklich erwünscht sind, da sie eben die latente Gesundheit betreffen.

Gleichzeitig sind die indirekten Effekte von NGE, die häufig z.B. als '(soziale) Determinanten von Gesundheit' bezeichnet werden, in dieser Arbeit nicht explizit von Interesse, da der Fokus der Analysen dieser Arbeit auf der Gesundheitsbewertung der Befragten zu einem bestimmten Zeitpunkt liegt und nicht auf den Determinanten der latenten Gesundheit. Entsprechend ist es für die Untersuchung des direkten Einflusses von NGE auf SRH notwendig, diese Effekte statistisch zu isolieren. Dies soll im Folgenden mittels einer vorgeschalteten und möglichst umfassenden Kontrolle von GI geschehen. Es soll also, um bei Abbildung 2.2 zu bleiben, zuerst der direkte Effekt von GE auf SRH herausgerechnet werden, sodass nur der direkte Effekt der NGE auf SRH übrig bleibt. Im Beispiel des Einflusses der Bildung würde das bedeuten, dass die potenziell bessere Gesundheit von höher gebildeten Menschen, d.h. ihre GE, durch die Berücksichtigung möglichst umfassender GI statistisch kontrolliert wird, sodass sämtliche verbleibenden Unterschiede in der Gesundheitsbewertung auf NGE zurückgehen müssen. Mit anderen Worten wird so derselbe Gesundheitszustand (im Rahmen der zur Verfügung stehenden GI) von Personen unterschiedlicher Bildung bewertet, damit Bildungsunterschiede im Antwortverhalten quantifiziert werden können (eine ausführlichere Diskussion dieses Ansatzes vor dem Hintergrund der in dieser Arbeit verwendeten statistischen Methoden findet sich in Kapitel 4.1.2).

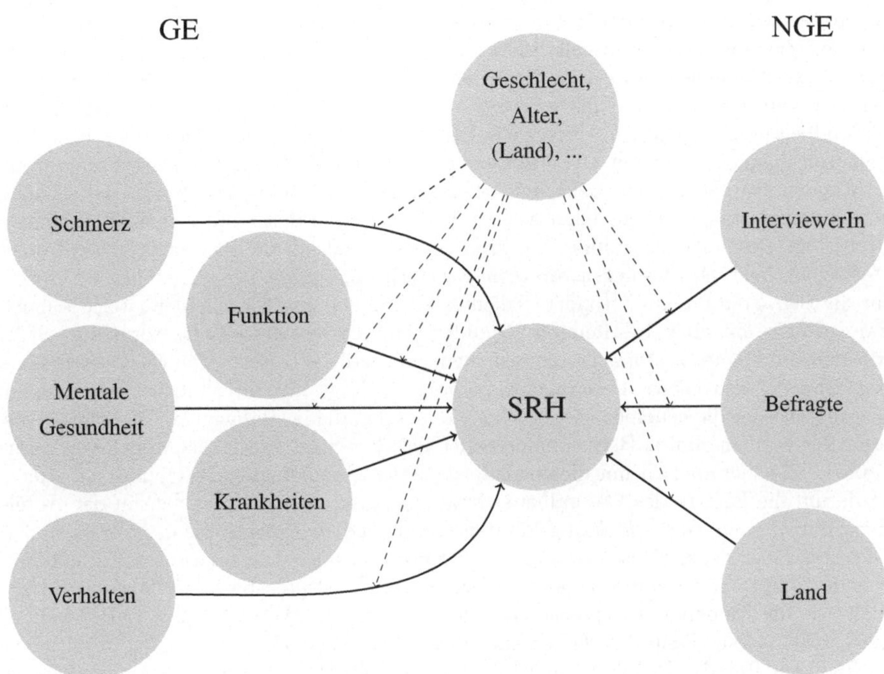

Abb. 2.3: Analytisches Modell zur Erklärung selbst eingeschätzter Gesundheit

Die grafische Darstellung eines Gesamtmodells, welches ich aus diesen fragmentierten Einzelbefunden und -überlegungen hergeleitet habe, ist in Abbildung 2.3 zu sehen. Dieses analytische Modell zur Erklärung der subjektiven Gesundheitsbewertung besteht insgesamt aus drei wichtigen Teilaspekten, nämlich den gesundheitsbezogenen Informationen, den nicht-gesundheitsbezogenen Informationen sowie dem modifizierenden Einfluss von soziodemographischen Faktoren wie Geschlecht, Alter oder dem (Herkunfts-)Land (zur einfacheren Darstellung nur die direkten Effekte der NGE dargestellt). Diese drei Teilaspekte lassen sich direkt sowohl einzeln als auch simultan empirisch untersuchen, was im

Folgenden nach einer Erläuterung des Gesamtmodells an einigen Beispielen exemplarisch dargestellt wird.

Eine grundlegende Annahme des Modells ist, dass die Befragten – entsprechend den allgemeinen Annahmen zum kognitiven Prozess – objektiv feststellbare (jedoch mitunter nur subjektiv berichtete) Gesundheitsfaktoren auswählen und aus dem Gedächtnis abrufen und in eine Gesamtbewertung ihrer Gesundheit integrieren. Wie die linke Seite zeigt, geht es folglich davon aus, dass die Befragten gesundheitsbezogene Faktoren heranziehen, um ihre Gesundheit zu bewerten. Dieses Modell systematisiert diese Aspekte in fünf bereits oben angerissene Kategorien, deren Konzepte im Folgenden kurz spezifiziert werden sollen: das Vorliegen von Schmerzen, psychischer Probleme oder Krankheiten, den funktionalen Zustand sowie eventuell risikobehaftetes Gesundheitsverhalten. Dieser Teil des analytischen Modells ist direkt an der Arbeit von Tornstam (1975) orientiert, wo Schmerzen, Krankheiten und der funktionale Status als Hauptdeterminanten der subjektiven Gesundheit erachtet wurden. Unter dem Aspekt *Krankheiten* sollen hierbei sämtliche Formen von diagnostizierbaren und insbesondere chronischen Gesundheitseinschränkungen verstanden werden, die den Befragten bekannt sind (z.B. Tornstam 1975). Dies schließt sowohl manifeste Krankheitsdiagnosen wie Krebs oder Parkinson, aber auch allgemeinere nachteilige Gesundheitszustände wie chronischen Bluthochdruck oder einen hohen Cholesterinspiegel ein. Das Vorliegen von *Schmerzen* wird hier gesondert aufgeführt, da es sich für die Befragten um ein besonders salientes Gesundheitsproblem handelt, welches nicht zwangsläufig mit einer bestimmten Krankheit einhergehen muss (z.B. Tornstam 1975). Mit dem *funktionalen Status* ist die allgemeine körperliche Leistungsfähigkeit der Befragten gemeint, also bspw. die Fähigkeit, typische Alltagsaktivitäten uneingeschränkt zu bewältigen oder die generelle körperlicher Verfassung, die im Rahmen von Leistungstests ermittelt werden kann (z.B. Suchman et al. 1958). Erweitert wurde das Modell von Tornstam (1975) hier speziell um die Aspekte mentaler Gesundheit (z.B. Quinn et al. 1999) sowie um die Facette des Gesundheits- bzw. Risikoverhaltens. Unter dem in der Abbildung mit *Mentale Gesundheit* abgekürzten Faktor werden Aspekte wie das Vorliegen der Diagnose einer depressiven Verstimmung, Depression oder Angststörung sowie entsprechende Symptome zusammengefasst, genau wie den Befragten bekannte faktische Merkmale wie die Einnahme entsprechender Medikamente wie Antidepressiva (z.B. Maddox 1962). Mit (Gesundheits-)*Verhalten* sind hier Verhaltensweisen oder daraus resultierende Eigenschaften der Befragten gemeint, die zwar mit der Gesundheit zusammenhängen (können), sich aber (noch) nicht unbedingt in funktionalen Einschränkungen oder manifesten Krankheitsbildern auswirken. Beispiele hierfür können z.B. der Body-Mass-Index (BMI) (z.B. Ferraro & Yu 1995) oder das Rauchverhalten (z.B. Wang et al. 2012) sein, die sich bekanntermaßen – und auch aus Sicht der Befragten – mittel- oder langfristig auf die Gesundheit auswirken bzw. unabhängig von tatsächlichen Auswirkungen als Indikator für die körperliche Verfassung herangezogen werden können.

Der Einfluss von NGE auf SRH ist im Modell auf der rechten Seite abgebildet. Hier geschieht, nicht zuletzt aufgrund des explorativen Charakters dieser Arbeit aufgrund fehlender Vorarbeiten, die Kategorisierung stärker nach der Quelle einer möglichen Verzerrung. Die erste Quelle sind hierbei die *Befragten* bspw. durch Aspekte wie eine Neigung zur Hypochondrie (Barsky et al. 1992; Lazarević et al. 2018) oder zu sozial erwünschtem Antwortverhalten (Latkin et al. 2017; Lazarević et al. 2018) aber auch generellem oder gesundheitsbezogenem Optimismus bzw. Pessimismus (Warner et al. 2012; Lazarević et al. 2018). Mit diesem Aspekt sind also alle persönlichen NGE gemeint, die auf die Befragten selbst zurückgehen bzw. durch sie erzeugt werden. Andererseits ist es in persönlichen Interviews auch möglich, dass die *InterviewerInnen* einen Einfluss auf die Bewertung haben können. In diesem Zusammenhang lassen sich Einflüsse des Verhaltens oder der Erscheinung der befragenden Person allgemein, aber auch potenziell eine Interaktion zwischen den Eigenschaften von InterviewerIn und Befragten vermuten. Zuletzt lässt sich auch ein Einfluss des *Länderkontextes* vermuten, sofern Befragte in einem Land ihre Gesundheit z.B. generell positiver oder negativer bewerten. Dieser Aspekt ließe sich ebenfalls zu den Befragteneigenschaften zählen, da die kulturelle Prägung oder Sprachkenntnisse ja den Befragten inhärent sind. Im Modell und auch der empirischen Untersuchung soll der Einfluss des Länderkontextes aber aufgrund des potenziell gleichzeitig moderierenden Einflusses des Länderkontextes separat untersucht werden, auf den im Folgenden Abschnitt weiter eingegangen wird.[3]

Ein letzter wichtiger Aspekt dieses Modells ist der Einfluss von soziodemographischen Faktoren wie dem Geschlecht, Alter oder dem Länderkontext bzw. der Sprache des Fragebogens. Im Modell in Abbildung 2.3 werden diese dadurch abgebildet, dass diese soziodemographischen Faktoren den Zusammenhang zwischen den (nicht-)gesundheitsbezogenen und SRH modifizieren.[4] Dadurch bilden sie sowohl den Aspekt einer möglicherweise gruppenspezifischen Integration bzw. Gewichtung der Gesundheitsinformation als auch die Wahl gruppenspezifischer Referenzrahmen aus dem allgemeinen Modell in Abbildung 2.1 ab, die in der obigen Beschreibung des kognitiven Prozesses der Beantwortung der Frage nach der allgemeinen Gesundheit dargelegt wurden. Dieses Modell geht also davon aus, dass der Einfluss z.B. des Vorliegens oder der Anzahl von (chronischen) Krankheiten und der selbst eingeschätzten Gesundheit sich potenziell zwischen Altersgruppen oder in verschiedenen Ländern unterscheidet, was im Falle des Alters wie bereits erwähnt auch als Reprioritization bezeichnet wird. Dies könnte einerseits darauf hindeuten, dass die verfügbaren Gesundheitsinformationen unterschiedlich verwendet werden und andererseits, dass diese Informationen vor dem Hintergrund des subgruppenspezifischen Referenzrahmens eine positivere bzw. negativere Wertung ergeben.

2.4 Die Forschungsfragen dieser Arbeit

Auf Basis dieser theoretischen Überlegungen und darauf basierenden Modelle ergibt sich eine Reihe von Forschungsfragen, die in den folgenden Kapiteln anhand einschlägiger Forschung und der Analyse empirischer Daten erörtert werden sollen:

1. *Auf welchen gesundheitlichen Informationen basiert SRH?* In diesem Zusammenhang gilt insbesondere zu klären, ob und inwieweit die fünf angenommenen Gesundheitsas-

---

[3] Damit soll auch der Doppelrolle der Länderkategorie Rechnung getragen werden, die in dem in der Abbildung dargestellten Modell und in der empirischen Untersuchung als unabhängige Variable hinsichtlich SRH sowie als moderierende Variable bezüglich sämtlicher anderer Einflüsse auf SRH genutzt wird.

[4] Problematisch wird dies selbstverständlich dann, wenn – wie im Falle des Landes – sowohl eine Modifikation als auch ein direkter nicht gesundheitsbezogener Einfluss erwartet werden kann. Hier ist empirisch zu klären, ob und zu welchem Anteil diese Annahmen zutreffen.

pekte – nämlich die körperliche Funktionsfähigkeit, Krankheiten, Schmerzen, mentale Gesundheit und das Gesundheitsverhalten – zur Bewertung der eigenen Gesundheit herangezogen werden bzw. wie die Gewichtung zwischen diesen Aspekten geschieht.

2. *Welche nicht gesundheitsbezogenen Einflüsse auf SRH lassen sich in welchem Ausmaß feststellen?* Hierbei soll auch ermittelt werden, inwieweit die drei oben identifizierten potenziellen Quellen für Verzerrungen – die InterviewerInnen, die Befragten bzw. die Interviewsituation und der Länderkontext – einen Einfluss auf SRH haben.

3. *(Wie) Verändert sich die Art, wie Befragte ihre Gesundheit bewerten?* In Rahmen dieser forschungsleitenden Frage ist zu untersuchen, ob und wie sich die Ergebnisse des Bewertungsprozesses zwischen Befragten verschiedenen Alters unterscheiden, z.B. aufgrund anderer gesundheitlicher Herausforderungen, einer anderen Prägung oder wachsender Lebenserfahrung. Derartige Unterschiede können dabei sowohl durch Alters- als auch durch Kohortenunterschiede bedingt sein. Mit anderen Worten wird hier untersucht, inwieweit eine Reprioritization der Gesundheitsdimensionen feststellbar ist, also eine Veränderung der Gewichtung innerhalb einer Kohorte, oder ob es Unterschiede bezüglich der Gewichtung zwischen verschiedenen Geburtskohorten gibt, die mehr oder weniger stabil sind.

4. *Wie wirken sich Veränderungen des Gesundheitsstatus auf SRH aus?* Die Bearbeitung dieser Frage soll insoweit Einblicke in den Bewertungsprozess liefern, als untersucht wird, wie Veränderungen der Gesundheit sich auf die jeweilige Bewertung zu einem bestimmten Zeitpunkt auswirken. Dabei soll es nicht zuletzt um die Frage gehen, ob die gleichen theoretisch postulierten Gesundheitsaspekte sowohl für die Bewertung von Änderungen genutzt werden wie im Falle der Bewertung des aktuellen Gesundheitszustandes.

5. *Inwieweit unterscheidet sich die Gewichtung von Informationen in der Gesundheitsbewertung nach Geschlecht und Länderkontext?* Diese eher übergreifende Frage betrifft also die Unterschiede zwischen Bevölkerungsgruppen hinsichtlich des Vorgangs bzw. Ergebnisses des Bewertungsprozesses der eigenen Gesundheit – sowohl in Bezug auf gesundheitliche als auch nicht gesundheitliche Aspekte. Damit zieht sich diese Frage gewissermaßen als Querschnitt durch alle anderen vorher beschriebenen Forschungsfragen. Da sich im Rahmen der theoretischen Überlegungen bezüglich des kognitiven Prozesses dieser Bewertung neben dem Alter insbesondere das Geschlecht und der Länderkontext auf die eine oder andere Art und Weise als relevant herauskristallisierten, sollen diese zusätzlich zum Alter als Vergleichsgruppen genutzt werden (soweit die verwendeten Daten es zulassen). Als Hauptkriterium für die entsprechenden Vergleiche soll die Wichtigkeit der besagten Gesundheitsaspekte für das Bewertungsergebnis, also SRH dienen, um zu ermitteln, inwieweit es Unterschiede zwischen den Gruppen den vorangehenden Bewertungsprozess beeinflussen.

3 Stand der Forschung: Was wissen wir bislang?

Im Folgenden stelle ich eine grobe Sichtung des Forschungsstandes bezüglich der herausgearbeiteten Forschungsfragen dar. Dieser bewusst knapp gehaltene Überblick geschieht also entsprechend der fünf Fragen in jeweils dafür vorgesehenen Kapiteln, wobei zum Ende dieses Kapitels ein Überblick über die zu erwartenden Ergebnisse und Forschungslücken geboten wird.

3.1 Welche Faktoren beeinflussen die Selbsteinschätzung der Gesundheit und wie werden sie gewichtet?

Wie bereits dargestellt gibt es schon einige Untersuchungen zum Thema der (gesundheitsbezogenen) Determinanten von SRH. Ein Defizit dieser Studien bzw. des Forschungsstandes zu diesem Thema ist jedoch, dass die einzelnen Befunde stark fragmentiert sind in dem Sinne, dass einzelne Indikatoren sehr selten zu – theoretisch oder anderweitig begründeten oder spezifizierten – Gesundheitsdimensionen zusammengefasst werden. Sichtet man den Forschungsstand zu den gesundheitsbezogenen Determinanten von SRH vor dem Hintergrund der in Kapitel 2.3 dieser Arbeit definierten fünf Gesundheitsaspekte, lässt sich feststellen, dass es eine Vielzahl von Belegen gibt, dass Krankheiten (z.B. Tornstam 1975; Segovia et al. 1989; Fylkesnes & Førde 1991, 1992; Schulz et al. 1994; Jylhä et al. 1998; Kivinen et al. 1998; Cott et al. 1999; Leinonen et al. 1999; Quinn et al. 1999; Goldberg et al. 2001; Leinonen 2002; Mellner & Lundberg 2003; Simon et al. 2005; Singh-Manoux et al. 2006; Shooshtari et al. 2007; Nakano 2014; Song et al. 2018), die Funktionsfähigkeit (z.B. Suchman et al. 1958; Barsky et al. 1992; Schulz et al. 1994; Jylhä et al. 1998; Benyamini et al. 1999; Leinonen et al. 1999; Quinn et al. 1999; Pinquart 2001; Leinonen 2002; Simon et al. 2005; Liang et al. 2007; Shooshtari et al. 2007; Nakano 2014), Schmerzen (z.B. Tornstam 1975; Idler 1993b; Cott et al. 1999; Shooshtari et al. 2007), die mentale Gesundheit (z.B. Maddox 1962; Kivinen et al. 1998; Leinonen et al. 1999; Quinn et al. 1999; Pinquart 2001; Goldberg et al. 2001; Leinonen 2002; Schnittker 2005; Han & Jylhä 2006; Nakano 2014; Spuling et al. 2015) und das Gesundheitsverhalten z.B. im Sinne einer Abweichung vom Normalgewicht (z.B. Ferraro & Yu 1995; Manderbacka et al. 1999; Månsson & Merlo 2001; Imai et al. 2008; Cotter & Lachman 2010; Zajacova & Burgard 2010; Wang & Arah 2015; Noh et al. 2017; Tang et al. 2017) oder Rauchen (z.B. Wang et al. 2012; Reid et al. 2017) einen unabhängigen und deutlichen Einfluss auf SRH haben. Was diese Befunde allerdings nicht erlauben, ist Aussagen darüber zu treffen, in welchem relativen Gewicht diese Gesundheitsdimensionen zueinander stehen, da dies häufig nicht im Fokus einschlägiger Untersuchungen steht.

Ein vergleichsweise früher Versuch, die gesundheitsbezogene Bewertungsgrundlage subjektiver Gesundheit zu untersuchen und dabei gleichzeitig auch deren relative Gewichtung

© Springer Fachmedien Wiesbaden GmbH, ein Teil von Springer Nature 2019
P. Lazarevič, *Was misst Self-Rated Health?*,
https://doi.org/10.1007/978-3-658-28026-0_3

zu bestimmen, stammt von Tornstam (1975), der anhand einer schwedischen Stichprobe die gesundheitsbezogenen Determinanten von SRH untersuchte. Dabei konnte er feststellen, dass ernste Krankheiten und Schmerzen von den verwendeten Indikatoren den größten Einfluss auf die subjektive Gesundheit (also SRH) hatten, während die Funktionsfähigkeit, abgebildet über die Mobilität der Befragten, eine eher untergeordnete aber dennoch signifikante Rolle spielte. Quinn et al. (1999) fügten zu einem Modell physischer Gesundheit, bestehend aus Funktionsfähigkeit und Krankheiten, auch Aspekte mentaler Gesundheit hinzu. Zwar zeigte sich, dass die physische Gesundheit den größten Beitrag zur Erklärung leistete, jedoch hatte auch die mentale Gesundheit einen starken Einfluss auf die subjektive Gesundheit, was die Wichtigkeit einer multidimensionalen Betrachtung von Gesundheitsbewertungen verdeutlicht. Der relative Einfluss des Gesundheitsverhaltens im Vergleich zu anderen Gesundheitsdimensionen wurde bislang recht wenig untersucht, doch konnten z.B. Manderbacka et al. (1999) feststellen, dass es zwar einen Zusammenhang zwischen Gesundheitsverhalten und SRH gibt, dieser aber eher durch chronische Erkrankungen oder funktionale Einschränkungen vermittelt wird und so bei deren Kontrolle stark reduziert wird. In einer Metaanalyse konnte Pinquart (2001) bestätigen, dass krankheitsbezogene Variablen am stärksten mit SRH korrelieren, funktionale und mentale Gesundheit aber auch stark mit dieser Variablen zusammenhängen. Singh-Manoux et al. (2006) nutzten Daten der Whitehall II und Gazel Kohortenstudie, um ebenfalls der Frage nach der relativen Bedeutung verschiedener Gesundheitsaspekte für Gesundheitsbewertungen nachzugehen. Hierbei quantifizierten sie den Beitrag verschiedener Arten von GI zur Erklärung von SRH und konnten ebenfalls feststellen, dass insbesondere das Vorliegen bzw. die Abwesenheit von Krankheiten, Symptomen und Gesundheitsproblemen sowie die körperliche Leistungsfähigkeit und Mobilität, aber auch die mentale Gesundheit zur Erklärung von SRH beitrugen. Die Dominanz von chronischen Krankheiten und funktionaler Gesundheit wurde ebenfalls von Shooshtari et al. (2007) bestätigt. In der Analyse von Verropoulou (2009) hatten hingegen chronische Krankheiten den stärksten Effekt auf SRH, gefolgt von funktionalen Einschränkungen und schlussendlich depressiven Symptomen.

Aus diesen Befunden lässt sich für die Analysen dieser Arbeit ableiten, dass vermutlich Krankheiten oder die Funktionsfähigkeit den größten Einfluss auf SRH haben werden. Gleichzeitig sind aber auch starke Einflüsse von Schmerzen und der mentalen Gesundheit zu erwarten. Der Einfluss des Gesundheitsverhaltens ist dagegen bislang weitgehend unerforscht, sodass dessen Rolle unklar ist. Da generell trotz der großen Relevanz der Frage der gesundheitsbezogenen Grundlage von SRH – insbesondere für die Interpretation von Messwerten und Forschungsergebnissen – nur sehr wenige Befunde Vorliegen und diese meist nur einzelne Dimensionen latenter Gesundheit erfassen, bietet sich hier ein großes Potenzial, den diesbezüglichen Kenntnisstand zu erweitern.

3.2 Der Einfluss von nicht gesundheitsbezogenen Aspekten

Wie bereits dargestellt, konnte schon in den 1950er und 1960er Jahren von Suchman et al. (1958) bzw. Maddox (1962) gezeigt werden, dass sich Selbsteinschätzungen der Gesundheit von Bewertungen durch MedizinerInnen unterscheiden – auch wenn es natürlich häufig Übereinstimmungen gibt. Da anzunehmen ist, dass MedizinerInnen weniger durch nicht gesundheitsbezogene Faktoren beeinflusst werden (Suchman et al. 1958), suchten die Forscher die Gründe für die Abweichungen in Eigenschaften der Befragten. Hierbei konnten sie feststellen, dass z.B. Personen, die sich häufig um ihre Gesundheit sorgen, dazu tendieren, ihre Gesundheit schlechter zu bewerten als die MedizinerInnen. Dieses Ergebnis konnten auch Barsky et al. (1992) bestätigen: In einer Untersuchung von KrankenhauspatientInnen stellten sie fest, dass hypochondrische Tendenzen extrem hoch mit SRH korrelieren ($R = 0,79$), was auch in neueren Untersuchungen bestätigt werden konnte (z.B. Lazarevič et al. 2018). Zudem konnten Barsky et al. (1992) zeigen, dass auch in multivariaten Modellen, die eine Reihe von gesundheitsbezogenen Aspekten beinhalteten, der größte Einfluss auf die subjektive Gesundheit von hypochondrischen Neigungen ausging.[5]

Weiterhin konnten z.B. Shmueli (2003) mit israelischen und Layes et al. (2012) mit kanadischen Daten zeigen, dass Befragteneigenschaften wie das Einkommen, Alter, Geschlecht oder die Bildung die Gesundheitseinschätzung beeinflussen, selbst wenn in multivariaten Modellen GI kontrolliert werden. Hier sind die Ergebnisse allerdings inkonsistent, sodass in den Analysen dieser Arbeit keine konkreten Ergebnisse erwartet werden können: Während in Israel ältere Befragte und Personen mit einem höheren sozioökonomischen Status zu positiveren Antworten auf Basis des gleichen Gesundheitszustandes neigten, war in der kanadischen Stichprobe das Gegenteil der Fall. Entsprechend sind weitere Studien hinsichtlich des Einflusses soziodemographischer Merkmale dringend notwendig, um mehr Licht auf diesen Zusammenhang zu werfen. Naheliegend ist die Annahme, dass optimistischere Personen einen gegebenen Gesundheitszustand positiver bewerten als pessimistische Personen. Entsprechend konnte bereits in einigen Studien gezeigt werden, dass dies allgemein für Selbstberichte der allgemeinen (physischen) Gesundheit der Fall ist (z.B. Hooker et al. 1992; Lyons & Chamberlain 1994; Ruthig & Chipperfield 2006; Ruthig et al. 2007; Fotiadou et al. 2008; Rasmussen et al. 2009; Lazarevič et al. 2018). Auffallender Weise wird in entsprechenden Studien allerdings eher selten diskutiert, dass es sich hierbei wie angesprochen wenigstens zum Teil um ein methodisches Artefakt handeln kann – insbesondere vor dem Hintergrund, dass der allgemeine Zusammenhang zwischen Optimismus und Gesundheit für objektive GI, z.B. Mortalität, kleiner ist als bei eher subjektiven GI, wie z.B. SRH (Rasmussen et al. 2009). Dieser Frage nachgehend konnten Warner et al. (2012) zeigen, dass ältere Menschen ihre funktionale Gesundheit nicht nur auf ihrem objektiven Gesundheitszustand gründen, sondern auch davon beeinflusst werden, ob sie gesundheitsbezogenen Optimismus demonstrieren. Aus diesem Grund sollte der Einfluss von Optimismus oder geeigneter Proxyvariablen, die als Indikatoren für positives Antwortverhalten dienen können, nicht nur als gesundheitsförderlich, sondern auch als mögliche Quelle für methodische Artefakte, untersucht werden.

Ebenfalls unklar ist die Rolle der Interviewsituation bei der Gesundheitsbewertung. Ein Beispiel hierfür sind Proxy-Interviews, also das Beantworten einiger oder gar aller Fragen nicht durch die zu befragende Person, sondern etwa durch deren Ehepartner, Kinder oder Pflegepersonal. Zwar gibt es Studien, die die Übereinstimmung zwischen beiden Infor-

---

[5] Dieser Befund kann aber möglicherweise auch durch den starken Zusammenhang zwischen hohen Werten auf einer Hypochondrieskala und manifesten Gesundheitsproblemen erklärt werden. Skalen zur Messung von Hypochondrie fragen nämlich häufig Aspekte wie die Befürchtung, ernsthaft krank zu sein, ab oder ob die Befragten die Symptome einer ernsthaften Krankheit haben. Entsprechend findet sich ein direkter Zusammenhang mit Hypochondrie nicht nur für SRH, sondern auch für vermeintlich objektivere Gesundheitsindikatoren wie die Frage nach chronischen Krankheiten oder gesundheitsbedingten Einschränkungen (Lazarevič et al. 2018).

mationsquellen überprüfen, allerdings reichen deren Ergebnisse von einer geringen (z.B. Vuorisalmi et al. 2012) über eine mittelmäßige (z.B. Ayalon & Covinsky 2009) bis hin zu einer guten Übereinstimmung (z.B. Magaziner et al. 1996; Sneeuw et al. 2002) zwischen beiden Personen hinsichtlich Gesundheitsfragen. Zudem waren in diesen Studien die festgestellten Abweichungen der gesundheitsbezogenen Informationen nicht einheitlich, da im Falle von SRH die Befragten selbst negativere Bewertungen abgaben (Ayalon & Covinsky 2009; Vuorisalmi et al. 2012), während Krankheiten oder funktionale Einschränkungen durch die Proxy-Befragten negativer eingeschätzt wurden (Sprangers & Aaronson 1992; Magaziner et al. 1996; Sneeuw et al. 2002).

Obwohl soziale Erwünschtheit bekanntermaßen die Ergebnisse empirischer Untersuchungen verzerren kann (Tourangeau & Yan 2007; Tourangeau et al. 2012; Perinelli & Gremigni 2016), ist bislang wenig über soziale Erwünschtheit in Zusammenhang mit selbst eingeschätzter Gesundheit bekannt (Davis et al. 2010b). Aus diesem Grund ist unklar, ob sozial erwünschtes Antwortverhalten eher zu einer Übertreibung oder einem Herunterspielen gesundheitlicher Probleme führen würde. Zudem ist es ebenfalls möglich, dass die Richtung des Einflusses sozialer Erwünschtheit abhängig ist von Faktoren wie z.B. dem Alter, dem Geschlecht oder kulturellen Konversationsnormen ist. Auch hier besteht also dringender Forschungsbedarf, insbesondere da ältere Menschen generell eine größere Tendenz haben, sozial erwünschte Antworten zu geben als jüngere Befragte (Groves & Magilavy 1986; Dijkstra et al. 2001; Soubelet & Salthouse 2011).[6] Andere WissenschaftlerInnen gehen eher davon aus, dass sich der Einfluss sozialer Erwünschtheit auf das Antwortverhalten zwischen älteren und jüngeren Befragten grundsätzlich unterscheidet: Jüngere Menschen wählen demnach zur Gewinnung sozialer Anerkennung die sozial unerwünschten Antworten, während ältere Befragte aus dem gleichen Grund eher zu den sozial erwünschten Antworten neigen (Reinecke 1991).

Die Untersuchung dieses Einflusses hinsichtlich gesundheitlicher Informationen wird zudem dadurch erschwert, dass in großen Gesundheitssurveys soziale Erwünschtheit selten direkt erhoben wird. Die wenigen Fälle, in denen die Tendenz zu sozial erwünschtem Antwortverhalten direkt gemessen und auf entsprechende Fragen bezogen wurde, kommen zudem zu widersprüchlichen Ergebnissen. Einerseits fanden Latkin et al. (2017) in einer persönlichen Befragung von Drogennutzern in Baltimore im Alter von 18–55, genau wie Willebrand et al. (2005) bei einer postalischen Befragung schwedischer Verbrennungsopfer, einen negativen Einfluss von sozialer Erwünschtheit. Sozial erwünschtes Antwortverhalten hing in dieser Studie also mit negativeren Antworten zusammen. Andererseits stellten sowohl Fastame & Penna (2012) auf Basis von persönlichen Interviews mit ItalienerInnen im Alter von 60–100 Jahren als auch Lazarevič et al. (2018) in einer Onlinebefragung der allgemeinen Bevölkerung Österreichs im Alter von 16–74 das Gegenteil fest (wenn auch im

---

[6] Dieser Unterschied lässt sich anscheinend wenigstens zum Teil dadurch erklären, dass ältere Menschen für gewöhnlich über eine geringere Bildung und geringere kognitive Kapazitäten, z.B. die Fähigkeit, Informationen aus dem Gedächtnis abzurufen, verfügen. Entsprechend sei es für ältere Menschen schwieriger, die Intention von Skalen sozialer Erwünschtheit, die häufig Vorfälle sozial unerwünschten Verhaltens abfragen, zu erkennen und sich entsprechend durch sozial unerwünschte Antworten als 'ehrlich' darzustellen oder entsprechende Vorfälle aus dem Gedächtnis abzurufen (Dijkstra et al. 2001). Da es sich bei SRH jedoch um die allgemeine Bewertung des für die Befragten tendenziell präsenten Gesundheitszustandes und nicht die explizite Abfrage möglicherweise seltener Verhaltensweisen handelt, dürfte diese alternative Erklärung sozialer Erwünschtheit in dieser Arbeit eher eine geringe Rolle spielen.

letzteren Fall nicht statistisch signifikant). Zusammenfassend lassen sich auf Basis dieser Befunde keine allgemeinen Erwartungen hinsichtlich des Einflusses sozialer Erwünschtheit ableiten, weshalb eine genauere Betrachtung möglicher Auslöser dieses Antwortverhaltens notwendig ist.

Hinweise auf den Einfluss sozialer Erwünschtheit können allerdings auch Eigenschaften der Interviewsituation bieten, die vermutlich zu sozial erwünschtem Antwortverhalten führen. Folglich gilt es beispielsweise herauszufinden, ob allein die Anwesenheit einer anderen Person während des Interviews im Falle von SRH einen verzerrenden Einfluss hat. Die Anwesenheit Dritter könnte hier dazu führen, dass die Befragten ihre Antworten in eine sozial erwünschte Richtung anpassen. Während zum Thema SRH keine entsprechenden Studien vorliegen, zeigt sich bei bestimmten sehr sensiblen Themenbereichen, dass die Anwesenheit Dritter die Antworten tatsächlich beeinflussen kann (Mneimneh et al. 2015). Allerdings ist dieser Effekt in vielen Fällen nur sehr klein oder gänzlich vernachlässigbar (Bradburn & Sudman 1979; Silver et al. 1986; Mensch & Kandel 1988; Smith 1995; Ensminger et al. 2007), was mitunter dadurch erklärt wird, dass die zusätzliche Anwesenheit z.B. eines vertrauten Familienmitglieds vor dem Hintergrund der Anwesenheit fremder InterviewerInnen bei den meisten Themenbereichen nur wenig zusätzlichen Anreiz für sozial erwünschtes Antwortverhalten (im Sinne eines „Impression Managements") bietet (z.B. bei Duffy & Waterton 1984: 304).

Einen anderen Auslöser für soziale Erwünschtheit – und potenziell andere methodische Artefakte – stellt folglich der ebenfalls weitgehend unerforschte potenzielle Einfluss der InterviewerInnen auf SRH dar. Eine Studie von Groves & Mathiowetz (1984) deutet zwar darauf hin, dass ein signifikanter Anteil der Varianz von SRH auf die Interviewer zurückzugehen scheint, doch sind die konkreten Ursachen dieser InterviewerInneneinflüsse weitgehend unerforscht. Die einzige dem Autor bekannte Studie, die sich bislang mit dem Geschlecht der InterviewerInnen und dessen Einfluss auf SRH befasst hat, wurde von Lipps & Lutz (2017) durchgeführt. Die beiden Wissenschaftler konnten dabei anhand einer großen Befragung in der Schweiz feststellen, dass männliche Interviewer im Durchschnitt 'gesündere' Befragte hatten, weshalb sie zu dem Schluss kamen, dass die Befragten Interviewerinnen eher vertrauten und somit auch einen schlechteren Gesundheitszustand 'zugaben', wobei dieser Einfluss unabhängig davon war, ob die befragte Person männlich oder weiblich war. Das Forschungsdefizit zu diesem Thema hängt wohl nicht zuletzt damit zusammen, dass relevante Daten über soziodemographische InterviewerInneneigenschaften (wie ihr Alter, Geschlecht, Bildung usw.) in vielen (Gesundheits-)Surveys nicht vorliegen.

Weiterhin gibt es einige wenige Studien zum Einfluss der Ethnie bzw. der Interaktion der Ethnien von Befragten und InterviewerInnen. In diesem Zusammenhang konnten verschiedene Studien zeigen, dass schwarze Befragte einen schlechteren Gesundheitszustand berichteten, wenn die InterviewerInnen ebenfalls schwarz waren (Livert et al. 1998). Dieser Befund wird, vor dem Hintergrund entsprechender Ergebnisse hinsichtlich sensibler Informationen wie Drogengebrauch so gedeutet, dass auch hier ein größeres Vertrauen zu geringerer sozialer Erwünschtheit führt, wodurch entsprechend der Interpretation von Lipps & Lutz (2017) schlechtere Gesundheitszustände 'zugegeben' werden können (z.B. bei Livert et al. 1998).

Studien zum Einfluss anderer grundlegender soziodemographischer Merkmale, wie das Alter oder die Bildung der InterviewerInnen auf SRH vonseiten der Befragten fehlen bislang augenscheinlich völlig, weshalb diese anhand neuer Untersuchungen betrachtet werden sollten. Insbesondere für das Alter sollte dabei die wie im Falle des Geschlechts die Interaktion aus Befragten- und InterviewerInneneigenschaften betrachtet werden, da z.B. in Hinblick auf das Gesundheitsverhalten gezeigt werden konnte, dass dieses eine Rolle in dem Sinne spielt, dass eine größere Altersdifferenz zu 'ehrlicheren' Antworten zu führen scheint (Okamoto et al. 2002). Ebenfalls könnte es lohnenswert sein, die Rolle der Erfahrung von InterviewerInnen zu betrachten, da es Hinweise darauf gibt, dass von erfahreneren InterviewerInnen befragte Menschen eher zu Akquieszenz, also dem Zustimmen oder der positiven Beantwortung einer Frage unabhängig ihres Inhaltes (Krosnick 1991), neigen (Olson & Bilgen 2011), es hierzu allerdings keine dem Autoren bekannte Untersuchung hinsichtlich SRH gibt.

Darüber hinaus wäre es speziell für SRH interessant, ob und inwieweit die selbst eingeschätzte Gesundheit der InterviewerInnen die Antwort der Befragten beeinflusst, wozu es bislang ebenfalls nach Wissensstand des Autoren weder theoretische Vorüberlegungen noch systematische Untersuchungen gibt. Hier wären, ausgehend von den hier vorgestellten theoretischen Modellen, insbesondere zwei Mechanismen denkbar, die dazu führen könnten, dass Befragte ihre Antwort aufgrund des Gesundheitszustands der InterviewerInnen modifizieren. Erstens wäre es naheliegend, dass die Gesundheit der InterviewerInnen für die Befragten als Referenzrahmen genommen wird, da InterviewerInnen im Rahmen von persönlichen Befragungen anwesend sind und somit direkt als Vergleichsmaßstab dienen. In diesem Fall sollte eine besonders gute Gesundheit der InterviewerInnen zu einer schlechteren Gesundheitseinschätzung der Befragten führen. Andererseits ist es allerdings auch denkbar, dass die Befragten ihre geäußerte Gesundheitsbewertung aufgrund von sozialer Erwünschtheit direkt an die vermeintliche Gesundheit der InterviewerInnen anpassen in der Hoffnung, durch Gemeinsamkeiten Sympathie zu erzeugen.

Jürges (2007) sieht ebenfalls das Herkunftsland der Befragten als Quelle für nicht gesundheitsbezogene Varianz der selbst eingeschätzten Gesundheit und konnte mit Daten des SHARE zeigen, dass z.B. ältere Schweden ihre Gesundheit als positiver bzw. Deutsche negativer einschätzten auch wenn der gleiche Gesundheitszustand zugrunde lag, weshalb der Länderkontext bei der Analyse ebenfalls berücksichtigt werden muss. Generell lässt sich aber feststellen, dass bislang relativ wenige Untersuchungen zu dem Thema nicht gesundheitsbezogener Einflüsse auf gesundheitsbezogene Selbstberichte durchgeführt wurden. Da viele der bisher erstellten Arbeiten eher explorativ waren, sollte speziell in dieser Richtung weiter geforscht werden. Besonders lohnenswert ist dieses Unterfangen, wenn die latente Gesundheit in weiten Teilen kontrolliert werden kann, um indirekte Effekte von NGE – also NGI, die ihrerseits auch GI beeinflussen – kontrollieren zu können.

3.3 Altersunterschiede im Bewertungsprozess

Einige Forschungsarbeiten haben sich bereits mithilfe verschiedener Ansätze mit altersspezifischem Antwortverhalten bzw. der altersspezifischen Gewichtung von Gesundheitsdimensionen, also der sogenannten Reprioritization, hinsichtlich SRH beschäftigt. So konnten zum Beispiel Jylhä et al. (1986) in einer Querschnittsuntersuchung anhand einer Stichprobe von männlichen Bewohnern der Stadt Jyväskylä in Finnland zeigen, dass die subjektive Gesundheit von jüngeren Männern primär mit Krankheitssymptomen und dem funktionalen Status, SRH von Männern im mittleren Alter vor allem mit Krankheitssymptomen und der mentalen Gesundheit und die selbst eingeschätzte Gesundheit von älteren Männern insbesondere mit chronischen Krankheiten zusammenhing. Krause & Jay (1994) konnten anhand von 158 Interviews ermitteln, dass die Befragten mitunter altersspezifische Gesundheitsinformationen für ihre Bewertung nutzten, sodass ältere Menschen sich bei ihrer Bewertung eher auf Gesundheitsprobleme fokussieren, während jüngere eher ihr Gesundheitsverhalten als Bewertungsgrundlage nutzen. Eine Untersuchung von 18–75-jährigen SchwedInnen kam zu einem ähnlichen Ergebnis, da beispielsweise nur für 18–34-Jährige ein direkter Zusammenhang zwischen dem BMI und SRH gefunden werden konnte (Manderbacka et al. 1999). Auch eine kanadische Studie deutet darauf hin, dass jüngere Menschen (25–54-Jährige) eine größere Auswahl an Aspekten in ihre Gesundheitsbewertung einbeziehen als Ältere (über 54-Jährige) (Shooshtari et al. 2007).

In einem Kohortenvergleich von US-amerikanischen Befragten im Alter von 60–69, 80–89 und über 100-Jährigen konnten Quinn et al. (1999) feststellen, dass die beiden jüngeren Gruppen hinsichtlich der erklärten Varianz von SRH durch soziodemographische, krankheitsbezogene und psychosoziale Variablen recht ähnlich waren, während es große Unterschiede in der ältesten Altersgruppe gab. In dieser Altersgruppe hatten soziodemographische Merkmale keine Relevanz, wohingegen psychosoziale Variablen weitaus wichtiger waren als in den anderen Altersgruppen. In einer Metaanalyse konnte entsprechend von Pinquart (2001) gezeigt werden, dass Variablen, welche die physische Gesundheit abbilden, für 60–75-Jährige wichtiger ist als für über 75-Jährige, während für Variablen der mentalen Gesundheit das Gegenteil galt, was in späteren Studien bestätigt werden konnte (z.B. Schnittker 2005; French et al. 2012).

Spuling et al. (2015) untersuchten diesen Befund zusätzlich im Hinblick auf Kohortenunterschiede und bestätigten ebenfalls dieses Ergebnis, gingen aber zusätzlich der Frage nach Kohorten- und Altersunterschieden nach. In ihrer Studie konnten sie daraufhin feststellen, dass die mentale Gesundheit für Menschen höheren Alters eine größere Rolle in der Gesundheitsbewertung spielt, gleichzeitig aber jüngere Geburtskohorten die mentale Gesundheit stärker für die Bewertung nutzen als früher geborene Menschen. Ebenfalls konnten sie in der gleichen Untersuchung entgegen der Ergebnisse der meisten anderen Studien feststellen, dass chronische Krankheiten einen konstanten Einfluss auf SRH hatten. In einer US-amerikanischen Studie zu funktionalen Einschränkungen und der Gehgeschwindigkeit zeigte sich hingegen, dass der Zusammenhang zwischen funktionalen Problemen und SRH mit dem Alter abnimmt (Jylhä et al. 2001). Ein anderes Bild zeigte sich bei Galenkamp et al. (2012a), da in dieser Studie chronische Krankheiten mit dem Alter unwichtiger für SRH wurden, während die Relevanz von funktionalen Einschränkungen an Relevanz zunahm.

Bezüglich des Einflusses von Altersunterschieden im Bewertungsprozess lässt sich in erster Linie also festhalten, dass mit erheblichen Unterschieden zu rechnen ist, da ältere Personen ihre Bewertung offensichtlich auf anderen Gesundheitsdimensionen basieren als jüngere. Hierbei ist die Evidenz allerdings nicht ganz eindeutig, da unterschiedliche Studien in verschiedenen Kontexten zu divergierenden Ergebnissen kamen. Vergleichsweise konsistent ist der Befund, dass jüngere Menschen für ihre Bewertung ein breiteres

Spektrum an Gesundheitsinformationen nutzen, während ältere Befragte stärker durch ihre mentale Gesundheit beeinflusst werden. Auf Basis der Dargestellten Studien wird weiterhin ein Forschungsdefizit deutlich, nämlich die explizite Trennung von Alters- und Kohorteneinflüssen auf die Gesundheitsbewertung. Diese sollten in den Analysen dieser Arbeit entsprechend eine explizite Untersuchung erfahren.

3.4   Der Einfluss von Gesundheitsveränderungen auf SRH

Ein häufiger Befund empirischer Studien zur Sensitivität von SRH gegenüber Gesundheitsveränderungen ist der einer relativ stabilen subjektiven Gesundheitsbewertung über die Zeit, selbst bei einer sich verschlechternden objektiven Gesundheit (z.B. Galenkamp et al. 2012b,a, 2013; Spuling et al. 2017). Dieser Befund wird auf theoretischer Ebene in der Regel durch eine Recalibration, also das Senken der gesundheitsbezogenen Ansprüche für ein bestimmtes Label wie z.B. 'gute Gesundheit', erklärt. Allerdings konnte in einer sehr langfristigen Studie über 59 Jahre (1940–1999) gezeigt werden, dass die Stabilität von SRH ab dem 50. Lebensjahr nachlässt, da die selbst eingeschätzte Gesundheit in diesem Alter in zunehmender Geschwindigkeit abnimmt (McCullough & Laurenceau 2004).

Hinsichtlich der Erklärung von Unterschieden der Gesundheitsbewertung im Längsschnitt konnte in verschiedenen Studien gezeigt werden, dass zusätzliche chronische Krankheiten dazu führen, dass die eigene Gesundheit schlechter bewertet wird (Heller et al. 2009; Galenkamp et al. 2011, 2013; Genbäck et al. 2018), wobei sich dieser Zusammenhang anscheinend mit dem Alter abschwächt (Heller et al. 2009). Ein Zusammenhang zwischen einer sich verschlechterten Gesundheit und SRH konnte ebenfalls für die funktionale Gesundheit gefunden werden (Galenkamp et al. 2013; Genbäck et al. 2018).

Auf Basis dieses relativ dürftigen Forschungsstandes hinsichtlich des Einflusses von Gesundheitsveränderungen auf SRH lassen sich folglich sowohl Konsistenzen als auch Lücken ausmachen, die relevant für die Analysen dieser Arbeit sind. Obwohl SRH offensichtlich vergleichsweise stabil zwischen einzelnen Erhebungszeitpunkten ist, lässt sich bei einer längeren Betrachtung konsistent beobachten, dass sich verschlechternde GI – wenigstens hinsichtlich Krankheiten und des funktionalen Zustands – erwartungsgemäß in SRH niederschlagen. Gleichzeitig ist der Einfluss der Veränderung anderer Gesundheitsaspekte sowie die relative Wichtigkeit verschiedener Gesundheitsdimensionen bislang völlig unerforscht.

3.5   Modifikation des Zusammenhangs durch das Geschlecht oder den Länderkontext

Nach der allgemeinen Feststellung dieser Zusammenhänge bleibt die Frage, ob sich die Gesundheitsbewertung – wie oben angenommen – zwischen grundlegenden gesellschaftlichen Gruppen wie Männern und Frauen oder Menschen aus unterschiedlichen Ländern unterscheidet. Bezüglich des Geschlechts ist die Lage dabei relativ uneinheitlich. Manche Studien kommen etwa zu dem Ergebnis, dass es durchaus einen Unterschied zwischen den Geschlechtern bezüglich der Basis ihrer Gesundheitsbewertung gibt. So konnten z.B. Leinonen et al. (1999), in einer Befragung aller 75-jährige FinnInnen in Jyväskylä, Finnland feststellen, dass mentale Gesundheit nur für die Gesundheitsbewertung von Frauen relevant war, während für beide Geschlechter die Funktionsfähigkeit und chronischen

Krankheiten eine wichtige Rolle spielten. Darüber hinaus gibt es auch Hinweise darauf, dass Frauen möglicherweise ihre Gesundheitsbewertung stärker an gesundheitlichen Einschränkungen ausrichten, während Männer eher dazu tendieren nur lebensbedrohliche Aspekte für die Bewertung zu nutzen (Gonzalez et al. 2002; Idler 2003). Andere Studien kamen hingegen zu dem Ergebnis, dass sich die Determinanten von SRH nicht merklich zwischen den Geschlechtern unterschieden (z.B. Jylhä et al. 1998; Zajacova et al. 2017).

Eine ähnliche Unschlüssigkeit gilt auch für Unterschiede bezüglich des Herkunfts- bzw. Befragungslandes oder die Sprache des Fragebogens. So gibt es beispielsweise Studien, die darauf hindeuten, dass die Bewertung durch die Sprache bzw. die Übersetzung der Antwortmöglichkeiten beeinflusst wird, sodass mittels bestimmter Sprachen befragte Personen ihre Gesundheit negativer bewerten als diejenigen, die in anderen Sprachen befragt werden (Viruell-Fuentes et al. 2011). Insgesamt lässt sich jedoch der generelle Trend ausmachen, dass der Zusammenhang zwischen Gesundheitsindikatoren und SRH – wenigstens in europäischen Ländern – weitgehend homogen ist (z.B. Jylhä et al. 1998; Bardage et al. 2005; Verropoulou 2009).

Im Gegensatz zum Alter scheint eine Moderation der Einflüsse der GI durch Geschlecht und Länderkontext auf Basis dieser Studien also eher fraglich. Da (grundsätzliche) Unterschiede im Antwortverhalten nach Geschlecht oder Länderkontext folglich nicht ausgeschlossen werden können, ist es ratsam, sämtliche Analysen getrennt nach Geschlecht durchzuführen und auf Unterschiede hin zu vergleichen. Gleichsam ist es ratsam zusätzlich Daten zu verwenden, die dasselbe für verschiedene Länder erlauben.

3.6 Zwischenfazit und Konsequenzen für die eigene Analyse

Dass die selbst eingeschätzte Gesundheit von vielen ForscherInnen zur Messung der generischen Gesundheit genutzt wird, lässt sich nicht leugnen. Obwohl es umfassendere, zielgerichtetere und besser untersuchte Messmethoden zu diesem Zweck gibt, überzeugt dieses Messinstrument viele AnwenderInnen durch die inklusive, dynamische, verhaltensrelevante und individuelle Ressourcen berücksichtigende Evaluation von Gesundheit, seine geringe Erhebungsdauer und die damit verbundene einfache und kostengünstige Implementation in Surveys und dessen potenziell vielfältige Verwendung in empirischen Analysen. Allerdings ist vor dem Hintergrund der Bedeutung dieses Indikatoren in der Forschungslandschaft vergleichsweise wenig über den damit verbundenen Antwortprozess bekannt, was nicht zuletzt daran liegt, dass einschlägige vorhandene theoretische Modelle in der angewandten Forschung wenig wahrgenommen und zudem selten empirisch überprüft werden.

Anhand der diskutierten Studien konnte in diesem Kapitel festgestellt werden, dass die aufgestellten Forschungsfragen bislang alles andere als beantwortet sind. Trotzdem ließen sich auf Basis der vorgestellten Studien Annahmen bezüglich möglicher Ergebnisse aufstellen und Schlussfolgerungen für zur Konzeption der empirischen Untersuchung der Forschungsfragen ziehen. Bezüglich der Gewichtung verschiedener Gesundheitsdimensionen erscheinen insbesondere die funktionale Gesundheit sowie der Aspekt der Krankheiten relevant für die Gesundheitsbewertungen, wobei auch die mentale Gesundheit und Krankheiten relevant sein könnten und die Rolle des Verhaltens weitgehend unklar ist. Wie das relative Gewicht der Einflüsse dieser Gesundheitsdimensionen auf SRH ist, lässt sich kaum abschätzen, da dies bislang nur unzureichend untersucht wurde.

Der Einfluss von nicht gesundheitsbezogenen Aspekten fand bislang weitgehend unsystematisch statt, wobei von Einflüssen der InterviewerInnen, Eigenschaften der Befragten und durch den Länderkontext auszugehen ist. Genauso dürfte das Alter bei der Bewertung eine merkliche Rolle spielen, sodass Unterschiede in der Basis von SRH bei einem Vergleich von Altersgruppen zu erwarten sind. Hierbei muss jedoch beachtet werden, dass diese Unterschiede sowohl auf Alters- als auch Kohortenunterschiede zurückgehen könnten, die sich möglicherweise sogar widersprechen. Entsprechend ist eine getrennte Betrachtung beider Arten der Moderation der Einflüsse auf SRH definitiv wünschenswert. Bezüglich der Sensitivität von SRH gegenüber Gesundheitsveränderungen ist bislang recht wenig bekannt, wobei anzunehmen ist, dass wenigstens Veränderungen der funktionalen Gesundheit und Krankheiten einen Einfluss auf Veränderungen von SRH ausüben. Dabei ist jedoch nicht abzusehen, wie die stärke der verschiedenen Einflüsse relativ zueinander aussieht. Bezüglich der Moderation der Gesundheitseinflüsse durch das Geschlecht oder den Länderkontext ist ebenfalls eher unklar, da verschiedene Studien zu unterschiedlichen Ergebnissen kamen.

Die Zusammenfassung dieser bisherigen Ergebnisse zu den fünf aufgestellten Fragen unterstreicht, dass aus diesem weitgehend unschlüssigen Stand der Forschung kaum konkrete Hypothesen für diese Fragen ableitbar sind. Demgemäß ist die Untersuchung von SRH in dieser Arbeit als weitgehend explorativ zu verstehen.

4 Methoden und Analysestrategie: Wie lassen sich die Fragen empirisch umsetzen?

Im Folgenden werden die analytischen Methoden und die Analysestrategie der empirischen Untersuchungen dieser Arbeit hergeleitet und diskutiert. Hierzu gehe ich zunächst in Kapitel 4.1 auf die verschiedenen Analysemethoden, die ich in dieser Arbeit verwende, sowie einige darüber hinausgehende theoretische und statistische Überlegungen ein. Auf Basis dieser Erläuterungen schließe ich dieses Kapitel mit einer Beschreibung der davon abgeleiteten Analysestrategie in Kapitel 4.2 ab, die ich nutze, um den Forschungsfragen des Kapitels 2.4 anhand von vier Teiluntersuchungen nachzugehen. Dazu begründe ich in Kapitel 4.2 das Vorgehen in den vier Teilen der empirischen Analyse dieser Arbeit im Zusammenhang mit den Forschungsfragen und wie sich die verschiedenen Untersuchungsschritte aufeinander beziehen.

4.1 Methoden: Welche Verfahren eignen sich zur Beantwortung der Fragen?

Dieses Kapitel dient der Vorstellung und Erörterung der in dieser Arbeit verwendeten Analysemethoden und damit verbundener theoretischer und statistischer Aspekte. In einem ersten Schritt diskutiere ich in Kapitel 4.1.1 das Skalenniveau von SRH, da hiervon abhängig ist, welche statistischen Analysemethoden für die empirische Untersuchung dieser Variablen zur Verfügung stehen und begründe dessen Verwendung als (quasi-)metrische Variable. Die anschließenden Teilkapitel beschäftigen sich mit den konkreten Analysemethoden. Dabei gehe ich zuerst in Kapitel 4.1.2 und Kapitel 4.1.3 auf die verwendeten Regressionsmodelle ein, die in den späteren Analysen zur Modellierung des Zustandekommens von SRH verwendet werden – die lineare Regression und die Fixed-Effects Regression – und begründe deren Eignung zur Bearbeitung der aufgestellten Forschungsfragen. Darauf folgt in Kapitel 4.1.4 eine kurze Einführung und Beschreibung der zentralen Maßzahl zur Quantifizierung der Gewichtung der fünf Gesundheitsdimensionen in SRH, nämlich die allgemeine Dominanzstatistik nach Budescu (1993). Zum Abschluss des Kapitels gehe ich in Kapitel 4.1.5 ausführlich auf die inverse hyperbolische Sinustransformation ein, da diese in der einschlägigen Literatur bislang relativ wenig verbreitet ist und ich sie in den multivariaten Analysen mehrfach zur Transformation verschiedener Zählvariablen nutze, um (potenziell) nichtlineare Zusammenhänge zwischen diesen Variablen und SRH abzubilden.

4.1.1 Das Skalenniveau der Gesundheitsbewertung: SRH als (quasi-)metrische Variable?

In den folgenden empirischen Analysen betrachte ich SRH als (quasi-)metrisch, also als metrisch, obwohl das Skalenniveau dieser Variablen aufgrund verschiedener Eigenschaften (z.B. relativ wenige Ausprägungen, die uneinheitliche Wertelabel haben) nicht selten ganz selbstverständlich als ordinal betrachtet oder für Analysen sogar dichotomisiert wird (z.B. Manor et al. 2000). In den Sozialwissenschaften gibt es eine lange Tradition vermeintlich ordinale Variablen, die bestimmte Bedingungen erfüllen, als metrisch zu behandeln, um ihre Varianz besser nutzen zu können und weniger anspruchsvolle, robustere oder besser zur jeweiligen Fragestellung passende Analysemethoden verwenden zu können – zumal die inhaltlichen Ergebnisse und darauf beruhende Schlussfolgerungen häufig ohnehin sehr ähnlich sind (z.B. Labovitz 1967; Kim 1975; Allan 1976; Kim 1978; O'Brien 1979; Binder 1984; Peel 2005). Auch im Falle von SRH konnte entsprechend gezeigt werden kann, dass diese Variable wenigstens näherungsweise linear mit verschiedenen Gesundheitsindikatoren zusammenhängt (z.B. Perruccio et al. 2012).

Die bislang einzige dem Autoren dieser Arbeit bekannte Studie, welche die Einflüsse verschiedener unabhängiger Variablen auf SRH direkt zwischen verschiedenen Modellierungsansätzen vergleicht, wurde von Min (2013) veröffentlicht. In dieser Studie stellte der Autor die Ergebnisse eines linearen Regressionsmodells mit denen eines Modells für ordinale Daten gegenüber. Dabei schloss er, dass die einzigen beiden Unterschiede zwischen den Ergebnissen beider Modelle seien, dass erstens das Geschlecht in der linearen Regression keinen signifikanten Zusammenhang mit SRH aufwies und zweitens, dass die anderen Regressionskoeffizienten in diesem Modell (vermeintlich) unterschätzt würden. Die inhaltliche Interpretation der Ergebnisse beider Modelle war in jedem Fall (außer hinsichtlich des Geschlechts) jedoch dieselbe. Dass Männer im linearen Modell im Gegensatz zum Modell für ordinale Daten keine bessere Gesundheit aufwiesen als Frauen, lässt sich allerdings hinreichend dadurch erklären, dass allem Anschein nach die schulische Bildung der Befragten nur in der linearen Regression kontrolliert wurde und dort einen positiven Effekt hatte (zumindest wurde für das andere Modell kein Koeffizient ausgewiesen). Hinweise darauf, dass der Befund der Unterschätzung im linearen Modell statistisch getestet wurde, finden sich in der Publikation nicht. Insgesamt gesehen deutet diese Studie, die aufgrund diverser methodischer und formaler Mängel eher zurückhaltend betrachtet werden sollte, also darauf hin, dass die Verwendung einer linearen Regression zu den (mindestens) inhaltlich gleichen Ergebnissen führt wie die einer Regression ordinaler Daten.

Darüber hinaus sind die üblicherweise – und auch bei Min (2013) – verwendeten Modelle zur Analyse ordinaler Daten, nämlich sogenannte Parallel-Lines Modelle, suboptimal zur Analyse von SRH, da sie davon ausgehen, dass die Koeffizienten für jede Kategorie der abhängigen Variablen identisch sind. Diese Proportional Odds Annahme wird jedoch häufig verletzt, weswegen stattdessen generalisierte Ordered Logit Modelle zur Analyse solcher strenggenommen ordinalen Daten empfohlen werden, da sie auf diese Annahme verzichten (Williams 2006). Zur Überprüfung, ob die Verwendung dieser Modelle zur Ermittlung der Einflüsse der GI auf SRH zu inhaltlich anderen Ergebnissen führt, habe ich Teile der Analysen dieser Arbeit mit generalisierten Ordered Logit Modellen repliziert. Auf die Ergebnisse dieser Replikationen, deren graphische Darstellungen im Anhang dieser Arbeit zu finden sind, wird an jeweils geeigneter Stelle in den entsprechenden Kapiteln hingewiesen. Dabei ist zu bedenken, dass aufgrund des verwendeten Pseudo-R^2-Maßes nach McFadden bei diesen Analysen allgemein niedrigere absolute Werte dieser Maßzahl zu erwarten sind (Smith & McKenna 2013). Dies ist insbesondere für die Zerlegung dieser Maßzahl relevant, die in Kapitel 4.1.4 beschrieben wird. An dieser Stelle sei jedoch vorweggenommen, dass die inhaltlichen Schlussfolgerungen auf Basis dieser Analysen – trotz dieser Einschränkung – in jedem Fall dieselben waren wie auf Basis der metrischen Verwendung von SRH.

Ein anderes Problem dieser und ähnlicher statistischer Modelle, die auf iterativen Verfahren zur Ermittlung der Koeffizienten basieren, ist das Nichtkonvergieren der dafür notwendigen Algorithmen. Mit anderen Worten ist es bei diesen Verfahren ist möglich, dass das statistische Analyseprogramm auf Basis der vorliegenden Daten keine Lösung finden kann bzw. diese nicht existiert. Dies kann z.B. dann der Fall sein, wenn eine oder mehrere unabhängige Dummy-Variablen nur auf wenige Fälle zutreffen und insbesondere, wenn alle diese Fälle eine geringe (oder keine) Varianz bezüglich der abhängigen Variablen aufweisen (Allison 2008). In diesen Fällen lässt sich das Problem mitunter lösen, indem einzelne Kategorien von Dummy-Variablen zusammengelegt werden (Allison 2008), während in anderen Fällen die Verwendung anderer Algorithmen hilfreich sein kann (Williams 2018). Allerdings kommen natürlich auch diese Lösungsansätze im Falle geringer Fallzahlen bei Subgruppenanalysen an ihre Grenzen, weshalb in den Analysen dieser Arbeit zum Teil nur die allgemeinen Analysen auf Basis dieser Modelle repliziert werden konnten.

Abgesehen vom Fehlen dieser Probleme und neben der intuitiveren Interpretation der Koeffizienten der linearen Regression, spricht nicht zuletzt für die Verwendung dieses Modells, dass der Fokus dieser Arbeit auf einem Vergleich der Erklärungskraft zwischen verschiedenen Gruppen liegt. Regressionsmodelle für ordinale Daten beruhen allerdings nicht wie die lineare Regression auf der Kleinste-Quadrate-Methode (auch Ordinary Least Squares genannt), sondern auf einem iterativen Maximum-Likelihood-Verfahren, sodass sich ein äquivalentes R^2 für diese Modelle nicht direkt berechnen lässt und daher die Verwendung eines Pseudo-R^2-Maßes nötig ist (Long & Freese 2001; Hair et al. 2010). Obwohl die in Kapitel 4.1.4 skizzierte Methode der Zerlegung von R^2 grundsätzlich auch mit Pseudo-R^2-Maßen möglich ist (Luchman 2014), gibt es keinen Konsens darüber, welches Pseudo-R^2 für (Ordered) Logit Regressionen verwendet werden soll (Best & Wolf 2010; Allison 2013) und die Interpretation keiner dieser Maße entspricht direkt der des R^2-Maßes der linearen Regression (Hoetker 2007). Aus diesen Gründen wäre die Verwendung von Logit-Modellen in den folgenden Analysen auch inhaltlich problematisch.

Für die Verwendung (vermeintlich) ordinaler Variablen als metrisch schlugen Urban & Mayerl (2011) vier Bedingungen vor:

> „1.) die Variablen haben mindestens fünf Ausprägungen bzw. Kategorien (je mehr Kategorien umso besser), 2.) die Variablenkategorien sind geordnet skalierbar bzw. haben ein ordinales Messniveau, 3.) die Abstände zwischen den Kategorien können als gleich groß interpretiert werden (in ihrer semantischen Bedeutung und durch numerische Wertzuweisung), 4.) die Kategorien können als Wertintervalle von kontinuierlichen latenten Variablen interpretiert werden." (Urban & Mayerl 2011: 275)

Während die Bedingungen *eins* und *zwei* fraglos erfüllt sind, da die fünf Antwortmöglichkeiten in einer offensichtlich absteigenden Reihenfolge formuliert sind, bedarf es bei den anderen beiden Bedingungen einer kurzen Begründung. Die *vierte Bedingung* kann dadurch als erfüllt gesehen werden, dass die Befragten darum gebeten werden, ihre 'Gesundheit' zu bewerten. Diese lässt sich, wie in Kapitel 1 dargestellt, als latente Variable (nämlich latente Gesundheit) verstehen, die sich auf dem Kontinuum zwischen guter bzw. 'exzellenter' und schlechter Gesundheit bewegt (Manderbacka et al. 1998; Leinonen 2002). Entsprechend können die einzelnen Antwortmöglichkeiten als Punkte auf diesem Kontinuum bzw. Intervall gesehen werden. Damit die *dritte Bedingung* ebenfalls erfüllt ist, müsste gegeben sein, dass die Abstände zwischen den fünf Wertelabels („Excellent, Very good, Good, Fair, Poor") von den Befragten in ihrer Bewertung als etwa gleich weit entfernt auf diesem Kontinuum interpretiert werden. Unter der Annahme, dass die latente Variable Gesundheit – wie für die meisten metrischen Variablen üblich – in der Bevölkerung normalverteilt ist, sollte dies auch für SRH wenigstens annähernd der Fall sein, wenn die Antwortkategorien die gleichen Abstände haben. Einige WissenschaftlerInnen vertreten sogar den Standpunkt, dass die Normalverteilung der Messung – unabhängig von ihren sonstigen Eigenschaften – schon ein hinreichendes Kriterium sei, um eine Variable als metrisch zu verwenden (z.B. Borgatta 1968). Laut Hair et al. (2010) kann eine Verteilung dann als normalverteilt angesehen werden, wenn ihre Schiefe sich zwischen -1 und 1 bewegt, während Bulmer (1967: 63) das etwas strengere Kriterium vorschlägt, eine Verteilung dann als ‚ziemlich symmetrisch' („fairly symmetrical") zu bezeichnen, wenn die Schiefe zwischen 0 und ½ liegt. Da selbst das strengere Kriterium von Bulmer (1967) für sämtliche Stichproben in dieser Arbeit – mindestens näherungsweise – erfüllt ist (Schiefe$_{SHARE}$ = 0, 20; Schiefe$_{CCHS}$ = $-0, 49$; Schiefe$_{NPHS\ (1994)}$ = $-0, 52$), interpretieren die Befragten die Frage anscheinend tatsächlich metrisch, d.h. die Abstände werden als gleich groß interpretiert, weshalb auch die dritte Bedingung nach Urban & Mayerl (2011: 275) erfüllt ist.

Unabhängig von diesen Überlegungen würde auch aus theoretisch-methodischer Sicht für die metrische Verwendung von SRH sprechen, dass Befragte (z.B. bei Abfrage der Häufigkeit von Verhalten oder Symptomen) dazu tendieren, sich bei ihrer Antwort nicht nur an den Fragelabels zu orientieren, sondern auch an deren relativer Position – also die mittlere Kategorie als ‚durchschnittlich' oder ‚üblich' betrachten (Schwarz 1999a). Entsprechend läge es – da die Befragten über keine objektiven Kriterien für gute oder exzellente Gesundheit verfügen – nahe, dass sie sich auch bei der Bewertung ihrer Gesundheit nicht nur an den semantischen Labels, sondern auch an der relativen Position der Antworten orientieren und folglich die Kategorie wählen, die ihrer Gesundheitswahrnehmung in Relation zu einem vorgestellten Referenzrahmen entspricht.

4.1.2 Die Lineare Regression: Wie kommen Befragte zu ihrer Gesundheitsbewertung?

Die lineare Regressionsanalyse ist ein statistisches Verfahren zur Modellierung von Zusammenhängen zwischen der abhängigen (zu erklärenden) Variablen und einer oder mehreren unabhängigen (erklärenden) Variablen. Allgemein lässt sich dieses Modell anhand folgender Formel darstellen (Wolf & Best 2010: 613; Kohler & Kreuter 2017: 268):

$$y_i = \beta_0 + \beta_1 x_{i1} + \beta_2 x_{i2} + \cdots + \beta_k x_{ik} + \varepsilon_i \ . \tag{4.1.1}$$

Wie in der Formel zu sehen, wird der Messwert der abhängigen Variablen y des Falls i in diesem Modell additiv durch die Regressionskonstante β_0 sowie die jeweils mit den Regressionskoeffizenten $\beta_1, \beta_2, \ldots, \beta_k$ gewichteten Messwerte der unabhängigen Variablen $x_1, x_2, \ldots, x_k$ des Falls i erklärt. Die Formel verdeutlicht ebenfalls, dass das lineare Regressionsmodell explizit nicht von einem deterministischen Zusammenhang zwischen der abhängigen und den unabhängigen Variablen ausgeht, da es ebenfalls den Fehlerterm ε_i beinhaltet, der auch als Residuum bezeichnet wird. Dieser spiegelt die individuelle Abweichung des Messwertes y des Falls i vom seinem Schätzwert $\hat{y}_i$ wider, welcher auf Basis des

Regressionsmodells – also den gemessenen x-Variablen und ermittelten Regressionskoeffizienten – anzunehmen wäre. Anders ausgedrückt lässt sich ε_i berechnen als

$$\varepsilon_i = y_i - \hat{y}_i \, , \tag{4.1.2}$$

und als Fehler verstehen, den das Modell für Fall i bei der Erklärung bzw. Vorhersage von y macht (Kohler & Kreuter 2017: 269–270). Die Ermittlung der Regressionskoeffizienten, auf denen diese Schätzung basiert, erfolgt üblicherweise anhand der sogenannten Methode der kleinsten Quadrate. Bei dieser Methode wird die Summe aller individuellen quadrierten individuellen Fehlerterme ($\sum_{i=1}^{n} \varepsilon_i^2$) minimiert, indem die ersten partiellen Ableitungen der jeweiligen Koeffizienten gebildet und gleich Null gesetzt werden (Wolf & Best 2010: 614–615; Kohler & Kreuter 2017: 271). Für z.B. die Erklärung von SRH durch GI bedeutet das, dass diejenigen β-Koeffizienten ermittelt werden, mit denen sich die subjektiven Gesundheitsbewertungen der untersuchten Befragtengruppe auf Basis der verwendeten GI am besten erklären lassen. Für jeden Koeffizienten kann dabei mittels T-Tests anhand folgender Formel getestet werden, ob er sich statistisch signifikant von Null unterscheidet. Dazu wird der ermittelte Koeffizient β_j durch seinen Standardfehler s_{β_j} dividiert (Wolf & Best 2010: 620):

$$T_{\beta_j} = \frac{\beta_j}{s_{\beta_j}} \, , \tag{4.1.3}$$

und die resultierende Maßzahl mit der T-Verteilung verglichen. Der Standardfehler von β_j ergibt sich dabei anhand folgender Formel (Wolf & Best 2010: 620):

$$s_{\beta_j} = \sqrt{\frac{\sum_{i=1}^{n}(y_i - \hat{y}_i)^2/(n - k - 1)}{\sum_{i=1}^{n}(x_{ij} - \bar{x}_j)^2 \, (1 - R_j^2)}} \, , \tag{4.1.4}$$

wobei R_j^2 die erklärte Varianz von x_j durch alle anderen unabhängigen Variablen im Modell ist. In ähnlicher Weise lässt sich auch die Differenz zwischen den Koeffizienten subgruppenspezifischer Modelle testen, indem ihre Differenz durch den Standardfehler ihrer Differenz – die Wurzel der Summe der quadrierten Standardfehler beider Koeffizienten – dividiert wird (Urban & Mayerl 2011: 302):

$$T_{\beta_1 - \beta_2} = \frac{\beta_1 - \beta_2}{\sqrt{(SE_{b_1})^2 + (SE_{b_2})^2}} \, , \tag{4.1.5}$$

Diese Art von Regressionsmodellen geht, wie der Name schon sagt, immer von einem linearen Zusammenhang zwischen abhängiger und unabhängigen Variablen aus. Das bedeutet für die Analysen auf Basis linearer Regressionsmodelle in dieser Arbeit also, dass der jeweilige Zusammenhang zwischen SRH und den GI bzw. NGI linear sein muss (Wolf & Best 2010: 618–619), ihre Beziehung mit SRH also unabhängig von ihrer Ausprägung ist (Lohmann 2010: 677). Eine Ausnahme bilden sogenannte (Sets von) Dummyvariablen, welche eine Frage in ihre sämtlichen Antwortmöglichkeiten zerlegen. In diesem Fall wird in linearen Regressionsmodellen gewissermaßen nur der Unterschied hinsichtlich der abhängigen Variable (hier SRH) zwischen Trägern eines Merkmals (z.B. Raucher) und der Referenzgruppe (z.B. Nichtraucher) quantifiziert. Somit ist die Modellierung jeder Art von Zusammenhang möglich, allerdings ist diese Vorgehensweise nur bei einer geringen Anzahl von Ausprägungen praktikabel. Eine Möglichkeit zur 'Linearisierung' des Zusammenhangs zwischen der abhängigen und einer unabhängigen Variablen ist die Transformation einer der beiden entsprechend des vorliegenden Zusammenhangs (Wolf & Best 2010: 619, 635; Lohmann 2010: 682–683). Um die Voraussetzung linearer Zusammenhänge zwischen abhängiger und den unabhängigen Variablen zu berücksichtigen, ist es für die späteren Analysen folglich notwendig, die unabhängigen Variablen entweder entsprechend ihres theoretisch erwartbaren oder empirisch feststellbaren Zusammenhangs mit SRH zu transformieren (mehr dazu in Kapitel 4.1.5) oder sie in (Sets von) Dummyvariablen umzukodieren.

Einschränkend muss zur Interpretation der Regressionskoeffizienten festgehalten werden, dass es sich bei linearen Regressionsmodellen um eine Modellierung von Korrelationen im Querschnitt handelt. Entsprechend können ohne Weiteres keine Aussagen über die kausale Richtung bzw. die Ursache der ermittelten Zusammenhänge gemacht werden (Wolf & Best 2010: 636). Im Rahmen dieser Modelle kann nämlich auch immer umgekehrte Kausalität vorliegen, der Zusammenhang also durch einen Einfluss der (als solche modellierten) abhängigen Variable auf die unabhängige Variable begründet ist. Für einen inhaltlichen Fokus dieser Arbeit, nämlich die Erklärung von SRH durch GE auf Basis der in den Kapiteln 2.2 und 2.3 dargestellten theoretischen Modelle, lässt sich jedoch annehmen, dass das Problem umgekehrter Kausalität aufgrund der theoretischen Annahmen der Modelle vergleichsweise unwahrscheinlich ist.

Wie in Kapitel 2.3 gezeigt, ist anzunehmen, dass die Befragten subjektiv erfahrene Eigenschaften ihrer latenten Gesundheit bzw. GE heranziehen, um zu einer Bewertung zu kommen (und dabei potenziell von NGE beeinflusst werden). In einem linearen Regressionsmodell mit SRH als abhängige und mehreren GI als unabhängige Variablen würde umgekehrte Kausalität in diesem Zusammenhang bedeuten, dass die allgemeine Gesundheitsbewertung einen Einfluss auf einzelne Aspekte der Gesundheit, wie z.B. die Funktionsfähigkeit oder das Empfinden von Schmerzen der Befragten, hat. Da dies weniger plausibel ist, ist zwar nicht auf einer formal-statistischen allerdings auf einer theoretischen Basis anzunehmen, dass für die Zusammenhänge entsprechender Modelle umgekehrte Kausalität nahezu ausgeschlossen werden kann. Die Gefahr umgekehrter Kausalität darf dabei nicht verwechselt werden mit dem Problem unbeobachteter Heterogenität in Form von unberücksichtigten Drittvariablen, also z.B. dem möglichen parallelen Einfluss eines allgemein pessimistischen Antwortverhaltens sowohl auf die abhängige als auch die unabhängigen Variablen. Ein entsprechender Einfluss im Sinne von NGE soll allerdings im Rahmen von Forschungsfrage 2 in Kapitel 7 wenigstens hinsichtlich des Einflusses auf SRH explizit untersucht werden.

Wie gut das Modell die abhängige Variable bzw. ihre Varianz erklärt, lässt sich anhand des Determinationskoeffizienten R^2 ermitteln. Dieser setzt die durch das Modell erklärte Varianz der abhängigen Variable y (in Form der Summe aller quadrierten Abweichungen der Schätzwerte $\hat{y}_i$ vom Mittelwert $\bar{y}$) mit ihrer Gesamtvarianz ins Verhältnis:

$$R^2 = \frac{\text{Erklärte Varianz}}{\text{Gesamtvarianz}} = \frac{\sum_{i=1}^{n}(\hat{y}_i - \bar{y})}{\sum_{i=1}^{n}(y_i - \bar{y})} \; . \tag{4.1.6}$$

Da es sich um den Anteil der erklärten Varianz an der Gesamtvarianz handelt, bewegt sich R^2 im Intervall [0,1], wobei ein höherer Wert mit einer größeren Erklärungskraft des Modells einhergeht (Wolf & Best 2010: 617–618; Kohler & Kreuter 2017: 280–281). Im praktischen Gebrauch wird jedoch für gewöhnlich eine adjustierte Version dieser Maßzahl verwendet ($R^2_{Adj.}$), welche auch die Anzahl der Modellparameter (k) in Relation zur Fallzahl (n) berücksichtigt und folgendermaßen berechnet wird:

$$R^2_{Adj.} = 1 - \frac{n-1}{n-k-1}(1 - R^2) \,. \tag{4.1.7}$$

Die Korrektur ist nötig, weil R^2 durch die Aufnahme zusätzlicher – auch irrelevanter – Variablen nur steigen kann, sofern die Korrelation zwischen der abhängigen und unabhängigen Variablen nicht exakt 0 ist. Entsprechend besteht bei Modellen mit vielen abhängigen Variablen die Gefahr, dass die Erklärungskraft eines Modells auf Basis von R^2 überschätzt wird (Wolf & Best 2010: 618; Kohler & Kreuter 2017: 286–287). Entsprechend wird in den Detaildarstellungen der multiplen linearen Regressionen dieser Arbeit $R^2_{Adj.}$ zur Quantifizierung der erklärten Varianz durch die unabhängigen Variablen verwendet. Gleichzeitig gilt allerdings anzumerken, dass sich diese Korrektur generell, wie die Formel auch zeigt, nur bei relativ kleinen Fallzahlen merkliche Auswirkungen hat (Kohler & Kreuter 2017: 287).

Aus den beschriebenen Eigenschaften linearer Regressionsmodelle und vor dem Hintergrund der zugrunde liegenden theoretischen Modelle folgt für eine Untersuchung zur Erklärung von SRH durch GE: Läge durch die verwendeten GI eine perfekte Messung der latenten Gesundheit vor und würde SRH ausschließlich und für alle Befragten in gleicher Form auf dieser latenten Gesundheit beruhen, wären sämtliche ε_i gleich 0 bzw. R^2 würde 1,0 betragen. Sämtliche Abweichungen hiervon, lassen sich demgemäß auf folgende drei Faktoren zurückführen:

1. Die GI bilden die latente Gesundheit inkorrekt ab – es liegt also eine unvollständige oder fehlerhafte Messung der latenten Gesundheit durch die GI vor
2. Es gibt einen direkten Einfluss von NGE auf SRH – die latente Gesundheit ist also nicht die einzige Einflussgröße für SRH
3. Die GI werden bei der Bewertung uneinheitlich verwendet – es gibt also individuelle oder systematische Abweichungen hinsichtlich des ermittelten Einflusses der GI auf SRH

Während der *erste* Faktor eine schwer quantifizierbare allgemeine Tatsache sämtlicher statistischer Modellierung darstellt, deren Einfluss auf die Residuen sich allerdings durch eine möglichst umfassende und an die zu erwartenden Zusammenhänge angepasste Operationalisierung der fünf Gesundheitsdimensionen wenigstens einschränken lässt, eignen sich die anderen beiden Faktoren eine Herleitung der besonderen Eignung linearer Regressionsmodelle für die aufgestellten Forschungsfragen in Kapitel 2.4.

Der *zweite* Faktor, nämlich der Einfluss von NGE auf die Residuen, ist nicht nur zentral für die Analyse von Forschungsfrage 2 bezüglich des Einflusses von NGE auf SRH, sondern ermöglicht diese erst: In dem Ausmaß, in dem der Einfluss latenter Gesundheit auf SRH durch die verwendeten GI abgebildet wird, werden gleichzeitig indirekte Einflüsse von NGE auf SRH kontrolliert und somit die direkten Effekte von NGE auf SRH isoliert und in den

Residuen festgehalten. Die Residuen können dann für eine Analyse der direkten Einflüsse der NGE als abhängige Variable dienen. Unter der Annahme, dass der Einfluss aller mit NGE korrelierenden GE auf SRH in den Regressionsmodellen hinreichend kontrolliert sind, stellen sämtliche feststellbaren systematischen Einflüsse von NGI auf die Residuen also (wie in Abbildung 2.2 bereits dargestellt) direkte Effekte von NGE auf SRH dar. Für die inhaltliche Interpretation der Ergebnisse bedeutet dies, dass durch die Verwendung der Residuen als abhängige Variable durch die Koeffizienten des Regressionsmodells gewissermaßen Abweichungen in der Bewertung desselben Gesundheitszustandes aufgrund der verwendeten NGI in dem Ausmaß quantifiziert werden, in dem die verwendeten GI die latente Gesundheit abbilden.

Durch den *dritten* Faktor der obigen Aufzählung wird deutlich, dass sich der gruppenspezifische Bewertungsprozess, welcher in Kapitel 2 angenommen wurde, gut durch lineare Regressionsmodelle abbilden lässt. Dies ist dem Umstand geschuldet, dass durch die Methode der kleinsten Quadrate immer diejenigen Koeffizienten ermittelt werden, die in der jeweils untersuchten Population zu den geringsten Fehlern bei der Vorhersage führen. Beschränkt man also die Analysen auf Männer bzw. Frauen, Altersgruppen, Länder oder ähnliche Gruppenvariablen, lassen sich die Unterschiede in den Koeffizienten oder der erklärten Varianz als gruppenspezifische Zusammenhänge verstehen. Im Kontext der Analyse von SRH bedeutet das dementsprechend, dass sich auf diese Weise eine unterschiedliche Gewichtung einzelner GI oder der GE in Form der Gesundheitsdimensionen für die Bewertung der Gesundheit anhand der separaten Analyse relevanter Gruppen untersuchen lässt. Sämtliche hierbei gefundenen Unterschiede sind potenziell problematisch für die Messung der subjektiven Gesundheit, weil sie darauf hindeuten, dass „Differential Item Functioning" (Osterlind & Everson 2009) bzw. das Fehlen von „Measurement Invariance/Equivalence" (Millsap 2011) bei der Messung von SRH vorliegt. Dies bedeutet also, dass das Messinstrument bei verschiedenen Gruppen unterschiedlich funktioniert – und somit die Validität von festgestellten Gruppenunterschieden infrage gestellt wird.

4.1.3 Fixed-Effects Regression: Wie wirken sich Veränderungen der Gesundheit auf SRH aus?

Bei Fixed-Effects Modellen (FEM) bzw. der FE-Regression handelt es sich um eine Weiterentwicklung der linearen Regression, die es auf der Basis wiederholter Beobachtungen derselben Personen i zu den Zeitpunkten t basiert. Ausgehend von der Modellgleichung der linearen Regression (Gleichung 4.1.1) wird (auf theoretischer Modellebene) das allgemeine Residuum u_{it} (in Gleichung 4.1.1 also ε_i), d.h. das Residuum des Falls i zum Beobachtungszeitpunkt t, in einen individuellen zeitkonstanten Fehlerterm a_i und einen individuellen sonstigen Fehlerterm ε_{it} zerlegt (Brüderl 2010: 967; Giesselmann & Windzio 2012: 31). In einer linearen Regression auf Basis von wiederholten Beobachtungen entspräche ε_{it} also dem Residuum (ε_i in Gleichung 4.1.1) und a_i dem durchschnittlichen Residuum des Falls i (Giesselmann & Windzio 2012: 31). In einem Modell mit einer unabhängigen Variablen ergibt sich folglich analog zur linearen Regression folgende Modellgleichung:

$$y_{it} = \beta x_{it} + a_i + \varepsilon_{it} \; . \qquad\qquad (4.1.8)$$

Wie in Gleichung 4.1.8 zu sehen ist, ersetzt in FE-Modellen der Fehlerterm a_i die allgemeine Regressionskonstante β_0 aus Gleichung 4.1.1, weil sie kollinear mit den a_i wäre, welche entsprechend als individuelle Regressionskonstanten verstanden werden können (Brüderl 2010: 967). Sie enthalten somit sämtliche zeitkonstanten Determinanten von y_{it} des Falls i, die nicht durch x_{it} erklärt werden können (und ebenso wenig durch andere zeitvariante Einflüsse, da diese in ε_{it} zusammengefasst sind). Da die individuelle Konstante a_i per Definition für jede Beobachtung t des Falls i konstant ist, lässt sie sich aus der Gleichung herausrechnen, indem der Mittelwert aller Zeitpunkte t jedes Terms der Gleichung vom entsprechenden Term subtrahiert wird (Brüderl 2010: 967; Giesselmann & Windzio 2012: 43–44):

$$y_{it} - \bar{y}_i = \beta(x_{it} - \bar{x}_i) + (\varepsilon_{it} - \bar{\varepsilon}_i) \, . \qquad (4.1.9)$$

Auf diesem Modell basierende Regressionsmodelle (also FEM) haben den Vorteil, dass sie nur auf der Varianz zwischen den Erhebungszeitpunkten ('Within-Variation') beruhen, da mit $\bar{y}_i$ und $\bar{x}_i$ sozusagen das individuelle (zeitkonstante) Grundniveau sämtlicher Variablen sowie mit a_i die kumulierten zeitkonstanten Einflüsse auf y_{it} entfernt wurden (Brüderl 2010: 967–968; Giesselmann & Windzio 2012: 42). Empirisch lässt sich das z.B. dadurch umsetzen, dass sämtliche Variablen, die in den Regressionsanalysen verwendet werden sollen, an den personenspezifischen Mittelwerten zentriert werden. Die resultierenden Variablen spiegeln nur noch Abweichungen vom persönlichen Grundniveau wider, sodass nur Within-Variation in die Analyse eingeht (Brüderl 2010: 970; Giesselmann & Windzio 2012: 41).

Aus dieser Eigenschaft von FE-Regressionen lässt sich auch die Eignung von FEM zur Bearbeitung der Forschungsfrage 4 – bezüglich des Einflusses von Veränderungen der GE auf Veränderungen von SRH – herleiten: Durch die Isolierung der Within-Variation sowohl von SRH als auch der verwendeten GI bzw. der Gesundheitsdimensionen, lässt sich der Einfluss von Gesundheitsveränderungen auf Veränderungen der Gesundheitsbewertung direkt modellieren. Im Rahmen einer Fixed-Effects Regression zur Erklärung von SRH durch GI werden also Veränderungen von SRH ausschließlich durch Veränderungen der GI erklärt, sodass eine direkte Betrachtung der Sensitivität von SRH gegenüber diesen Veränderungen möglich ist. Da es sich um eine Variante der linearen Regression handelt, gelten die Anmerkungen zur Notwendigkeit linearer Zusammenhänge zwischen abhängiger und den unabhängigen Variablen analog.

Dabei ist zu betonen, dass aufgrund der ausschließlichen Analyse von Within-Variation auch nur diejenige Varianz in die Analyse eingeht, die zwischen den Befragungszeitpunkten besteht (Brüderl 2010: 973–974; Giesselmann & Windzio 2012: 75-76). Das bedeutet, dass der Einfluss von quasi-zeitkonstanten Merkmalen, also Eigenschaften, die nur wenig über die Zeit variieren, nur auf Basis derjenigen Fälle ermittelt werden kann, bei denen tatsächlich eine solche Änderung eingetreten ist, wodurch die Schätzer potenziell sehr unpräzise sind (Brüderl 2010: 991; Giesselmann & Windzio 2012: 76). Dies ist sowohl bei der Auswahl der Datenbasis als auch bei der Interpretation der Ergebnisse zu berücksichtigen: Zum einen sollten Befragte für Fixed-Effects Analysen über einen langen Zeitraum beobachtet werden, wenn Merkmale von Interesse sind, die sich vergleichsweise selten über die Zeit verändern. Dies kann möglicherweise auf verschiedene GI zutreffen, z.B. größere Veränderungen des Gewichts oder die Anzahl chronischer Krankheiten. Zum anderen beziehen sich sämtliche Koeffizienten nur auf diejenigen Fälle, die auch tatsächlich Veränderungen zwischen den Wellen vorweisen können. Der Einfluss des Rauchens auf SRH betrifft also nur diejenigen Personen, die zwischen zwei Erhebungszeitpunkten mit dem Rauchen begonnen oder aufgehört haben (und das auch berichten), was potenziell mit steigendem Alter unwahrscheinlicher wird – das Gegenteil auf funktionale Einschränkungen im Alltag zutreffen mag.

Eine weitere wichtige Eigenschaft von FEM für die Analysen in dieser Arbeit ist die Kontrolle unbeobachteter Heterogenität aufgrund zeitinvarianter Merkmale der Befragten. Da zeitkonstante Einflüsse in FEM durch die Elimination von a_i kontrolliert werden (Brüderl 2010: 973; Giesselmann & Windzio 2012: 42), gilt das auch für die Erklärung von SRH anhand von GI. Konkret bedeutet das, dass sämtliche zeitkonstanten Einflüsse von NGE (genau wie GE) in den Analysen mit FEM kontrolliert werden, sodass diesbezügliche Verzerrungen ausgeschlossen werden.

Gleichzeitig bedeutet dies allerdings nicht, dass NGE oder unbeobachtete GE, die über die Zeit variieren können, in diesem Modell keinen Einfluss auf Veränderungen von SRH haben können (Brüderl 2010: 992; Giesselmann & Windzio 2012: 42). Beispielsweise kann die Kontrolle unbeobachteter zeitinvarianter Heterogenität zwar den Einfluss eines generellen Optimismus bzw. eines entsprechenden Antwortverhaltens bei der Gesundheitsbewertung auf SRH kontrollieren, aber nicht eventuelle Veränderungen dieser Eigenschaft über die Zeit. Dasselbe trifft auch für die theoretisch erwarteten sinkenden Ansprüche an eine gute Gesundheit im höheren Alter zu. Hier gilt allerdings dasselbe wie im Falle der allgemeinen linearen Regression: Da sich die sinkenden subjektiven Standards durch einen abnehmenden Einfluss von Gesundheitsverschlechterungen auf SRH in älteren Altersgruppen äußern sollten, lässt sich ein Hinweis auf solche Alterseffekte aus schwächeren Koeffizienten oder einer geringeren Erklärungskraft in separaten Analysen dieser Gruppen ableiten.

4.1.4 Dominanzanalyse: Die Gewichtung von Informationen als Beiträge zur erklärten Varianz

Ein primäres Ziel der aufgestellten Forschungsfragen und damit der Analysen dieser Dissertation ist die Untersuchung, in welchem Ausmaß die fünf theoretischen Gesundheitsdimensionen zur subjektiven Bewertung der Gesundheit genutzt werden und inwieweit dies durch das gruppenspezifisches Antwortverhalten aufgrund des Geschlechts, Alters und gegebenenfalls des Länderkontextes moderiert wird. Im Rahmen des theoretischen Modells geht es also um die Gewichtung dieser Dimensionen bei der Gesamtbewertung und ob sich diese zwischen den Angehörigen verschiedener Gruppen unterscheidet. Für die folgenden Analysen ist also eine Methode der Quantifizierung des Einflusses notwendig, die das Gewicht der Beiträge der einzelnen GI bzw. Gesundheitsdimensionen zur Gesamtbewertung ermitteln kann. Weiterhin ist es, um möglichst gut zwischen den verschiedenen Datensätzen vergleichen zu können, wünschenswert, dass eine solche Methode möglichst unabhängig von den einzelnen Variablen bzw. ihrer konkreten Skalierung und intuitiv interpretierbar ist, damit auch Vergleiche zwischen verschiedenen Datensätzen ermöglicht werden und die Ergebnisse auf die theoretischen Modelle zurückbezogen werden können.

Eine naheliegende Maßzahl als Grundlage dieser Berechnung des Einflusses der Dimensionen auf SRH stellt in Regressionsanalysen die in Kapitel 4.1.2 vorgestellte Maßzahl R^2 bzw. $R^2_{Adj.}$ dar, da diese die erklärte Varianz von SRH durch z.B. eine Gesundheitsdimension abbilden kann, also das Ausmaß, in welchem SRH durch sämtliche Variablen eines Modells erklärt werden kann. R^2 hat zudem den Vorteil, dass die Interpretation als prozentuales Maß der Varianzerklärung zwischen den Vergleichsgruppen eines Datensatzes standardisiert und in der Interpretation sehr intuitiv ist. In einem Modell mit möglichst umfassenden GI einer Gesundheitsdimension kann R^2 somit als Annäherung an das Gewicht dieser Dimension in der Bewertung der Gesundheit gesehen werden. Das Hauptproblem dieser Vorgehensweise ist jedoch, dass sie nur dann valide Ergebnisse im Vergleich von Gesundheitsdimensionen liefert, wenn die Variablen der verglichenen Modelle bzw. Dimensionen vollkommen unkorreliert sind (Lindeman et al. 1980; Johnson 2000). Da jedoch angenommen werden muss, dass die verschiedenen Gesundheitsdimensionen nicht absolut voneinander unabhängig sind, es also beispielsweise Korrelationen zwischen Krankheiten und dem funktionalen Status gibt, ist stets auch eine möglichst umfassende Kontrolle aller anderen Dimensionen notwendig, um die isolierten Beiträge betrachten zu können. Folglich scheidet die separate Modellierung jeder einzelnen Dimension zur Quantifizierung ihres Einflusses anhand von R^2 auf die allgemeine Bewertung aus.

Stattdessen ist eine Zerlegung von R^2 eines Gesamtmodells notwendig, in dem möglichst umfassende GI sämtlicher Gesundheitsdimensionen enthalten sind. Eine Option hierzu ist das „Quantitative Measure of Importance" (Budescu 1993: 546) C_{x_j}. Diese Maßzahl entspricht, wenn man sie für einzelne unabhängige Variablen berechnet, den durchschnittlichen quadrierten semipartiellen Korrelationen mit der abhängigen Variablen, die schon von Lindeman et al. (1980: 120) zur Berechnung des relativen Beitrags dieser Variablen zu R^2 verwendet wurden (Budescu 1993).

C_{x_j} wird in einem Gesamtmodell mit p unabhängigen Variablen dabei in zwei aufeinander aufbauenden Schritten berechnet. In einem ersten Schritt wird der durchschnittliche Zugewinn an Erklärungskraft durch die Variable x_j in allen möglichen Teilmodellen mit k unabhängigen Variablen berechnet:

$$C_{x_j}^{(k)} = \sum \frac{R^2_{x_h + x_j} - R^2_{x_h}}{\binom{p-1}{k}} \, . \tag{4.1.10}$$

In diesem Schritt wird also berechnet, um welchen Wert R^2 durchschnittlich in einem Modell mit der Größe k steigt, wenn man x_j hinzufügt, indem die durchschnittliche Differenz der R^2-Werte der Modelle mit x_j $(R^2_{x_h + x_j})$ und ohne x_j $(R^2_{x_h})$ für alle $\binom{p-1}{k}$ möglichen Modelle dieser Größe ermittelt wird. Dieser Vorgang wird für alle p möglichen Modellgrößen k von $k = 0$, die quadrierte Korrelation zwischen x_j und y, bis $p - 1$, dem Zugewinn durch das Hinzufügen von x_j in das ansonsten vollständige Modell, wiederholt. Im zweiten Schritt der Berechnung wird dann der Durchschnitt aus allen $C_{x_j}^{(k)}$ gebildet, um die durchschnittliche Erklärungskraft der Variablen zu ermitteln:

$$C_{x_j} = \sum_{k=0}^{p-1} \frac{C_{x_j}^{(k)}}{p} \, . \tag{4.1.11}$$

Diese Berechnung lässt sich für jede Variable im Modell wiederholen, um C_{x_j} für alle verwendeten Variablen zu ermitteln.[7] Addiert man die C_{x_j} aller Variablen, erhält man das R^2 des gesamten Modells (Budescu 1993: 547). Da es sich also um eine additive Zerlegung

---

[7] Dabei sind für ein Modell mit p unabhängigen Variablen insgesamt $(2^p) - 1$ einzelne Teilregressionen zu berechnen. Entsprechend steigt die Rechendauer mit jeder zusätzlichen unabhängigen Variablen bzw. jedem C_{x_j} exponentiell an.

handelt, lässt sich die resultierende Maßzahl gewissermaßen als Beitrag zum gesamten R^2 verstehen oder als Erklärungskraft der Variablen unter Kontrolle aller anderen Variablen im Modell.

Da dieser Maßzahl lediglich die Differenzen von R^2 zugrunde liegen, spricht nichts dagegen, anstatt individueller Variablen auch Sets von Variablen zusammenzufassen und so deren gemeinsame Erklärungskraft berechnen, zum Beispiel um das Gewicht von nicht trennbaren Dummy-Variablen oder theoretischen Konzepten wie den hier interessierenden Gesundheitsdimensionen zu ermitteln (Budescu 1993: 550). Dieses Vorgehen bietet folglich eine Möglichkeit, die Gewichtung der fünf Gesundheitsdimensionen in SRH, als deren Beitrag zu R^2, unter Kontrolle der anderen Gesundheitsdimensionen zu ermitteln.

Ein zentraler Aspekt der späteren Untersuchung, nämlich der Vergleich zwischen verschiedenen Gruppen, kommt in der einschlägigen Literatur zur Dominanzanalyse nicht vor, weshalb hierzu kein empfohlenes Vorgehen für den Vergleich der Dominanzstatistiken von Subgruppen der Population vorliegt. Allerdings erwähnt Budescu (1993: 547) die Möglichkeit, sich über simulierte Stichproben an die Stichprobenkennwertverteilung anzunähern und so die Konfidenzintervalle der Dominanzstatistik zu schätzen. Dies geschieht im Folgenden durch das Bootstrapverfahren, indem für jede Subgruppe bei der Berechnung der Dominanzstatistiken 10.000 Bootstrapstichproben gezogen werden.[8]

4.1.5 Inverse hyperbolische Sinustransformation (IHS): Die Modellierung nichtlinearer Zusammenhänge mit SRH

Wie in den Kapiteln 4.1.2 und 4.1.3 beschrieben, setzen die Analysen dieser Arbeit voraus, dass der modellierte Zusammenhang zwischen abhängiger Variable und den unabhängigen Variablen linear sind. In den Analysen dieser Arbeit ist jedoch nicht davon auszugehen, dass alle GI linear mit SRH zusammenhängen. So ist es zum Beispiel naheliegend, dass sich das Vorliegen chronischer Krankheiten oder gesundheitsbedingter Einschränkungen im Alltag bei zunehmender Anzahl immer weniger stark auf die allgemeine Bewertung der Gesundheit auswirkt (Heller et al. 2009; Galenkamp et al. 2011). Vielmehr muss angenommen werden, dass sich geringere Ausprägungen dieser Variablen stärker auf SRH auswirken, da z.B. die erste chronische Krankheit oder Einschränkung gewissermaßen eine 'Schockwirkung' auf die Befragten haben kann, während sich folgend hinzukommende Krankheiten bzw. Einschränkungen z.B. in ihren Auswirkungen überlappen und somit weniger starke Folgen für SRH haben dürften (Galenkamp et al. 2011). Gleichzeitig könnte es hier auch zu Floor-Effekten bei SRH kommen, also z.B., dass die Bewertung eines Gesundheitszustandes durch eine hohe Anzahl von Gesundheitsproblemen bereits so negativ ist, dass sie durch das Hinzukommen nicht weiter sinken kann.

Aus diesen Überlegungen folgt, dass die Form des Zusammenhangs entsprechender GI mit SRH eher als logarithmisch anstatt linear angenommen werden kann, sich die Effektstärke also im Falle höherer Werte der GI verringert (Kohler & Kreuter 2017: 321). Entsprechend würde dann aber die einfache Aufnahme dieser Variablen in die hier verwendeten linearen Regressionsmodelle zu einer Verletzung der Linearitätsannahme führen, weshalb es wie in Kapitel 4.1.2 beschrieben notwendig ist, die abhängige oder unabhän-

---

[8] Für eine andere Anwendung des Bootstrapverfahrens im Rahmen von Dominanzanalysen siehe Azen & Budescu (2003).

gige(n) Variable(n) entsprechend des zu erwartenden oder feststellbaren Zusammenhangs zu transformieren (Kohler & Kreuter 2017: 320).

Zuerst stellt sich dabei die Frage, ob es sinnvoller ist, die abhängige oder die unabhängige(n) Variable(n) zu transformieren. Zwecks einfacherer bzw. intuitiverer Interpretierbarkeit der später dargestellten Ergebnisse habe ich mich für die Transformation der unabhängigen (Zähl-)Variablen entschieden, da so der Zusammenhang zwischen den Dummy-Variablen und SRH weiterhin unverändert bleibt. Weiter stellt sich die Frage, welche Transformation der Variablen sinnvoll ist, um den Zusammenhang zwischen den GI und SRH möglichst adäquat abzubilden. Generell bietet es sich auf Basis der dargestellten theoretischen Vorüberlegungen an, die fraglichen GI zu logarithmieren, da so der verringerte Einfluss von x_j in dessen höherem Wertebereich abgebildet wird. Das Problem hierbei ist jedoch, dass logarithmische Transformationen von $x = 0$ nicht definiert sind und bei einer Basis $b > 1$ asymptotisch gegen $-\infty$ divergieren (Bronshtein et al. 2007: 9, 59, 72):

$$\lim_{x_j \to 0} log_b x_j = -\infty \quad \forall \quad b > 1 \,. \tag{4.1.12}$$

Dies schließt entsprechend auch die beiden üblicherweise verwendeten Transformationen des logarithmus naturalis ln bzw. log_e und den dekadischen Logarithmus („Zehnerlogarithmus") log_{10} ein, da deren Basis jeweils größer als 1 ist. Als Konsequenz werden logarithmische Transformationen des Variablenwertes 0 in Statistikprogrammen wie Stata üblicherweise als Fehlwert behandelt (Kohler & Kreuter 2017: 104–105). Eine einfache Logarithmierung der GI von Personen z.B. ohne Krankheiten oder Einschränkungen würde also zu ihrem Ausschluss aus der Analyse führen. Naheliegenderweise scheidet eine manuelle Kodierung der Nullwerte als $-\infty$ für die späteren statistischen Analysen aus, da die Koeffizienten weder berechenbar noch interpretierbar wären. Ein häufig genutzter Lösungsansatz besteht darin, zu x eine Konstante a zu addieren und diese Variable dann zu transformieren:

$$x_j' = log(x_j + a) \,. \tag{4.1.13}$$

Dieses Vorgehen ist allerdings nicht generell akzeptiert (Cox 2014), unter anderem, weil die Größe von a mehr oder weniger willkürlich festgelegt wird und somit einen Einfluss auf die inhaltlichen Ergebnisse der Analysen haben kann. Eine alternative Transformation zum Logarithmus stellt die inverse hyperbolische Sinustransformation (IHS) dar:

$$x_j' = log(x_j + \sqrt{x_j^2 + 1}) \,. \tag{4.1.14}$$

Diese Transformation hat den Vorteil, dass sie in ihrem Funktionsverlauf dem Logarithmus ähnlich ist, jedoch auch auf den Wert 0 angewandt werden kann (Burbidge et al. 1988; Zhang et al. 2000).

Für einen besseren Überblick über die drei hier vorgestellten Möglichkeiten für die Transformationen von x_j zur Modellierung der angenommenen Zusammenhänge sind deren jeweilige Funktionsverläufe im Vergleich zur Identität von x_j (also der untransformierten Variablen) in Abbildung 4.1 gegenübergestellt. Wie zu sehen ist, ist die Steigung von $ln(x_j + 1)$ sowie die der IHS-transformierten Variablen geringer als die der Identität von x_j und fällt mit steigenden Werten von x_j weiter ab. Für $ln(x_j)$ ist dasselbe nur für $x_j > 1$

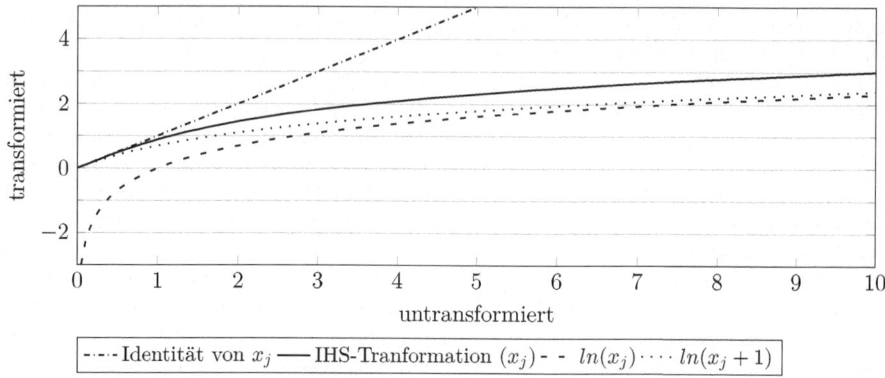

Abb. 4.1: Gegenüberstellung dreier möglicher Transformationen von x_j

der Fall, da die Steigung dieser Funktion für $x_j < 1$ größer ist als die der Identität von x_j und auch der anderen beiden Transformationen.

In den späteren Analysen habe ich sämtliche Zählvariablen, wie die Anzahl chronischer Krankheiten oder gesundheitlicher Einschränkungen in dieser Weise transformiert, sodass der in den Analysen dargestellte Zusammenhang zwischen ihnen und SRH entsprechend zu interpretieren ist: Wenn der Wert von x_j zunimmt, so nimmt auch der Wert von x'_j zu, allerdings wesentlich schwächer. Je höher die Ausprägung von x_j ist, desto stärker ist dieser Effekt. Für die inhaltliche Interpretation der späteren Zusammenhänge bedeutet das – entsprechend des eingangs beschriebenen Zusammenhangs – dass sich z.B. eine weitere chronische Krankheit oder Gesundheitseinschränkung umso stärker auf SRH auswirkt, je weniger andere Krankheiten bzw. Einschränkungen (bislang) ansonsten vorliegen.

In Sensitivitätsanalysen habe ich anstelle der IHS-transformierten Variablen auch die jeweiligen untransformierten Zählvariablen, Dummyvariablen für die gezählten zugrunde liegenden Merkmale sowie die nach Formel 4.1.13 transformierten Variablen (jeweils logarithmus naturalis mit verschiedenen Konstanten ≤ 1) in die multivariaten Modelle aufgenommen. Diese kamen jedoch jeweils inhaltlich zu den gleichen Ergebnissen, wobei die Erklärungskraft der Modelle, also $R^2_{Adj.}$, bei der Verwendung der IHS-transformierten Variablen stets gleich groß oder größer war (ohne Darstellung).

4.2 Analysestrategie: Ein Überblick über die empirische Untersuchung

Im Folgenden umreiße ich die empirische Analysestrategie, welche das Grundgerüst für die empirischen Analysen dieser Arbeit darstellt. Zu diesem Zweck soll das methodische Vorgehen in den vier Kapiteln 6, 7, 8 und 9, die jeweils Teilstücke der Untersuchung der in Kapitel 2.4 aufgestellten Forschungsfragen dieser Arbeit darstellen, beschrieben und begründet werden.

- **Kapitel 6:** Mit diesem Kapitel gehe ich anhand von querschnittlich erhobenen Surveydaten älterer Menschen zunächst der allgemeinen Frage nach, welche der fünf zuvor postulierten Gesundheitsdimensionen – Funktionsfähigkeit, Krankheiten, Schmerzen, mentale Gesundheit und das Gesundheitsverhalten – mit welchem Gewicht in die Bewertung der subjektiven Gesundheit eingehen und ob das beschriebene analytische Modell zur Erklärung von SRH genutzt werden kann. Dies entspricht folglich inhaltlich der Forschungsfrage 1. Dazu nutze ich lineare Regressionsmodelle, deren erklärte Varianz ich mittels der in Kapitel 4.1.4 beschriebenen Methode zerlege. Hierfür sind aus dem Grund querschnittliche Daten notwendig, da ermittelt werden soll, wie die GI im Rahmen der Befragung in eine übergreifende Bewertung integriert werden und nicht Veränderungen von SRH über die Zeit. Die Analyse einer Stichprobe älterer Menschen bietet dabei den Vorteil, dass bei dieser Gruppe mit einer größeren Bandbreite an (mindestens physischen) Gesundheitszuständen zu rechnen ist (Ferrer & Palmer 2004) und zusätzlich die bereits erwähnte Verschlechterung der Gesundheit erst etwa ab dem fünfzigsten Lebensjahr eintritt (McCullough & Laurenceau 2004). Die aus diesen beiden Aspekten resultierende größere Varianz der GI und SRH bietet dann ein größeres Analysepotenzial für die multivariate Untersuchung.

Die multivariaten Analysen zur Erklärung von SRH in diesem Kapitel werden grundsätzlich, wie auch in allen weiteren empirischen Analysen in dieser Arbeit, nach Frauen und Männern getrennt berechnet, um grundlegende Geschlechterunterschiede etwa der körperlichen Kraft zu berücksichtigen. Gleichzeitig ermöglicht dieses Vorgehen auch einen direkten Vergleich der Gewichtung der fünf Gesundheitsdimensionen in SRH zwischen den Geschlechtern. Dadurch sollen eventuelle Unterschiede im Bewertungsverhalten aufgezeigt werden können, was der Untersuchung der in Forschungsfrage 5 vermuteten Gruppenunterschiede in der Bewertung entspricht. Aus dem gleichen Grund repliziere ich die allgemeinen geschlechtsspezifischen Analysen anschließend anhand verschiedener Altersgruppen und der verfügbaren Länder, um ebenfalls zu untersuchen, inwieweit diese beiden Aspekte mit einem unterschiedlichen Antwortverhalten einhergehen. Dieser Teil der Analyse geht folglich entsprechend den Forschungsfrage 5 der Frage nach, inwieweit der Bewertungsprozess der eigenen Gesundheit für Menschen in verschiedenen Ländern zu unterschiedlichen Bewertungsergebnissen führt. Gleichzeitig tragen die Analysen dabei auch zur Beantwortung von Forschungsfrage 3 bei, also ob und inwieweit Angehörige verschiedener Altersgruppen die fünf Gesundheitsdimensionen unterschiedlich gewichten. Dabei gilt festzuhalten, das aufgrund des Querschnittsdesigns dieses Kapitels explizit nicht zwischen Kohorten- und Alterseffekten unterschieden werden kann (Renn 1987: 278–279; Diekmann 1995: 282–283) und die Alters bzw. Kohortenvergleiche entsprechend nur erste Hinweise auf eventuelle altersspezifische Unterschiede in der Bewertung liefern können.

- **Kapitel 7:** Dieses Kapitel baut direkt auf Kapitel 6 auf, indem hier – anhand desselben Datensatzes – der Anteil von SRH in den Fokus gerückt wird, der *nicht* durch GE bedingt ist, mit anderen Worten werden also direkte Einflüsse auf SRH durch NGE analysiert. Um dies zu erreichen müssen die in Kapitel 2.3 beschriebenen indirekten Einflüsse von NGE auf SRH vorab statistisch kontrolliert werden. Hiermit sind NGE von Befragten gemeint, welche die latente Gesundheit beeinflussen und so SRH indirekt (d.h. vermittelt über GE) beeinflussen. Entsprechend der methodischen Vorüberlegungen in Kapitel 4.1.2 nähere ich mich der Isolierung dieser Einflüsse dadurch an, dass ich die individuellen Residuen der Analysen aus Kapitel 6 als abhängige Variable nutze, da so die dort genutzten GI (und die Einflüsse sämtlicher NGE auf diese GI) vorab kontrolliert werden. Zur Untersuchung des Einflusses der NGE entsprechend Forschungsfrage 2 leite ich in Kapitel 5 aus den drei potenziellen Verzerrungsquellen – Eigenschaften der Interviewer, Charakteristika der Befragten bzw. die Interviewsituation sowie der Länderkontext – (Proxy-)Variablen her, welche als NGI die unabhängigen Variablen der Analysen darstellen. Zusammengefasst ermittele ich also in den multivariaten Analysen dieses Kapitels die Einflüsse diverser NGI auf SRH nach vorheriger Kontrolle der GI, um GE genau wie indirekte Einflüsse der NGE möglichst umfassend auszuschließen. Die Ergebnisse dieser Analysen sollen zum einen Rückschlüsse darauf zulassen, in welchem Ausmaß NGE – im Rahmen der verfügbaren NGI – einen Einfluss auf SRH ausüben, aber zum anderen auch (entsprechend des Vorgehens im vorherigen Kapitel) welche Gewichte diese drei potenziellen 'Verzerrungsquellen' auf SRH haben. Dadurch soll entsprechend deutlich werden, welche individuellen NGI SRH (in unerwünschter Weise) beeinflussen und welchen Ursprung eventuelle Verzerrungen haben. Analog zum vorherigen Kapitel werden auch hier die nach Geschlecht getrennten Analysen getrennt nach Altersgruppen und Länderkontexten repliziert, um eventuelle Unterschiede in den Einflüssen der GI auf SRH zu ermitteln. Diesen Analysen liegen entsprechend die Forschungsfragen 5 und 3 zugrunde, ob sich sowohl individuelle NGI als auch die drei Quellen von NGE in ihrem Einfluss auf SRH zwischen diesen Gruppen unterscheiden.

- **Kapitel 8:** Nachdem ich in Kapitel 7 eine grundsätzlich andere Fragestellung untersucht habe als in Kapitel 6, werden die Analysen des Kapitels 6 in diesem Kapitel anhand von wiederholten Querschnittsdaten auf mehrere Weisen repliziert und generalisiert. Dies dient insbesondere dem Zweck, der Forschungsfrage 3 vertiefend nachzugehen.

Erstens wird die empirische Analyse in Kapitel 8 in einem anderen Länderkontext repliziert, was Hinweise darauf bieten soll, inwieweit die Ergebnisse des Bewertungsprozesses in Kapitel 6 auch auf andere Populationen übertragbar sind. Aufgrund der Notwendigkeit unterschiedlicher Datensätze und entsprechend anderer zur Verfügung stehender Variablen ist dieser Vergleich allerdings aller Voraussicht nach nur eingeschränkt möglich. Entsprechend sollen die Analysen der Kapitel 6 und 8 die Ergebnisse beider Analysen nur in ihren Grundzügen miteinander verglichen werden.

Zweitens wird in diesem Kapitel die zuvor nur auf ältere Menschen beschränkte Untersuchung in diesem Teil der Arbeit auf die allgemeine Bevölkerung ausgeweitet, indem das analytische Modell auf eine allgemeinere Datenbasis angewandt wird. Dies soll einen Einblick in den Bewertungsprozess subjektiver Gesundheit nicht nur für die spezifische Gruppe älterer Menschen, sondern die gesamte Bevölkerung geben. Dadurch wird zudem der zuvor durchgeführte Altersvergleich entsprechend der Forschungsfrage 3 auch auf jüngere Altersgruppen ausgeweitet.

Drittens soll ein anderer Teilaspekt der Analysen in Kapitel 6 in diesem Kapitel vertieft werden, nämlich die Differenzierung zwischen Unterschieden in der Gewichtung der Gesundheitsdimensionen aufgrund des fortschreitenden Alters (also Reprioritization) und Unterschieden in dieser Gewichtung zwischen verschiedenen Geburtskohorten. Hierzu werden die querschnittlichen Bewertungen der subjektiven Gesundheit verschiedener Kohorten über einige Jahre hinweg beobachtet. Dieses Design erlaubt durch die längsschnittliche Betrachtung derselben Geburtskohorten also die Betrachtung der Alterung innerhalb der Kohorten. Durch das Verfolgen von Kohorten über die Zeit bietet sich also – im Rahmen des Zeitraums, für den Daten zur Verfügung stehen – die Möglichkeit zu ermitteln, ob es sich bei eventuellen Unterschieden zwischen den Altersgruppen um Kohorten- oder Alterseffekte handelt (Renn 1987: 278–279; Rabe-Hesketh & Skrondal 2008: 184).[9]

Die Verwendung wiederholter Querschnittsbefragungen ist dabei aufgrund zweier miteinander verknüpfter Überlegungen besser für Ziele dieser Untersuchung bzw. die getrennte Betrachtung von Alters- und Kohorteneffekten geeignet als die Analyse eines Paneldatensatzes derselben Personen über die Zeit mit Längsschnittmethoden wie z.B. Fixed- oder Random-Effects-Modellen. Einerseits zielt die Analyse in diesem Kapitel nicht auf (intra)individuelle Veränderungen ab, sondern auf die zeitliche Entwicklung des (aggregierten) Bewertungsverhaltens verschiedener Altersgruppen zum jeweiligen Zeitpunkt der Befragung. Die Untersuchung in diesem Kapitel lässt sich jedoch insofern als Längsschnittanalyse betrachten, als wiederholte Stichproben aus der gleichen Population (hier: Geburtskohorten) untersucht und ihre aggregierte Entwicklung über die Zeit betrachtet wird (Zeitreihenanalyse). Andererseits besteht durch dieses Untersuchungsdesign nicht das Problem von Panelmortalität, welches bei der wiederholten Betrachtung derselben Personen über die Zeit potenziell zu Verzerrungen führen kann (ein kurzer Überblick zum Thema systematischer Nonresponse bei Gesundheitsbefragungen und insbesondere hinsichtlich der Befragung Älterer findet sich bei Brandt et al. 2016). Da in Trendstudien immer wieder 'frische' Stichproben aus den jeweiligen Populationen gezogen werden, besteht diese Gefahr bei ihnen nicht.

- **Kapitel 9:** In diesem Kapitel findet ebenfalls zunächst eine Replikation der Querschnittsergebnisse aus Kapitel 6 statt, welche gleichfalls dem Zweck dient, die Übertragbarkeit der dortigen Ergebnisse auf den in diesem Kapitel verwendeten Survey in einem anderen Länderkontext und auf Basis der allgemeinen Bevölkerung zu überprüfen. Der Fokus des Kapitels liegt jedoch auf dem Einfluss von Veränderungen der GE auf Veränderungen der Gesundheitsbewertung (Forschungsfrage 4). Genauer gesagt soll in diesem Kapitel mittels FEM schwerpunktmäßig untersucht werden, inwieweit sich intraindividuelle Veränderungen der GI bzw. Gesundheitsdimensionen, auf Veränderungen von SRH auswirken. Damit wird unter anderem betrachtet, ob sich SRH für die Verwendung im Längsschnitt (z.B. als abhängige Variable) eignet oder ob dieser Indikator, z.B. aufgrund von Anpassungen der Gesundheitserwartungen vor dem Hintergrund einer allgemeinen Verschlechterung der Gesundheit im höheren Alter, insensitiv gegenüber Gesundheitsveränderungen ist.

  Entsprechend muss für die Analysen ein Datensatz genutzt werden, in dem eine große Anzahl von Personen der allgemeinen Bevölkerung über einen möglichst langen Zeitraum beobachtet wurden. Zudem wird entsprechend des Vorgehens in den anderen empirischen Kapiteln auch in diesem Kapitel anhand von Dominanzanalysen untersucht, mit welchem Gewicht Veränderungen der einzelnen Gesundheitsdimensionen für Veränderungen von SRH verantwortlich sind, also z.B. wie wichtig Veränderungen von krankheitsbezogenen GI für Veränderungen von SRH im Längsschnitt sind. Entsprechend lassen sich durch diese Analysen auch Rückschlüsse darauf ziehen, welche

---

[9] Eine ähnliche Verwendungsweise wiederholter Querschnitte als aggregierte Zeitreihendaten, bezogen auf die Analyse von Gesellschaften, findet sich z.B. bei Fairbrother (2014).

gesundheitlichen Veränderungen durch die Verwendung von SRH im Längsschnitt in welchem Ausmaß erfasst werden.

Schließlich kann durch einen Vergleich zwischen den Quer- und Längsschnittanalysen dieses Kapitels ebenfalls beleuchtet werden, ob die fünf Gesundheitsdimensionen mit jeweils einem ähnlichen Gewicht in die Bewertung zu einem bestimmten Zeitpunkt bzw. in die Veränderung der Bewertung über die Zeit eingehen. Dies soll Aufschluss darüber geben, ob im Rahmen des Bewertungsprozesses für die Bewertung des aktuellen Gesundheitsstatus die gleichen Informationen herangezogen werden wie für die (implizite) Bewertung von Veränderungen.

Weiterhin werden die Analysen in diesem Kapitel nicht nur nach Geschlecht, sondern auch nach Geburtskohorte getrennt durchgeführt, wodurch wieder ein Einblick in ein eventuell kohorten- bzw. altersspezifisches Antwortverhalten und Unterschiede im Bewertungsverhalten zwischen den Geschlechtern gelingen soll. Hier gehe ich folglich den Forschungsfragen 3 und 5 insofern nach, als ich überprüfe, ob die Befragten unterschiedlichen Geschlechts oder der untersuchten Geburtskohorten eine unterschiedliche Gewichtung sowohl für die Bewertung ihrer Gesundheit im konkreten Moment der Befragung als für Veränderungen zwischen den Befragungen nutzen.

5 Daten: Worauf beruhen die Analysen?

Die folgenden Kapitel beschreiben die zur Umsetzung der Analysestrategie verwendeten Datensätze und Variablen. Dazu stelle ich zuerst kurz den Datensatz des Survey of Health, Ageing and Retirement in Europe (SHARE) vor, auf dem die Analysen des Kapitels 6 und 7 beruhen. Dabei werden auch die verwendeten Variablen aus diesem Datensatz sowie eventuell notwendige Rekodierungen oder Transformationen der Variablen kurz dokumentiert und begründet. Anschließend gehe ich analog bei der Beschreibung der beiden kanadischen Datensätze des Canadian Community Health Survey (CCHS) und des National Population Health Survey (NPHS) vor, die den empirischen Analysen in den Kapiteln 8 und 9 zugrunde liegen. Auch hier werden also zuerst beide Datensätze in ihren Grundzügen und Besonderheiten beschrieben und dann die jeweils verwendeten Variablen und eventuell notwendige Modifikationen derselben zusammengefasst. Da die Analysemodelle der Kapitel 6, 8 und 9 bewusst ähnlich gehalten sind – um eine möglichst große Vergleichbarkeit zu ermöglichen – und um Redundanzen zu vermeiden, finden sich ausführliche Beschreibungen und Begründungen von Variablen, die in mehreren Surveys (nahezu) identisch vorlagen, lediglich für die jeweils erste Beschreibung dieser Variablen.

5.1 Der Survey of Health, Ageing and Retirement in Europe (SHARE)

5.1.1 Der Datensatz

Der SHARE ist ein multinationaler Panelsurvey, in dem primär die Wohnbevölkerung der teilnehmenden europäischen Länder und Israel im Alter von 50 und älter befragt wird.[10] Ein Grund, warum sich dieser Survey besonders gut für die Analysen der Kapitel 6 und 7 eignet, ist sein genereller Fokus auf das Thema Gesundheit, welcher eine breite Abbildung von GE bzw. Kontrolle von GI in den Analysen ermöglicht. Gleichzeitig umfasst SHARE als nicht ausschließlicher Gesundheitssurvey eine Reihe von NGI, weshalb seine Verwendung auch die Untersuchung der Beeinflussung von SRH durch NGE erlaubt. Weiterhin bietet sich durch die Erhebung in verschiedenen Ländern Europas und Israels auch

---

[10] Die Verwendung des Datensatzes ist mit dem folgenden Acknowledgement verbunden: This paper uses data from SHARE Wave 5 (DOI: 10.6103/SHARE.w5.611), see Börsch-Supan et al. (2013) for methodological details. The SHARE data collection has been primarily funded by the European Commission through FP5 (QLK6-CT-2001-00360), FP6 (SHARE-I3: RII-CT-2006-062193, COMPARE: CIT5-CT-2005-028857, SHARELIFE: CIT4-CT-2006-028812) and FP7 (SHARE-PREP: N°211909, SHARE-LEAP: N°227822, SHARE M4: N°261982). Additional funding from the German Ministry of Education and Research, the Max Planck Society for the Advancement of Science, the U.S. National Institute on Aging (U01_AG09740-13S2, P01_AG005842, P01_AG08291, P30_AG12815, R21_AG025169, Y1-AG-4553-01, IAG_BSR06-11, OGHA_04-064, HHSN271201300071C) and from various national funding sources is gratefully acknowledged (see www.share-project.org).

die Möglichkeit des Vergleichs der Daten von Menschen, die in unterschiedlichen Länderkontexten leben bzw. die Befragung in unterschiedlichen Sprachen absolviert haben. Die initiale Stichprobe von ca. 31.000 Personen aus zwölf Ländern aus dem Jahr 2004 wird seit Beginn regelmäßig etwa alle zwei Jahre befragt, wobei zum Ausgleich von Panelattrition auch Auffrischungsstichproben hinzugefügt wurden (Börsch-Supan et al. 2013).[11]

Für die Analysen mit SHARE nutze ich die Daten des Releases 6.1.1 der fünften Welle des Surveys, deren Daten im Jahr 2013 erhoben wurden. Durch das Hinzufügen weiterer Länder und Auffrischungsstichproben ist der Umfang des Surveys seit der ersten Befragung bedeutend angestiegen, sodass 2013 insgesamt mehr als 64.000 Personen in 15 Ländern (Belgien, Dänemark, Deutschland, Estland, Frankreich, Israel, Italien, Luxemburg, Niederlande, Österreich, Schweden, Schweiz, Slowenien, Spanien, und die Tschechische Republik) befragt wurden. Für die Verwendung dieser Welle zur querschnittlichen Untersuchung des Zustandekommens der subjektiven Gesundheitsbewertung spricht eine Reihe von Gründen. Abgesehen von der mehr als doppelt so hohen Fallzahl im Vergleich zur ersten Welle sowie der größeren Anzahl an teilnehmenden Ländern, handelt es sich hierbei um die erste Welle, in welcher der InterviewerInnensurvey für Forschungszwecke frei verfügbar ist. In dieser Zusatzbefragung, für die in der fünften Welle des SHARE aktuell Daten aus fünf Teilnehmerländern (Belgien, Deutschland, Österreich, Spanien und Schweden) zur Verfügung stehen, wurden auch die InterviewerInnen von SHARE mittels schriftlicher Fragebögen selbst befragt, sodass ihre Daten mit denen 'ihrer' Befragten verknüpft werden können (Blom & Korbmacher 2013; Korbmacher et al. 2015). Dadurch lassen sich (unter anderem) NGE in Form von InterviewerInneneigenschaften, wie deren Geschlecht, Alter, Erfahrung oder deren eigene subjektive Gesundheit und ihr jeweiliger Einfluss auf die Antworten der Befragten mit in die Untersuchung einbeziehen.

Gegen eine Kombination mit den Daten der mittlerweile verfügbaren sechsten Welle, für die ebenfalls InterviewerInnendaten erhoben wurden, spricht die Tatsache, dass in dieser Welle des Panels andere Leistungstests erhoben wurden als in der hier verwendeten fünften Welle (Schaan 2013). Gleiches gilt auch für die Kombination mit anderen Wellen: Die Inklusion weiterer (früherer) Wellen hätte zur Folge, dass entweder ein reduziertes Modell (ohne Leistungstests) oder verschiedene Modelle (in Abhängigkeit der jeweils vorhandenen Leistungstests) für die unterschiedlichen Jahrgänge verwendet werden müssten.[12] Weiterhin wird die Greifkraft erst in der fünften Welle für Befragte jeden Alters erhoben anstatt nur für Befragte, die 75 Jahre alt oder jünger waren (Mehrbrodt et al. 2017). Aus diesem Grund müsste bei der Verwendung einer früheren Befragungswelle entweder die Daten dieses Leistungstests oder ältere Befragte von der Analyse ausgeschlossen werden müssen. Zwecks einer möglichst umfassenden Inklusion der vorhandenen GI, der besseren Vergleich-

---

[11] Die tatsächlichen Befragungen fanden und finden, nicht zuletzt aufgrund des unterschiedlichen Vorgehens in den verschiedenen Ländern, nicht exakt alle zwei Jahre statt. Eine Übersicht über die konkreten Erhebungszeiträume nach Ländern findet sich bei SHARE-Team (2018b).

[12] Die einzige SHARE-Welle, die über dieselben Leistungstests verfügt wie die fünfte Welle ist die zweite, in welcher alle vier im SHARE praktizierten Leistungstests erhoben wurden (Schaan 2013). Dabei ist jedoch problematisch, dass in den beiden Wellen nicht die gleichen Länder zur Verfügung stehen – von fünfzehn Ländern der fünften Welle sind nur elf auch in der zweiten Welle verfügbar – und dass hier aufgrund des zeitlichen Unterschiedes zwischen beiden Wellen nicht die gleiche Kombination von Alters- und Kohorteneffekten vorherrscht, was die Interpretation zusätzlich verkomplizieren würde.

barkeit sowie der möglichst breiten Ausschöpfung der verfügbaren Daten älterer Befragter blieben die Analysen also auf die fünfte Welle beschränkt.

Das Hauptproblem bei der Verwendung der fünften Welle des SHARE stellt sicherlich die potenziell selektive Panelmortalität dar. Dies ist für die Analysen in dieser Arbeit zumindest deshalb problematisch, da z.B. durch selektive Mortalität innerhalb der Altersgruppen die ermittelten Ergebnisse nicht auf die gesamten Altersgruppen verallgemeinert werden können. Gerade bei älteren Befragten stellt dies ein großes Problem dar, da im höheren Alter vermutlich ein großer Anteil der vollständigen Ausfälle auf gesundheitliche Probleme zurückgeführt werden kann (Herzog & Rodgers 1992; Salaske 1997; Gardette et al. 2007; Chandola & O'Shea 2013; Kelfve et al. 2013; Bloch & Charasz 2014). Hinzu kommt das Problem, dass aufgrund der Tatsache, dass - je nach Erhebungsland - zwischen der ersten Befragung und der fünften Welle zwei (Estland und Slowenien) bis neun (z.B. Belgien, Deutschland und Österreich) Jahre liegen und es sich im Falle von Luxemburg sogar um die erste Erhebung handelt (SHARE-Team 2018b). Mindestens aus diesem Grund lässt sich nicht erwarten, dass alle die Stichproben aller untersuchten Länder in gleichem Ausmaß von Panelmortalität betroffen sind. Obwohl es, wie bereits erwähnt, verschiedene Auffrischungsstichproben gab, ist zweifelhaft, ob diese die möglicherweise selektiven Ausfälle vollumfänglich beseitigen.

Um dieses Problem nach Möglichkeit zu reduzieren bzw. auszugleichen, habe ich sämtliche Analysen mit diesem Datensatz in dieser Arbeit mit den vom SHARE-Team bereitgestellten kalibrierten querschnittlichen individuellen Gewichten gewichtet, die nach der Methode von Deville & Särndal (1992) erstellt wurden. Bei diesen Gewichten handelt es sich um eine Kombination einer Designgewichtung, um unterschiedliche Samplingstrategien der Teilnehmerländer auszugleichen, sowie einer zusätzlichen Gewichtung zum Ausgleichen von Panelmortalität (SHARE-Team 2018a: 36). An dieser Stelle gilt es anzumerken, dass viele WissenschaftlerInnen der Gewichtung zum Ausgleich von Nonresponse – aus guten Gründen – kritisch gegenüberstehen (z.B. Rothe 1986). Alternative Analysen, in denen ich jeweils nur das zwingend notwendige Designgewicht (SHARE-Team 2018a) genutzt habe, kamen allerdings inhaltlich zu den gleichen Ergebnissen wie mit der verwendeten Gewichtung (ohne Darstellung). Ein Nebeneffekt der Gewichtung ist, dass Daten auch an die jeweiligen Bevölkerungszahlen der Befragungsländer angeglichen werden. Aufgrund der resultierenden großen Dominanz der Daten von Befragten aus bevölkerungsreichen Ländern wie z.B. Deutschland durch die Verwendung jedweder bereitgestellten Gewichtung, sind die Ergebnisse der nicht nach Ländern getrennten Analysen mit dem SHARE-Datensatz in den Anhängen C.1.3 und C.2.1 dokumentiert. Auf eventuelle Unterschiede wird bei der Beschreibung der Ergebnisse an geeigneter Stelle hingewiesen.

Die Datenbasis der beiden Kapitel 6 und 7 unterscheiden sich trotz der Verwendung desselben Datensatzes, da ich nur für Kapitel 7, die Untersuchung des Zusammenhangs von NGI mit SRH, den InterviewerInnensurvey verwende, an dem in der fünften Welle wie erwähnt nur fünf Länder teilgenommen haben. Aus diesem Grund sowie verschiedener Filter (Personen, die jünger als 50 sind oder für die keine Gewichtungsvariable zur Verfügung steht) und Item-Nonresponse stehen für die Analysen in Kapitel 6 insgesamt 61.322 Fällen bereit, während die Analysen in Kapitel 7 auf den Daten 16.123 Befragten beruhen, die von 417 InterviewerInnen befragt wurden. Die jeweilige genaue Verteilung der Fallzahlen nach Geschlecht, Altersgruppen und Erhebungsländern ist in Kapitel 6 und Kapitel 7 zu finden.

5.1.2 Verwendete Variablen in Kapitel 6

SRH

Die abhängige Variable SRH wird in SHARE – ohne vorherige Fragen zur eigenen Gesundheit – mit folgendem Fragetext[13] erhoben: „Would you say your health is...", woraufhin die Antwortmöglichkeiten „Excellent, Very good, Good, Fair, Poor" angeboten werden. Es handelt sich also um die sogenannte US-Version dieser Skala, die von der sogenannten WHO-Version mit den Antwortmöglichkeiten „Very good, good, fair, poor, very poor" abzugrenzen ist (Jylhä 2009). Weiterhin gilt anzumerken, dass diese Variable so rekodiert wurde, dass höhere Werte für eine bessere Gesundheit stehen. Auf diese Weise sind die Ergebnisse intuitiver zu interpretieren, da negative Vorzeichen in den Regressionstabellen als negative Einflüsse auf die Gesundheit interpretiert werden können.

Funktionsfähigkeit

Folgende Aspekte repräsentieren in den multivariaten Modellen die Gesundheitsdimension der Funktionsfähigkeit: die Leistungstests der Handgreifkraft und des 'Chair Stand' sowie die Selbstauskünfte zu Einschränkungen der Aktivitäten des täglichen Lebens (auch (Instrumental) Activities of Daily Living oder kurz (I)ADL genannt) sowie der Mobilität. Die zusätzliche Nutzung von Leistungstests kann hier helfen, potenzielle Erinnerungsprobleme bei Selbstberichten auszugleichen (Pearson 2000), die insbesondere in dieser Befragung älterer Menschen vorkommen könnten.

Die Handgreifkraft, ein Maß für die allgemeine körperliche Kraft und physische Gesundheit (Bohannon 2001; Hank et al. 2009; Cooper et al. 2011; Schupp 2014), wird im SHARE mittels eines Dynamometers gemessen (genaueres zu dieser Messung findet sich bei Hank et al. 2009) und in den späteren Analysen durch drei Dummyvariablen widergespiegelt. Die erste davon ist das Fehlen eines Messwerts, da es sich hierbei um potenziell informative Item-Nonresponse in dem Sinne handelt, als die fehlende Messung durch akute oder chronische medizinische Gründe (z.B. Schwellungen, starke Schmerzen, Entzündungen oder eine allgemein schlechte Fitness) bedingt sein kann. Die anderen beiden Dummyvariablen markieren (jeweils innerhalb des eigenen Geschlechts) die jeweils 25% stärksten bzw. schwächsten Befragten. Entsprechend stellen die mittleren 50% die Referenzkategorie für die drei Dummyvariablen dar. Für den Leistungstest Chair Stand, mit dem die Kraft des unteren Körpers (Jones et al. 1999; Cesari et al. 2009; Bohannon et al. 2010) gemessen wird, falten die Befragten im Sitzen ihre Arme vor der Brust, stehen auf und setzen sich wieder hin. Dieser Vorgang wird in den SHARE-Befragungen fünf mal wiederholt und die dafür benötigte Zeit gestoppt (SHARE-Team 2018a). Analog zur Greifkraft wird auch diese Variable durch drei Dummyvariablen – Fehlwerte, schnellste 25% und langsamste

---

[13] Da es sich bei SHARE um eine multinationale Befragung handelt, wurde der Fragebogen selbstverständlich für die einzelnen Länder übersetzt und die Interviews in der Landessprache bzw. den Landessprachen (z.B. im Fall der Schweiz) geführt (Das et al. 2005). Der Einheitlichkeit halber – auch mit den anderen Datensätzen in den folgenden Kapiteln – stelle ich jeweils nur die zugrunde liegenden englischen Fragetexte vor.

25% der Befragten (innerhalb des eigenen Geschlechts) – in den Modellen repräsentiert, sodass die mittleren 50% die Referenzgruppe darstellen.

Als generelle Information zum funktionalen Status der Befragten verwende ich in den Analysen den sogenannten „Global Activity Limitation Index" (GALI) nach Perenboom et al. (2002: 62), welcher die allgemeine Tatsache von Aktivitätseinschränkungen im Alltag aufgrund gesundheitlicher Probleme erfragt und stark mit anderen Messinstrumenten des funktionalen Status zusammenhängt (van Oyen et al. 2006; Jagger et al. 2010; Berger et al. 2015). Im SHARE wird der GALI anhand folgender Frage erhoben: „For the past six months at least, to what extent have you been limited because of a health problem in activities people usually do?", worauf den Befragten die Antwortmöglichkeiten „Severely limited", „Limited, but not severely" und „Not limited" vorgegeben werden. Zur besseren Replizierbarkeit sowohl in dieser Arbeit als auch in darüber hinausgehenden Untersuchungen – der GALI wird nach Wissen des Autoren bislang nur in europäischen Surveys erhoben – habe ich die ersten beiden genannten Kategorien zu einer zusammengefasst. Entsprechend spiegelt die verwendete Variable das allgemeine Vorliegen funktionaler Einschränkungen anstatt deren grobes Ausmaßes wieder, da dieses in anderen Surveys häufig nicht in vergleichbarer Form vorliegt. Entsprechend bildet dieser GI in den später dargestellten Modellen den grundsätzlichen Einfluss von (subjektiven) Aktivitätseinschränkungen ab.

Die selbstberichteten detaillierten Auskünfte zu Einschränkungen der (instrumentellen) Aktivitäten des täglichen Lebens und der Mobilität sind in den Modellen zu zwei entsprechenden Zählvariablen zusammengefasst, die jeweils der Anzahl der berichteten Einschränkungen entsprechen. Im Gegensatz zur allgemeinen Abfrage mittels des GALI bilden sie also gewissermaßen das Ausmaß funktionaler Einschränkungen ab. Bei den (instrumentellen) Aktivitäten des täglichen Lebens handelt es sich um eine Abwandlung der Skala, die 1959 vom Personal des Benjamin Rose Hospitals in Cleveland, Ohio als 'Index of ADL', also Index von Aktivitäten des alltäglichen Lebens, entwickelt wurde und zu diesem Zeitpunkt die Selbstständigkeit von Patienten beim Waschen, Anziehen, Toilettengang, der Fortbewegung, Kontinenz und Ernährung anhand von Bewertungen durch das Krankenhauspersonal ermittelte (The Staff of the Benjamin Rose Hospital 1959). Diese Skala wurde dann von Katz et al. (1963) popularisiert und ebenfalls im Rahmen von Expertenbewertungen zur Messung des biologischen und psychosozialen funktionalen Status genutzt. Lawton & Brody (1969) erweiterten die bestehenden Konzepte später um die anspruchsvolleren 'instrumentellen Aktivitäten des täglichen Lebens', nämlich Telefonieren, Einkaufen, Essenszubereitung, Hausarbeiten, Wäschewaschen, Fortbewegung im öffentlichen Raum, das Einnehmen von Medikamenten sowie die Regelung von Finanzen. Während das ursprüngliche ADL-Konzept also sehr basale Tätigkeiten erfragte, bezog sich diese IADL-Skala also auf darauf aufbauende anspruchsvolle Aktivitäten des Alltags (Pearson 2000). Später konnte anhand von Faktorenanalysen gezeigt werden, dass es sinnvoll ist, beide Skalen zusammen anstatt separat zu nutzen, da sie einen gemeinsamen Faktor messen (Spector & Fleishman 1998). In SHARE wird die abgewandelte IADL-Skala nach Steel et al. (2003) genutzt, die bereits in der English Longitudinal Study of Ageing (ELSA) zur Messung der physischen Funktionsfähigkeit verwendet wurde (Steel et al. 2003; Mehrbrodt et al. 2017). Diese Skala enthält 13 verschiedene Aktivitäten, wie z.B. „Dressing, including putting on shoes and socks", Getting in and out of bed", oder „Shopping for groceries"[14] die anhand folgender Aufforderung bewertet werden sollen: „Please tell me if you have any difficulty with these because of a physical, mental, emotional or memory problem. Exclude any difficulties you expect to last less than three months.", wobei die Befragten jeweils nur angeben, ob sie eingeschränkt sind oder nicht.

Der Aspekt der Mobilität wurde in SHARE über eine Skala erfasst, die auf Überlegungen von Pearson (2000) zurückgeht und ebenfalls schon in ELSA verwendet wurde, um die Mobilität älterer Befragter zu ermitteln (Steel et al. 2003). Diese Skala umfasst in SHARE insgesamt zehn Items die analog zur (I)ADL-Skala entsprechend folgender Aufforderung bewertet werden sollen: „Please tell me whether you have any difficulty doing each of the everyday activities on this card. Exclude any difficulties that you expect to last less than three months." Die zu bewertenden Aktivitäten umfassen z.b. „Walking 100 metres", „Getting up from a chair after sitting for long periods" oder „Picking up a small coin from a table".[15] Auch im Fall dieser Skala wurden die Befragten nur gefragt, ob sie eingeschränkt waren oder nicht. Um potenziell nichtlineare Zusammenhänge zwischen SRH und den beiden Variablen besser im Modell abzubilden, habe ich beide Variablen entsprechend der Methode transformiert, die in Kapitel 4.1.5 genauer beschrieben wurde.

Krankheiten

Die Gesundheitsdimension der Krankheiten wird in dieser Arbeit in den Analysen des SHARE über zwei Variablen abgebildet. Die erste davon ist die allgemeine Frage: „Some people suffer from chronic or long-term health problems. By chronic or long-term we mean it has troubled you over a period of time or is likely to affect you over a period of time. Do you have any such health problems, illness, disability or infirmity?" und bildet somit – analog zum GALI – das globale Vorliegen von chronischen Krankheiten oder Gesundheitsproblemen ab. Die zweite Variable in den späteren Modellen basiert auf einer spezifischeren Abfrage von 17 verschiedenen Krankheiten und Gesundheitsproblemen (inkl. „other")[16] sowie der Möglichkeit, nicht genannte Krankheiten zu äußern. Für die Verwendung in den späteren Analysen wurden sämtliche Krankheiten einer Person jeweils gezählt und entsprechend der Methode aus Kapitel 4.1.5 transformiert, da empirisch ge-

---

[14] Die gesamte Skala findet sich bei Mehrbrodt et al. (2017: 10-11).

[15] Da die restlichen abgefragten Aktivitäten nicht bei Mehrbrodt et al. (2017) dokumentiert wurden, sollen sie an dieser Stelle explizit aufgeführt werden: „Sitting for about two hours", „Climbing several flights of stairs without resting", „Climbing one flight of stairs without resting", „Stooping, kneeling, or crouching", „Reaching or extending your arms above shoulder level", „Pulling or pushing large objects like a living room chair", „Lifting or carrying weights over 10 pounds/5 kilos, like a heavy bag of groceries".

[16] Die vollständige Liste in Welle 5 des SHARE umfasste folgende Krankheiten und Gesundheitsprobleme: "A heart attack including myocardial infarction or coronary thrombosis or any other heart problem including congestive heart failure", „High blood pressure or hypertension", „High blood cholesterol", „A stroke or cerebral vascular disease", „Diabetes or high blood sugar", „Chronic lung disease such as chronic bronchitis or emphysema", „Cancer or malignant tumour, including leukaemia or lymphoma, but excluding minor skin cancers", „Stomach or duodenal ulcer, peptic ulcer", „Parkinson Disease", „Cataracts", „Hip fracture", „Other Fractures", „Alzheimer's disease, dementia, organic brain syndrome, senility or any other serious memory impairment", „Other affective or emotional disorders, including anxiety, nervous or psychiatric problems", „Rheumatoid Arthritis", „Osteoarthritis, or other rheumatism" und „Other conditions, not yet mentioned".

zeigt wurde, dass der Einfluss zusätzlicher Krankheiten auf SRH zwar kumulativ aber nicht linear ist (z.B. von Heller et al. 2009; Galenkamp et al. 2011).

Aufgrund der unterschiedlichen Auswirkungen, die verschiedene Gesundheitsprobleme und Krankheiten auf die Betroffenen haben, ist anzunehmen, dass sich auch ihre Auswirkung auf die subjektive Gesundheitseinschätzung entsprechend unterscheidet, weshalb dieses gleichwertige Zusammenfassen der Variablen problematisch sein könnte. Es zeigte sich jedoch in versuchsweisen Analysen, dass Modelle mit dieser transformierten Zählvariablen ein höheres angepasstes $R^2_{Adj.}$ hatten als Modelle, welche Dummy-Variablen für jede verfügbare Krankheit beinhalteten (ohne Darstellung). Da die isolierten Einflüsse der Krankheiten für die hier bearbeitete Fragestellung keine Relevanz haben, verwende ich im Folgenden das sparsamere Modell mit der Zählvariablen. Ein anderer Ansatz könnte eine Zusammenfassung von Krankheiten zu 'leichten' und 'schweren' Krankheiten sein (z.B. Kalwij & Vermeulen 2007). Derartigen allgemeingültigen Zuordnungen fehlt bislang allerdings eine theoretisch oder empirisch fundierte Grundlage und es ist unklar, ob die (vermeintliche) medizinische Schwere einer Krankheit auch mit der jeweiligen Relevanz korrespondiert, die Befragte dieser Krankheit für ihre allgemeine Gesundheitsbewertung zuordnen. Zudem besteht die Möglichkeit, dass sich die Relevanz der Krankheiten auch zwischen verschiedenen Altersgruppen unterscheidet (Molarius & Janson 2002). Aus diesen Gründen sehe ich von diesem Ansatz in den späteren Analysen ab.

Schmerzen

Zur Messung von Schmerzen und deren Intensität im Rahmen von Surveys werden üblicherweise drei verschiedene Arten von Skalen genutzt: *Verbale Ratingskalen*, in denen den Befragten verschiedene Adjektive wie z.B. 'gering', 'mäßig' oder 'stark' zur Klassifizierung ihrer Schmerzen angeboten werden, *numerische Ratingskalen*, in denen die Schmerzen auf einer Skala von z.B. 0–10 angegeben werden sollen und *visuelle Analogskalen*, für die den Befragten eine durchgehende Linie präsentiert wird und sie ihre Schmerzintensität auf dieser Linie markieren sollen (Williamson & Hoggart 2005). Im SHARE liegt nur die Messung anhand einer verbalen Ratingskala vor, wobei die Befragten zuerst über das generelle Vorliegen von Schmerzen befragt werden („Are you troubled with pain?") und bei einer positiven Antwort angeben sollen, ob diese Schmerzen für gewöhnlich „Mild", „Moderate" oder „Severe" sind. Da nicht davon ausgegangen werden kann, dass die Messung von Schmerzen mittels einer verbalen Ratingskala (quasi)metrisch ist (Jensen & Karoly 2001; Williamson & Hoggart 2005), wird die Schmerzintensität in den späteren Analysen durch drei Dummyvariablen, die den oben genannten Adjektiven entsprechen, abgebildet (Personen ohne Schmerzen bilden also die Referenzgruppe).

Mentale Gesundheit

Zur Messung der mentalen Gesundheit nutze ich zwei verschiedene Ansätze bzw. Variablen, die die mentale Gesundheit – im Sinne einer Depression – sowohl faktisch/diagnostisch als auch durch depressive Symptome abbilden sollen. Da es in SHARE keine Frage nach der Diagnose einer Depression gibt, verwende ich als Proxy dieser Diagnose die Selbstauskunft, ob die Befragten aktuell „Drugs for anxiety or depression" einnehmen, da dies auf eine zuvor gestellte Diagnose hindeutet und auch von den Befragten, selbst im

Falle einer erfolgreichen Behandlung, als Zeichen für Probleme ihrer (mentalen) Gesundheit gesehen und sich so in SRH widerspiegeln kann. Diese Messung kann allerdings, da Antidepressiva z.B. nicht nur bei Depressionen verschrieben werden, nur ein unvollständiges Bild der mentalen Gesundheit der Befragten liefern (Gardarsdottir et al. 2007; Aarts et al. 2016). Gleichzeitig ist es auch möglich, dass nicht alle als depressiv diagnostizierten (oder diagnostizierbaren) Befragten zum Zeitpunkt der Befragung Medikamente zur Behandlung dieser Krankheit nehmen.

Aus beiden Gründen verwende ich ergänzend die in SHARE erhobene EURO-D-Skala, welche von Prince et al. (1999) auf Basis der Skalen CES-D und ZSDS zur standardisierten Erhebung depressiver Symptome in ländervergleichenden Studien älterer Menschen entwickelt wurde (Prince et al. 1999: 330–331). Im Rahmen dieser Skala werden im SHARE insgesamt zwölf depressive Symptome abgefragt wie z.B. „Have you had trouble sleeping recently?", „In the last month, have you cried at all?" oder „What has your appetite been like?"sowie drei Nachfragen im Falle von unklaren Antworten wie z.B. „So, have you been eating more or less than usual?" auf die hier letztgenannte Frage. Die vollständige Liste der abgefragten Symptome und Nachfragen findet sich bei Mehrbrodt et al. (2017: 4–5).

Entgegen der häufigen Vorgehensweise, einen festgelegten Cut-Point von depressiven Symptomen als Proxy für eine Depression zu verwenden, z.B. vier im Falle der EURO-D-Skala (Castro-Costa et al. 2007), verwende ich bei den Analysen mit dem SHARE – aber auch in den anderen Analysen dieser Arbeit – die Anzahl der Symptome als metrisches Merkmal. Erstens kann so die Varianz dieser Variablen besser genutzt werden und zweitens gibt es Hinweise darauf, dass schwerwiegendere depressive Erkrankungen mit einer größeren Anzahl von depressiven Symptomen einhergehen (Park et al. 2016). Auch diese Variable ist in den späteren Analysen, da nichtlineare Zusammenhänge der Anzahl depressiver Symptome mit SRH zu erwarten sind, mit der Methode aus Kapitel 4.1.5 transformiert. An dieser Stelle sei darauf hingewiesen, dass für beide verwendeten Variablen, da es sich um sehr persönliche Informationen handelt, die Gefahr sozialer Erwünschtheit besteht, weshalb die Schätzung des Einflusses mentaler Gesundheit in allen Analysen potenziell eher konservativ ist.

Gesundheitsverhalten

Das Gesundheitsverhalten bzw. dessen Konsequenzen wird in den später dargestellten Analysen mit dem SHARE durch zwei Aspekte, nämlich den Body-Mass-Index (BMI) und das Rauchen abgebildet. Hierzu nutze ich drei Dummy-Variablen, die entsprechend der einschlägigen Literatur (z.B. World Health Organization 2000) für die vom Normalgewicht abweichenden BMI-Intervalle 'Untergewicht', 'Übergewicht' (auch Präadipositas) und 'Adipositas' stehen sowie eine Dummyvariable, die angibt, ob die befragte Person zum Befragungszeitpunkt (laut eigener Aussage) geraucht hat und. Aufgrund der zu geringen Fallzahlen, habe ich auf eine weitere Unterteilung der Adipositas in unterschiedlich starke Ausprägungen derselben oder auf eine Distinktion zwischen GelegenheitsraucherInnen und regelmäßige RaucherInnen verzichtet.

Der Alkoholkonsum wird in den Analysen nicht als Teil des Gesundheitsverhaltens berücksichtigt, da sich Abstinenzler für gewöhnlich als weniger gesund einschätzen als Menschen, die in moderatem oder in manchen Untersuchungen sogar exzessiven Maße Alkohol konsumieren,[17] was meist dadurch erklärt wird, dass die Gründe für die Abstinenz mitunter medizinisch bedingt sein können z.B. durch alkoholunverträgliche Medikamente oder eine bestehenden Alkoholkrankheit (z.B. Poikolainen et al. 1996; Cott et al. 1999; Stranges et al. 2006; Moriconi & Nadeau 2015). Hieraus folgt allerdings, dass weniger das (Nicht-)Trinken von Alkohol, sondern eher die dafür verantwortlichen Einschränkungen verantwortlich für die empirisch feststellbaren Unterschiede in der Gesundheitsbewertung sind. Dies würde folglich zu einer falschen Zuschreibung erklärter Varianz – von Krankheiten und funktionalen Einschränkungen hin zu Gesundheitsverhalten – führen. Dies ist umso problematischer, als durch Alkohol bedingte Krankheiten (z.b. Leberzirrhose) bei SHARE nicht explizit abgefragt wurden, während eine Reihe von durch Rauchen bedingter Krankheiten in der Aufzählung von Krankheiten vorkommen.

Aus einem ähnlichen Grund verzichte ich auch auf eine Verwendung von Indikatoren zur körperlichen Aktivität in den multivariaten Modellen: Es muss generell davon ausgegangen werden, dass gesundheitliche Aktivitätseinschränkungen auch die Möglichkeiten körperlicher Aktivitäten einschränken, weshalb die Erklärung der Gesundheitseinschätzung durch die körperliche Aktivität mindestens in einer querschnittlichen Betrachtung problematisch ist. Da funktional eingeschränkte Personen also nicht ihre Gesundheit negativer einschätzen würden, weil sie körperlich aktiv sind, sondern nicht körperlich aktiv sind, weil sie funktional eingeschränkt sind, würde die Zerlegung der erklärten Varianz diese auch hier falsch zuschreiben.

Zusätzlich ist anzunehmen, dass Verzerrungen durch sozial erwünschtes Antwortverhalten bei Selbstberichten dieser beiden Verhaltensweisen, also der Häufigkeit des Alkohlkonsums (Davis et al. 2010a; Krumpal 2013; Latkin et al. 2017) und der körperlichen Aktivität (Adams et al. 2005; Motl et al. 2005; Brenner & DeLamater 2014), eher zu erwarten ist als bei der einfachen Frage nach der Tatsache, ob die befragte Person raucht und dem aus Körpergröße und Gewicht berechneten BMI. Eine Dichotomisierung der Variablen zum Alkoholkonsum, um diesem Problem zu entgehen, wäre aus dem oben genannten Grund nicht zielführend. Sozial erwünschtes Antwortverhalten nimmt zudem mit dem Alter zu (Groves & Magilavy 1986; Soubelet & Salthouse 2011), wodurch die Altersvergleiche durch Einbeziehung dieser Indikatoren unnötig verzerrt würden.

Gruppierungsvariablen

Wie bereits erwähnt, sollen in diesem Kapitel getrennte Analysen nach Geschlecht, Altersgruppe und Länderkontext durchgeführt werden. Das Geschlecht liegt dabei direkt als Dummyvariable vor, während der Länderkontext durch das Befragungsland operationalisiert werden kann. Für den zentralen Vergleich des Kapitels nach Alters bzw. Geburtskohorte habe ich den Datensatz in verschiedene Altersgruppen eingeteilt, die in den Analysen miteinander verglichen werden. Hierfür habe ich auf der Basis des Alters die Befragten die drei Altersgruppen 50–64, 65–79 und 80+ gebildet. Diese Gruppen entsprechen (im Rahmen der Begrenzung auf die Population 50+) grob dem zweiten, dritten und vierten Alter nach Laslett (1995: 35). In dieser Konzeption ist das zweite Alter durch die Erwerbsfähig-

---

[17] Dieses Ergebnis konnte in meinen eigenen versuchsweisen Analysen mit SHARE bestätigt werden, wobei durch die verfügbaren Variablen zum Alkoholkonsum der Befragten generell nur sehr wenig Varianz von SRH erklärt werden konnte (ohne Darstellung).

keit geprägt, während sich die beiden anderen (Ruhestands-)Lebensabschnitte dadurch unterscheiden, dass das dritte Alter aufgrund des tendenziell guten Gesundheitszustandes mit einer Unabhängigkeit einhergeht, die im vierten Alter durch Multimorbidität und Pflegebedürftigkeit nicht (mehr) gegeben ist. Ähnliche Altersgrenzen für die Operationalisierung des dritten und vierten Alters finden sich auch bei Prahl & Schroeter (1996: 12–14).[18]

5.1.3 Verwendete Variablen in Kapitel 7

InterviewerInneneigenschaften

Durch die Erhebung der bereits angesprochenen InterviewerInnendaten in der fünften Welle des SHARE ergibt sich für die späteren Analysen die vergleichsweise seltene Möglichkeit, den Einfluss von InterviewerInneneigenschaften direkt zu untersuchen. In der einschlägigen Literatur wird dabei häufig unabhängig vom konkreten Thema ein Einfluss durch Faktoren wie Erfahrung, Bildung sowie das Alter und Geschlecht der InterviewerInnen angenommen (Singer et al. 1983; Groves et al. 2009), die alle für die Analyse zur Verfügung stehen. Die Erfahrung im aktuellen Beruf als InterviewerIn habe ich aufgrund der relativ schiefen Verteilung (etwa 16% der InterviewerInnen haben im Befragungsjahr begonnen) dichotomisiert zu den beiden Kategorien 'keine Erfahrung' und 'mindestens ein Jahr'. Andere Möglichkeiten der Operationalisierung wie die einfache oder logarithmierte Anzahl an Jahren kamen inhaltlich zum gleichen Ergebnis (ohne Darstellung). Die Bildung wurde im InterviewerInnensurvey von SHARE in vier Kategorien – den Abschlüssen einer 'lower-', 'medium-', oder 'upper-level' Sekundarschulen bzw. den jeweiligen nationalen Äquivalenten und dem Universitätsabschluss (Blom & Korbmacher 2011) – erfasst, welche in den multivariaten Modellen als Dummy-Variablen genutzt werden. Dabei verwende ich die häufigste Kategorie des Universitätsabschlusses (ca. 40%) als Referenzkategorie.

Das Alter der InterviewerInnen soll – zur besseren Interpretierbarkeit des Koeffizienten in Zehnerschritten zusammengefasst – als metrische Variable in die Analyse eingehen, während das Geschlecht als Dummyvariable verwendet wird (mit Männern als Referenzgruppe). Durch die getrennte Analyse von weiblichen und männlichen Befragten (mit InterviewerInnen beiderlei Geschlechts) lässt sich ebenfalls die Interaktion der Geschlechter von InterviewerInnen und den Befragten betrachten, indem das Geschlecht der InterviewerInnen in die Modelle aufgenommen wird. Darüber hinaus ist es ebenfalls möglich, dass die Interaktion des Alters der InterviewerInnen mit dem Alter der Befragten, oder anders ausgedrückt die Altersdifferenz zwischen beiden Personen, einen Einfluss auf SRH hat. Aus diesem Grund wird diese ebenfalls, als Differenz in Jahren, in der Analyse berücksichtigt. Über diese typischerweise verwendeten InterviewerInneneigenschaften hinaus steht in diesem speziellen Datensatz auch die selbst eingeschätzte Gesundheit der InterviewerInnen (ebenfalls in der US-Version) zur Analyse zur Verfügung. Diese verwende ich genau wie im Falle der Gesundheitsbewertung der Befragten als (quasi-)metrische Variable in den Analysen.

---

[18] Hierbei ist zu beachten, dass die sogenannten 'Hochbetagten', also Personen im Alter von 90–100 Jahren (Prahl & Schroeter 1996: 113–114), in der ältesten Altersgruppe stark unterrepräsentiert sind, da diese selbst im ausgewiesenen Alterssurvey SHARE nur einen geringen Anteil der Altersgruppe 80+ ausmachen (unter sieben Prozent bzw. 683 Personen). Entsprechend werden die späteren Analyseergebnisse stark von jüngeren VertreterInnen dieser Altersgruppe geprägt.

Zudem wird häufig, wie in Kapitel 3 dargestellt, der Einfluss der (ethnischen) Herkunft bzw. 'Race' (in US-amerikanischen Studien) von InterviewerInnen in Untersuchungen von InterviewerInneneinflüssen in den Blick genommen. Dies lässt sich allerdings nur sehr eingeschränkt auf den europäischen Kontext übertragen, da in Europa bzw. den in SHARE vertretenen Ländern eine weit größere ethnische Heterogenität vorherrscht und die Zugehörigkeit zu bestimmten Ethnien zudem in verschiedenen Ländern zu unterschiedlichen Effekten führen könnte. Darüber hinaus finden sich im SHARE-InterviewerInnensurvey lediglich Angaben dazu, ob die InterviewerInnen selbst oder ihre Eltern im Ausland geboren sind (Blom & Korbmacher 2011), was nicht zwangsläufig mit deren Ethnie gleichzusetzen ist. Aus diesen Gründen findet das Merkmal der Herkunft in den späteren Analysen keine Verwendung.

Befragteneigenschaften und Interviewsituation

Da im Rahmen des SHARE NGE wie das Ausmaß des (gesundheitsbezogenen) Optimismus der Befragten nicht direkt erhoben wurden, müssen zu ihrer Analyse Proxyvariablen verwendet werden, die potenziell entsprechende NGE abbilden können. Eine solche Variable stellt die Lebenszufriedenheit dar, da davon auszugehen ist, dass Befragte, die eine höhere Zufriedenheit äußern auch positivere Antworten auf Fragen nach dem Wohlbefinden oder der Gesundheit geben (Diener et al. 2000). Die Lebenszufriedenheit der Befragten ist im SHARE-Fragebogen anhand einer elfstufigen Skala mit den Polen „completely dissatisfied" und „completely satisfied" erhoben worden. Diese Variable verwende ich in den späteren Analysen als metrische Variable, wobei höhere Werte ebenfalls für eine größere Zufriedenheit stehen.

Eine andere Frage, die möglicherweise ein generelles positives Antwortverhalten abbilden kann und im SHARE abgefragt wird, ist die nach dem generalisierten Vertrauen, also dem allgemeinen Vertrauen gegenüber anderen Personen, welches – wenigstens bei fehlender Kontrolle von GI – mit SRH korreliert (Glanville & Story 2018). Dieser Indikator wurde anhand folgender Frage erhoben: „Generally speaking, would you say that most people can be trusted or that you can't be too careful in dealing with people? [...] please tell me on a scale from 0 to 10, where 0 means you can't be too careful and 10 means that most people can be trusted." Die elfstufige Skala verwende ich ebenfalls als metrische Variable und auch hier korrespondieren höhere Skalenwerte mit einem größeren generalisierten Vertrauen.

Allgemein ist an dieser Stelle allerdings, gerade im Falle der Lebenszufriedenheit und des generalisierten Vertrauens, festzuhalten, dass aufgrund des Querschnittcharakters der später Dargestellten SHARE-Analysen im Falle eines feststellbaren Zusammenhangs zwischen diesen beiden Einstellungsvariablen und SRH nicht vollständig ausgeschlossen werden kann, dass es sich um umgekehrte Kausalität handelt. So ist zum Beispiel denkbar, dass nicht (nur) optimistischere Menschen den gleichen Gesundheitszustand positiver bewerten, sondern dass Menschen mit einem besseren Gesundheitszustand optimistischer sind. Dies kann, wie dargelegt, nur in dem Ausmaß ausgeschlossen werden, in dem die verwendeten GI die latente Gesundheit der Befragten abbilden und somit vorab kontrollieren. Aus diesem Grund sollten die Analysen in Kapitel 7 lediglich aus explorativer Ausgangspunkt für Analysen gesehen werden, die über diese Arbeit hinaus gehen.

Abgesehen von diesen Einstellungsfragen, sollen im Rahmen der Befragteneigenschaften auch Faktenfragen als NGI verwendet werden. Ein Indikator, der ebenfalls mit Positivität hinsichtlich des Antwortverhaltens verbunden zu sein scheint, ist die soziale Partizipation. So ist zum Beispiel lange bekannt, dass eine größere soziale Partizipation zu positiveren Einstellungen führt (Phillips 1967) und auch hier lässt sich eine positive Korrelation mit SRH feststellen (z.B. Cotter & Lachman 2010). Allerdings ist aufgrund der fehlenden Kontrolle von Gesundheitsindikatoren in einschlägigen Studien bislang unklar, ob dies an einer besseren Gesundheit durch die soziale Einbindung oder einem optimistischeren Antwortverhalten liegt. Soziale Partizipation lässt sich im Rahmen des SHARE anhand einer Liste von vier sozialen Aktivitäten operationalisieren.[19] Die Aktivitäten wurden in einer Zählvariable zusammengefasst, welche aufgrund der potenziellen Nichtlinearität des Zusammenhangs zwischen ihr und SRH IHS-transformiert wurde.

Darüber hinaus sollen aufgrund der theoretischen Überlegungen und empirischen Befunde auch die Bildung und (in den nicht nach Alter getrennten Analysen) das Alter der Befragten zur Erklärung der Residuen aus Kapitel 6 herangezogen werden. Die Bildung der Befragten wird im SHARE zur besseren internationalen Vergleichbarkeit anhand von länderspezifischen Codes in Form der International Standard Classification of Education (ISCED-97) erhoben (Mehrbrodt et al. 2017: 33–34). Diese habe ich aufgrund teils geringer Fallzahlen in manchen Gruppen zu den Kategorien niedrigere Bildung (ISCED 0–3) und höhere Bildung (ISCED 4–6) kategorisiert, wobei erstere Gruppe in den Analysen die Referenzkategorie bildet.[20] Das Alter der Befragten wird der Einfachheit halber anhand derselben Kategorien wie die Gruppenvergleiche (also 50–64, 65–79 und 80 oder mehr Jahre) in die geschlechter- und länderspezifischen Modelle aufgenommen, wobei die jüngste Gruppe die Referenzkategorie darstellt.

Ein weiterer Aspekt, der im Rahmen der 'Befragteneigenschaften' untersucht werden soll, stellt die Interviewsituation dar. Hierbei soll einerseits ermittelt werden, ob die nicht durch GI erklärte Varianz von SRH mit der Anwesenheit Dritter während des Interviews in einem Zusammenhang steht. Diese wird in den Analysen durch eine entsprechende Angabe durch die InterviewerInnen abgebildet. Hierbei habe ich auf eine Unterscheidung nach der Beziehung zwischen Befragten und dritten Personen verzichtet, wobei festzuhalten ist, dass annähernd 90% der zusätzlich anwesenden Personen (Ehe)PartnerInnen waren (ohne Darstellung). Da Proxyangaben, also die Beantwortung des gesamten oder Teile des Interviews durch Dritte, ebenfalls als problematisch für die Datenqualität von Gesundheitsdaten gelten (Pearson 2000: 26), werden diese ebenfalls in die Analyse miteinbezogen. Die Tatsache, ob Proxyangaben gemacht wurden, wurde im SHARE je Befragungsmodul durch die InterviewerInnen festgehalten, wobei unterschieden wurde, ob das gesamte Mo-

---

[19] Die gesamte Liste enthält sieben Aktivitäten, wovon in den Analysen aufgrund des sozialen Aspektes nur die ersten vier genutzt werden: „Done voluntary or charity work", „Attended an educational or training course", „Gone to a sport, social or other kind of club", „Taken part in a political or community-related organization", „Read books, magazines or newspapers", „Did word or number games such as crossword puzzles or Sudoku", „Played cards or games such as chess". Die versuchsweise Inklusion der anderen Aktivitäten in die Zählvariable führte jedoch inhaltlich zu den gleichen Ergebnissen.

[20] Zur Orientierung: Im deutschen Schulsystem reichen die ISCED-Codes 0–3 von keiner formalen Qualifikation bis hin zu einer Ausbildung bzw. Lehre oder Abitur, während die Codes 4–6 der Kombination aus Abitur und Ausbildung, einem Meister- oder Universitätsabschluss sowie der Promotion entsprechen (Schneider 2008).

dul oder nur Teile daraus von einer dritten Person beantwortet wurden (Luca & Lipps
2005: 77–78). Für die empirischen Analysen verwende ich die entsprechende Angabe für
das Modul 'Physical Health', in dem sowohl SRH als auch die überwiegende Mehrheit
der GI erfragt wurden. Dabei unterscheide ich nicht zwischen teilweisen und kompletten
Proxyangaben im Modul, da sich im Nachhinein nicht ermitteln lässt, welche Angaben
durch welche Person gemacht wurden und da Proxyangaben allgemein lediglich etwa fünf
Prozent der gesamten Stichprobe ausmachten (ca. 2% teilweise und ca. 3% vollständige
Proxyangaben in diesem Modul in der fünften Welle von SHARE insgesamt).

Länderkontext

Zur Ermittlung des Zusammenhangs zwischen den Residuen der GI-Modelle und dem Länderkontext verwende ich in den nach Geschlecht und Alter getrennten Analysen Dummy-
Variablen, die das Befragungsland repräsentieren. Entsprechend der unvollständigen Teilnahme am InterviewerInnensurvey beschränkt sich die Analyse auf die Länder Belgien,
Deutschland, Österreich, Spanien und Schweden, wobei ich Deutschland als Befragungsland mit dem größten Stichprobenumfang als Referenzkategorie nutze.

Gruppierungsvariablen

Analog zum Vorgehen in Kapitel 7 sollen auch hier die beiden Geschlechter, Altersgruppen und Befragungsländer daraufhin verglichen werden, ob sich die Gewichtung der drei
Gruppen unabhängiger Variablen, in diesem Fall also der 'Fehlerquellen' bzw. Quellen von
NGE, zwischen den Gruppen unterscheidet. Dazu nutze ich wieder die gleich kodierten Va-
riablen wie in Kapitel 6, jedoch sei an dieser Stelle nochmals festgehalten, dass sich die
Vergleichsmodelle in den einzelnen Schritten der Untersuchung unterscheiden. Der Grund
dafür liegt in der 'Doppelrolle' des Alters und des Länderkontextes begründet, also ihrer
Verwendung sowohl als Gruppierungs- bzw. Moderatorvariable und als unabhängige Variable. Entsprechend finden sich beide Sets von Variablen nur in den geschlechtergetrennten
Modellen, während das Befragungsland ansonsten nur in den Analysen nach Geschlecht
und Alter berücksichtigt wird und das Alter nur in den länderspezifischen Modellen.

5.2 Der Canadian Community Health Survey (CCHS)

5.2.1 Der Datensatz

Der Canadian Community Health Survey (CCHS) ist eine wiederholte Querschnittsbefra-
gung der kanadischen Wohnbevölkerung im Alter von mindestens zwölf Jahren mit dem
Schwerpunkt auf Fragen zur Gesundheit und wird seit 2001 in persönlichen Face-to-Face-
oder Telefonbefragungen erhoben. Während zu Beginn des Surveys noch alle zwei Jahre
etwa 130.000 Menschen befragt wurden (2001, 2003 und 2005), werden seit 2007 jährlich
etwa 65.000 KanadierInnen befragt (Statistics Canada 2018). Für die geplanten Analysen in Kapitel 8 eignet sich dieser Survey also, weil die vorherigen Analysen aus Kapitel
6 anhand der allgemeinen Bevölkerung und in einem anderen Länderkontext replizieren
werden können. Darüber hinaus lassen sich durch das Trenddesign des Surveys Geburtsko-

horten, die etwa den Altersgruppen in Kapitel 6 entsprechen, über einen langen Zeitraum beobachtet werden können, ohne dass Verzerrungen durch Panelattrition zu befürchten sind.

Damit die Ergebnisse, die auf den verwendeten Jahrgängen des CCHS beruhen, möglichst vergleichbar sind, ist in den Analysen für jedes Jahr dasselbe Modell zu verwenden. Dies schränkt die zur Verfügung stehenden Variablen insoweit ein, als einige Module des CCHS optional für die Erhebung sind und von den zuständigen Stakeholdern der kanadischen Provinzen und Territorien für die Befragung ausgewählt werden (Statistics Canada 2018). Entsprechend ist die Analyse in Kapitel 8 sowohl hinsichtlich der verfügbaren GI als auch der untersuchbaren Jahrgänge eingeschränkt. Bevor ich die letztendlich für die Analyse genutzten Variablen im Detail beschreibe, sollen an dieser Stelle die Einschränkungen kurz ausgeführt werden, die hieraus für die Analysen mit dem CCHS erwachsen.

Diese betreffen vor allem die drei Gesundheitsdimensionen der Funktionsfähigkeit und die mentale Gesundheit. Zur Messung der *Funktionsfähigkeit* der Befragten wurde unter anderem der Health Utilities Index (HUI-3) erhoben, jedoch nicht in allen Jahrgängen und Provinzen bzw. Territorien. Allgemein wurde der HUI-3 nur in den Jahren 2001, 2009, 2010, 2013 und 2014 erhoben. Um die Messung der Funktionsfähigkeit anhand des CCHS nicht zu stark einzuschränken, verwende ich für die Analysen dieses Datensatzes nur diese fünf Jahrgänge.

Die Einschränkung der Analysen durch die optionale Erhebung von Angaben zur *mentalen Gesundheit* bzw. depressiven Symptomen ist allerdings noch gravierender. So wurde, um nur ein Beispiel zu nennen, das Modul 'Depression' in der Provinz Ontario, deren Bevölkerung mehr als ein Drittel der Gesamtbevölkerung Kanadas ausmacht, lediglich im Jahr 2001 erhoben (interne Dokumentation von Statistics Canada; auf Nachfrage erhältlich). Die anderen Module, die sich mit dem Thema der mentalen Gesundheit beschäftigen, unterliegen ähnlichen Beschränkungen. Um die Analyse nicht auf bestimmte Provinzen einzuschränken, verzichte ich folglich auf die Inklusion dieser Gesundheitsdimension in die Analysen dieses Kapitels. Da davon auszugehen ist, dass die mentale Gesundheit mit anderen Gesundheitsdimensionen der Analyse korreliert, ist das Fehlen dieser Dimension bei der Interpretation Ergebnisse mindestens insofern zu berücksichtigen, als die erklärte Varianz durch die anderen Gesundheitsdimensionen voraussichtlich überschätzt wird.

Schlussendlich gilt an dieser Stelle in Zusammenhang mit Einschränkungen dieser Datenbasis anzumerken, dass einige Fragen nur Befragten bestimmter Altersgruppen gestellt wurden. Dies ist für die Untersuchung dieses Datensatzes beispielsweise insofern relevant, als manche Krankheiten nur bei volljährigen Personen, das heißt 18 Jahre oder älter, abgefragt wurden. Um die Liste der Krankheiten, die in allen untersuchten Wellen verfügbar sind, nicht zusätzlich einzuschränken und aus dem Grund, dass minderjährige Personen in vielen Surveys ohnehin ausgeschlossen sind, habe ich die Berechnungen des Kapitels auf volljährige Befragte beschränkt. Da die betrachteten Kohorten über die Zeit hinweg beobachtet werden, ist die Grundgesamtheit dieser Analysen also die volljährige kanadische Wohnbevölkerung im Jahr 2001.

Gleichzeitig hat der lange Beobachtungszeitraum Auswirkungen auf das maximale Alter der Befragten in den Analysen des Kapitels. Damit die Fallzahlen der ältesten untersuchten Geburtskohorten auch in den späteren Jahrgängen nicht zu gering werden, beschränken sich die Analysen dieses Kapitels auf Personen, die im ersten Erhebungsjahrgang 2001 maximal 79 Jahre alt waren (die Obergrenze der zweiten Altersgruppe in Kapitel 6).

Obwohl im Gegensatz zu den Analysen mit dem SHARE durch das Trenddesign des CCHS keine Gefahr durch Panelmortalität besteht, verwende ich auch für sämtliche Analysen mit diesem Survey eine Gewichtungsvariable. Die Gründe hierfür liegen nicht nur in der Einheitlichkeit, sondern auch in dem komplexen Surveydesign des CCHS sowie der Empfehlung von Statistics Canada (2018). Diese Gewichtung hat dabei, genau wie die in den Analysen mit SHARE verwendete, den Zweck, sowohl das Samplingdesign (Designgewichtung) als auch Nonresponse durch die Befragten auszugleichen (Stratifikationsgewichtung), wodurch die Ergebnisse laut Statistics Canada (2018) auf die allgemeine Bevölkerung Kanadas verallgemeinert werden können.

Auf Basis der Einschränkungen durch die unterschiedliche Verfügbarkeit von Variablen über Jahrgänge und Personen- und Altersgruppen hinweg, werden in diesem Kapitel folglich KanadierInnen, die im Jahr 2001 18–79 Jahre alt waren, in den Jahren 2001, 2009, 2010, 2013 und 2014 betrachtet, die zum jeweiligen Erhebungszeitpunkt nicht schwanger waren. Der Ausschluss schwangerer Befragter von der Analyse ist dadurch bedingt, dass sich insbesondere der BMI und eventuell vorhandene Aktivitätseinschränkungen nicht unbedingt dem Gesundheitszustand im Sinne der latenten Gesundheit zuschreiben lassen. Zudem ist unklar, inwieweit SRH selbst durch die Schwangerschaft beeinflusst wird. Eine eventuelle Beeinflussung von SRH durch Schwangerschaften ist jedoch nicht Fokus dieser Arbeit, da sie natürlicherweise vorübergehend sind – also nicht den generellen Gesundheitszustand betreffen – und aufgrund der vergleichsweise geringen Fallzahlen zudem nicht adäquat untersucht werden können. Die Berechnungen in Kapitel 8 beziehen sich abzüglich der Befragten mit Item-Nonresponse auf relevanten Variablen auf 295.895 Befragte. Eine genauere Darstellung der Fallzahlen nach Altersgruppen bzw. Geburtskohorten und Erhebungsjahren findet sich in Kapitel 8.

5.2.2 Verwendete Variablen

SRH

Genau wie im SHARE wird auch im CCHS SRH ohne vorherige gesundheitsbezogene Fragen und in der 'amerikanischen Version' erhoben, also mit den Antwortmöglichkeiten „Excellent", „Very good", „Good", „Fair" und „Poor". Der genaue Fragetext lautet dabei: „In general, would you say your health is...?" und ist damit dem im SHARE sehr ähnlich. Auch hier habe ich die Variable so kodiert, dass höhere Werte für eine bessere Gesundheit stehen.

Funktionsfähigkeit

Im Gegensatz zum SHARE stehen in diesem Survey keine Leistungstests zur Verfügung, sodass ich nur Surveyfragen zur Ermittlung der funktionalen Gesundheit der Befragten nutze. Die Daten dieser Dimension kommen dabei aus zwei separaten Erhebungsinstrumenten, nämlich einerseits – ähnlich wie im SHARE – einer Skala zu Aktivitäten des täglichen Lebens und andererseits Fragen aus der in Kanada von Feeny et al. (1995) entwickelten dritten Version des Health Utilities Index (HUI-3). Bei der Skala der Activities of Daily Living (ADL) handelt es sich konzeptionell um eine reduzierte Version der IADL-

Skala, die im SHARE erhoben wurde. Sie ist insofern reduziert, als sie (wie das Akronym bereits andeutet) auf die Erhebung der instrumentellen Aktivitäten verzichtet und stattdessen nur die Abhängigkeit der Befragten von der Hilfe anderer Menschen bei sechs eher grundlegenden Aktivitäten (z.B. sich anzuziehen oder waschen) erfragt wird (Pearson 2000). Konkret wird die selbstständige Bewältigung von sechs Aktivitäten im CCHS anhand folgender Frage ermittelt: „Because of any physical condition or mental condition or health problem, do you need the help of another person with...". Die im CCHS abgefragten alltäglichen Aktivitäten umfassen z.B. „preparing meals", „doing everyday housework" oder „moving about inside the house". Um das Ausmaß funktionaler Einschränkungen der Befragten bzw. deren Abhängigkeit von anderen Personen bei alltäglichen Aufgaben zu ermitteln, habe ich auch hier aus diesen Angaben eine Zählvariable erstellt, welche die Anzahl eingeschränkter Aktivitäten quantifiziert. Entsprechend der Vorüberlegungen zu Kapitel 6 habe ich auch diese Zählvariable IHS-transformiert.

Der HUI-3 wird üblicherweise zur Ermittlung des allgemeinen Gesundheitsstatus verwendet und besteht aus den acht Teilaspekten „Vision", „Hearing", „Speech", „Ambulation", „Dexterity", „Emotion", „Cognition" und „Pain" mit einem Fokus auf die Funktionsfähigkeit der Befragten hinsichtlich dieser Aspekte (Feeny et al. 1995). Die Ermittlung jeder Teildimension des HUI-3 erfolgt (im CCHS) anhand mehrerer Fragen, die jeweils beginnen mit Variationen der Formulierung „Are you usually able to...", gefolgt von unterschiedlichen Funktionsstufen wie „...walk around the neighbourhood without difficulty and without mechanical support such as braces, a cane or crutches?" oder „...walk at all?" bzw. Nachfragen mit anderen Formulierungen wie „Do you require mechanical support such as braces, a cane or crutches to be able to walk around the neighbourhood?", „Do you require the help of another person to be able to walk?" etc. Eine Ausnahme hiervon bilden die beiden Aspekte Emotion und Cognition, die direkter anhand von abgestuften Selbsteinschätzungen erhoben wurden. So wurden im Falle von Cognition zwei Fragen gestellt, wovon eine beispielsweise folgendermaßen lautete: „How would you describe your usual ability to think and solve day-to-day problems?" mit den Antwortmöglichkeiten „Able to think clearly and solve problems", „Having a little difficulty", „Having some difficulty", „Having a great deal of difficulty" und „Unable to think or solve problems".

Alle Einzelfragen des HUI-3 wurden durch das Team des CCHS in 'Funktionscodes' überführt, die das jeweilige Funktionslevel der Befragten bezüglich der einzelnen Teilaspekte widerspiegeln. Ich habe die Funktionscodes der sechs Aspekte Vision, Hearing, Speech, Ambulation, Dexterity und Cognition zur Erstellung einer Zählvariable genutzt, die ich im Anschluss ebenfalls IHS-transformiert habe. Der Grund für den Ausschluss der Teilaspekte Emotion und Pain liegt darin, dass erstere eher als eine Form der selbst eingeschätzten mentalen Gesundheit zu sehen ist,[21] während ich Fragen der Teildimension Pain in der Gesundheitsdimension Schmerzen verwende (siehe unten).

---

[21] Die entsprechende Einzelfrage „Would you describe yourself as being usually...?" hatte die Antwortmöglichkeiten „Happy and interested in life", „Somewhat happy", „Somewhat unhappy", „Unhappy with little interest in life", „So unhappy, that life is not worthwhile". Diese Frage wurde bewusst nicht zur (alleinigen) Messung der mentalen Gesundheit genutzt, da anzunehmen ist, dass dieser Variable erstens der Komplexität mentaler Gesundheit nicht gerecht wird und zweitens vermutlich zu viel Methodenvarianz mit SRH gemein hat, wodurch der Zusammenhang zwischen beiden Variablen überschätzt würde.

Um den einzelnen Aspekten des HUI-3 keine willkürliche Gewichtung oder Annahmen über die Relevanz einzelner Probleme vorzugeben, gehen sämtliche Probleme bezüglich der sechs Teilaspekte gleichwertig in die Zählvariable ein. Diese spiegelt die Funktionscodes „Problems corrected by lenses" (Vision), „Problem hearing - corrected" (Hearing), „Partially or not understood" (Speech), „Problem - no aid required" (Ambulation), „Dexterity Problems - no help required" (Dexterity), „Cognition attribute - level 2" (Cognition; entspricht „A little difficulty thinking") oder eine eingeschränktere Funktionsfähigkeit wider. Entsprechend ist davon auszugehen, dass die Variable sehr sensitiv gegenüber leichten Einschränkungen des funktionalen Status ist. Diese höhere Sensitivität habe ich bewusst gewählt, da im Rahmen der beschriebenen ADL-Skala wie bereits erwähnt eher stärkere Einschränkungen der funktionalen Gesundheit abgefragt wurden. Es zeigte sich allerdings, dass die Ergebnisse auch bei der Verwendung anderer Schwellenwerte (d.h. größerer funktionaler Probleme in den einzelnen Bereichen) und auch bei einer separaten Verwendung der Funktionsbereiche in Form von Dummyvariablen inhaltlich dieselben Schlussfolgerungen hinsichtlich der Gewichtung dieser Gesundheitsdimensionen in SRH zuließen (ohne Darstellung).

Da im Rahmen des CCHS weder der GALI noch ein äquivalenter Indikator in allen verwendeten Wellen des Surveys erhoben wurde, habe ich diese Variable nachkonstruiert, um auch in diesem Kapitel das allgemeine Vorliegen von gesundheitsbedingten funktionalen Einschränkungen und deren Ausmaß separat in den multivariaten Modellen abzubilden. Hierzu habe ich eine Dummy-Variable erstellt, die das Vorliegen mindestens einer Einschränkung auf Basis des HUI-3 angibt.

Aufgrund der Tatsache, dass diese konstruierte Variable globaler funktionaler Einschränkungen auf einer thematisch eingeschränkten Skala statt auf einer subjektiven und damit potenziell inklusiveren Bewertung durch die Befragten beruht, ist damit zu rechnen, dass diese Variable den allgemeinen Einfluss von Aktivitätseinschränkungen eher unterschätzt. Gleichzeitig ist durch die sehr niedrigschwellige Konstruktion der Zählvariablen davon auszugehen, dass diese Variable wenigstens den Einfluss sehr geringfügiger funktionaler Einschränkungen abbildet. Die Wahl des HUI-3 anstatt der ADL-Skala zur Konstruktion dieser Variablen ist darin begründet, dass sich die grundlegende Fragestellung des HUI-3 im CCHS auf Fähigkeiten bzw. deren Einschränkung bezieht („Are you usually able to...") anstatt auf die Abhängigkeit von der Hilfe Dritter wie im Falle der ADL-Skala („Do you need the help of another person with..."). Im Rahmen einer alternativen Modellierung mit einer Globalvariable auf ADL-Basis zeigten sich jedoch dieselben inhaltlichen Ergebnisse (ohne Darstellung).

Krankheiten

Auch in Kapitel 8 wird diese Gesundheitsdimension anhand zweier Variablen operationalisiert, die einerseits das allgemeine Vorliegen einer chronischen Krankheit und andererseits die Anzahl chronischer Krankheiten abbilden. Im Rahmen des CCHS wird dabei ähnlich wie im SHARE explizit darauf verwiesen, dass mit der hier verwendeten Frage jeweils nur von einer Gesundheitsfachperson („health professional") diagnostizierte „long-term conditions" gemeint sind, von denen die Befragten entweder seit sechs Monaten betroffen sind oder voraussichtlich betroffen sein werden.

Die hier verwendete Anzahl an chronischen Krankheiten beruht dabei nicht wie im Falle des SHARE auf einer Liste von Krankheiten und Gesundheitsproblemen. Stattdessen werden sie, zusammen mit anderen Angaben zu den jeweiligen Krankheiten oder deren Behandlung, separat abgefragt. So wird zum Beispiel nach der allgemeinen Frage nach Asthma („Do you have asthma?") zusätzlich gefragt, ob es die Person innerhalb des letzten Jahres Asthmaanfälle hatte oder einschlägige Medikamente nutzte. Für die Zählvariable habe ich, um die entsprechende in Kapitel 6 verwendete Variable möglichst genau nachzubilden, nur die Angaben zu den Diagnosen und keine zusätzlichen Informationen zu den Krankheiten genutzt.

Dabei wurde die Liste der abgefragten Krankheiten dadurch eingeschränkt, dass nicht alle Krankheiten in allen verwendeten Wellen abgefragt wurden. Insgesamt konnte ich elf chronische Krankheiten und Gesundheitsprobleme in die Zählvariable aufnehmen.[22] Entsprechend des vorherigen Vorgehens habe ich auch diese Zählvariable IHS-transformiert.

Da im CCHS auch hinsichtlich des globalen Vorliegens chronischer Krankheiten und Gesundheitsproblemen keine Frage gestellt wurde, habe ich diese Variable auf Basis der Zählvariablen erstellt. Hier ist wiederum davon auszugehen, dass die Globalvariable den allgemeinen Einfluss chronischer Krankheiten unterschätzt, da sie nur auf die (in allen verwendeten Wellen verfügbaren) abgefragten Krankheiten und Gesundheitsprobleme beschränkt ist.

Schmerzen

Die Operationalisierung der Gesundheitsdimension der Schmerzen lässt sich im Rahmen des CCHS nahezu identisch zu der in SHARE gestalten, da sehr ähnliche Fragen im Rahmen des HUI-3 gestellt werden. Zuerst wird anhand einer allgemeinen Frage – „Are you usually free of pain or discomfort" – die Tatsache des Vorliegens von Schmerzen abgefragt, die im Falle einer negativen Antwort (d.h. dem Vorliegen von Schmerzen) anhand der Frage „How would you describe the usual intensity of your pain or discomfort?" mit den Antwortmöglichkeiten „Mild", „Moderate" und „Severe" konkretisiert wird. Analog zum Vorgehen in der Untersuchung mit SHARE verwende ich drei Dummyvariablen, die der jeweiligen Schmerzintensität entsprechen, wodurch schmerzfreie Befragte wieder die Referenzgruppe darstellen.

Gesundheitsverhalten

Auch das Gesundheitsverhalten lässt sich anhand der im CCHS verfügbaren Daten gut entsprechend der vorherigen Analysen mit dem SHARE nachbilden. Zur Abbildung des BMI der Befragten habe ich auf Basis des selbstberichteten Gewichts und der durch die Befragten angegebenen Größe wieder drei Dummyvariablen erstellt, die den Kategorien „Untergewicht", „Übergewicht" und „Adipositas" nach Definition der World Health Or-

---

[22] Dies waren: „Asthma", „Arthritis", „Back problems", „Heart disease", „High blood pressure", „Cancer", „Migraine", „Diabetes", „Effects of a stroke", „Alzheimer's disease or any other dementia" und „chronic bronchitis, emphysema or chronic obstructive pulmonary disease", wobei die letzteren beiden Fragen nur Menschen über 40 bzw. 35 gestellt wurden. Zur Vermeidung von Fehlwerten habe ich für jeweils jüngere Menschen angenommen, dass sie nicht von diesen Krankheiten betroffen sind und die Variablen entsprechend kodiert.

ganization (2000) entsprechen. Durch die Verwendung dieser drei Variablen in den multivariaten Modellen in Kapitel 8 stellen auch bei den CCHS-Analysen 'normalgewichtige' Befragte nach Definition der World Health Organization (2000) die Referenzgruppe dar.

Zur Operationalisierung des Rauchens habe ich eine entsprechende Variable verwendet, die auf folgender Frage basiert: „At the present time, do you smoke cigarettes daily, occasionally or not at all?", wobei ich die Kategorien „Daily" und „Occasionally" kombiniert habe, sodass die Variable, analog zur entsprechenden im SHARE allgemein abbildet, ob die Befragten zum Interviewzeitpunkt mehr oder weniger regelmäßige Raucher waren, wobei eine getrennte Aufnahme beider Kategorien in die Analysen zu denselben Ergebnissen führte.

Gruppierungsvariablen

Zur Ermittlung von Gruppenunterschieden stehen im CCHS für die späteren Analysen das Geschlecht und Alter der Befragten in Jahren zur Verfügung. Ausgehend von den Befragten, die zum Befragungszeitpunkt mindestens 18 Jahre alt waren, habe ich sechs Geburtskohorten mit einer Breite von zehn Jahren gebildet, die folglich den Geburtsjahren 1972–1983, 1962–1971, 1952–1961, 1942–1951, 1932–1941 und 1922–1931 entsprechen und sich hinsichtlich des Alters zur Befragung aufgrund unterschiedlicher Befragungszeitpunkte leicht überlappen. Im Jahr 2001 entsprachen diese Geburtskohorten den Altersgruppen 18–29, 28–39, 38–49, 48–59, 58–69 und 68–79. Auf eine Inklusion der älteren 2001 verfügbaren Geburtskohorten (1892–1921 im Alter von 78–102 im Jahr 2001) habe ich verzichtet, da deren Fallzahlen in den späteren verwendeten Befragungen (d.h. 2013 und 2014) zu gering waren, um separate Analysen zu erlauben. Die Verwendung anderer Geburtskohorten bzw. Altersgruppen im Vergleich zu Kapitel 6 ermöglicht dabei eine Betrachtung unabhängig von den konkreten Kohorten bzw. Altersgruppen im SHARE. Durch die engeren Altersgrenzen ist zudem die Überlappung bzw. Transition der einzelnen Gruppen über den betrachteten Zeitraum größer: Waren z.B. die Angehörigen der Geburtskohorte 1972–1983 in der ersten Befragung 2001 noch 18–29 waren sie in der Befragung von 2010 fast vollständig in die ältere Altersgruppe 28–39 übergegangen und gingen in der letzten verwendeten Befragung 2014 sogar darüber hinaus. Analog lässt sich über die älteste Geburtskohorte sagen, dass sie – ausgehend von dem theoretischen Konzept von Laslett (1995) – über den Befragungszeitraum die Transition vom dritten in das vierte Alter bewältigte.

5.3　Der National Population Health Survey (NPHS)

5.3.1　Der Datensatz

Bei dem ebenfalls kanadischen National Population Health Survey (NPHS) handelt es sich um einen im Zeitraum von 1994–2011 erhobenen Panelsurvey mit einem Schwerpunkt auf Fragen zum Gesundheitszustand der Befragten. Für den NPHS wurde eine Basisstichprobe von 17.276 Personen der allgemeinen Bevölkerung im Jahr 1994 alle zwei Jahre telefonisch oder Face-to-Face befragt, wobei aufgrund von (Panel-)Mortalität nur 9.293 Befragte an allen neun Wellen teilnahmen. Unter dieser Basisstichprobe befanden sich auch 2.022

Kinder, die entsprechend des Vorgehens der Analysen mit dem CCHS nicht in die Analysen in Kapitel 9 eingingen (Statistics Canada 2012). Dieser Datensatz eignet sich hervorragend für die in Kapitel 9 geplanten Analysen, da dieselbe große Bevölkerungsstichprobe über einen langen Zeitraum beobachtet wurde. Dadurch sowie durch den Fokus auf Fragen zur Gesundheit ist zudem ein breites Spektrum an Gesundheitsveränderungen beobachtet worden.

Um die Ergebnisse möglichst vergleichbar zu halten und wie im Falle des SHARE die Auswirkungen potenziell selektiver Panelmortalität auszugleichen, werden auch in Kapitel 9 sämtliche empirischen Analysen mit einer Gewichtungsvariablen, die von Statistics Canada mit dem Datensatz zur Verfügung gestellt wurde, gewichtet. Dabei mussten für die Quer- und Längsschnittanalysen zwei verschiedene Gewichte verwendet werden, da der Ausgleich der Panelmortalität nur in den Längsschnittanalysen relevant ist, wohingegen beide Analysen mit einer Poststratifikationsgewichtung gewichtet werden. Um die größtmögliche Menge an vorhandenen Informationen zu nutzen, verwende ich für die Längsschnittanalysen das sogenannte „Longitudinal Square Weight". Dieses unterscheidet sich von den anderen vorhandenen Längsschnittgewichten dieses Datensatzes dadurch, dass es auch für Befragte bereitgestellt wurde, die in einigen Wellen nicht an der Befragung teilgenommen haben oder einer Weitergabe der Daten an die Gesundheitsministerien der Provinzen, Health Canada und der Public Health Agency of Canada nicht zugestimmt haben (Statistics Canada 2012: 20–32).

Auch im Rahmen dieses Kapitels ist die Stichprobe auf Personen beschränkt, die zum ersten Erhebungszeitpunkt wenigstens 18 Jahre alt und zum jeweiligen Befragungszeitpunkt nicht schwanger waren (aus den oben bereits dargelegten Gründen). Im Gegensatz zum CCHS werden im Rahmen von Kapitel 9 auch die Angaben von Personen verwendet, die in der ersten Befragung älter waren als 79 Jahre, wobei bei der Interpretation die potenzielle Selektivität der Analysen gerade in dieser Gruppe berücksichtigt werden müssen. Für die Längsschnittanalysen werden zudem nur die Daten von Befragten verwendet, die an mehreren Wellen teilgenommen haben. Die Gesamtstichprobe in Kapitel 9 beläuft sich auf Basis der genannten Einschränkungen auf 15.178 Fälle für die Querschnittsanalysen und 14.096 für die Längsschnittanalysen. Eine Aufschlüsselung der verwendeten Stichproben nach Geschlecht und Altersgruppen findet sich in Kapitel 9.

5.3.2 Verwendete Variablen

SRH

Die Selbsteinschätzung der Gesundheit wurde im NPHS – nahezu identisch zu den beiden anderen verwendeten Surveys – anhand der Frage „In general, would you say your health is...?" erhoben. Auch in diesem Survey wurden daraufhin die Antwortmöglichkeiten der US-Version von SRH angeboten: „Excellent", „Very good", „Good", „Fair" und „Poor". Wie in den anderen Analysen auch, habe ich die Variable umkodiert, sodass höhere Variablenwerte mit einer positiveren Gesundheitseinschätzung korrespondieren.

Funktionsfähigkeit

Die Realisierung der Gesundheitsdimension der Funktionsfähigkeit basiert in Kapitel 9 ähnlich zu Kapitel 8 auf Fragen des HUI-3 und einer IADL-Skala. Hierzu habe ich entsprechend des Vorgehens für die Analysen in Kapitel 8 (siehe Kapitel 5.2.2) ebenfalls die Funktionscodes des HUI-3 zu einer Zählvariablen zusammengefasst und gleichfalls IHS-transformiert. Dabei ließ sich wieder feststellen, dass die IHS-transformierten Version dieser Variablen mehr Varianz erklärten als die einfachen Zählvariablen.

Zur weiteren Operationalisierung der funktionalen Gesundheit stand im NPHS eine IADL-Skala zur Verfügung, welche mit folgender Aufforderung eingeleitet wurde: „Because of any condition or health problem, do you need the help of another person...". Im Anschluss daran wurde die Frage jeweils mit verschiedenen Aktivitäten beendet, z.B. „...in shopping for groceries and necessities?", „...in doing heavy household chores such as washing walls or yard work?" oder „...in personal care such as washing, dressing, or eating?", wobei die Befragten jeweils die Antwortmöglichkeit „Yes" oder „No" hatten.[23] Die im NPHS verwendete IADL-Skala, von der insgesamt sechs Items in jeder verwendeten Welle erhoben wurden, umfasst im Gegensatz zur ADL-Skala des CCHS anspruchsvollere instrumentelle Tätigkeiten des alltäglichen Lebens. Aus diesem Grund ist davon auszugehen, dass diese Zählvariable sensitiver gegenüber leichteren funktionalen Einschränkungen ist und entsprechend die Erklärungskraft hinsichtlich SRH vor allem in der allgemeinen bzw. jüngeren Bevölkerung höher ist.

Zusätzlich zu dieser quantitativen Erfassung funktionaler Einschränkungen wurde, ähnlich dem Global Activity Limitation Indicator in SHARE, in den Befragungen des NPHS ebenfalls erfragt, ob Aktivitätseinschränkungen aufgrund von langfristigen physischen oder geistigen Gesundheitsproblemen zu Hause, in der Schule, bei der Arbeit oder in anderen Lebensbereichen wie der Mobilität oder bei Freizeitaktivitäten vorlagen. Im Rahmen dieser Fragen wurde nur abgefragt, ob eine Beschränkung vorliegt und nicht dessen Ausmaß. Aus den aus diesen Fragen resultierenden Variablen habe ich wiederum eine Dummy-Variable konstruiert, die – unabhängig vom Lebensbereich – Aktivitätseinschränkungen widerspiegelt, wobei subjektiv nicht eingeschränkte Personen in den Regressionsmodellen wieder die Referenzgruppe darstellen.

Krankheiten

Für die Gesundheitsdimension der Krankheiten stand auch im NPHS eine Reihe von Krankheiten und Gesundheitsproblemen zur Verfügung, die in jeder NPHS-Befragung wurden. Wie im CCHS wurden die Befragten darum gebeten, diejenigen Krankheiten und Gesundheitsprobleme anzugeben, von denen sie seit mindestens sechs Monaten betroffen sind oder die für wenigstens diesen Zeitraum andauern werden und die ein „Health Professional" bei Ihnen diagnostiziert hat, wobei ich insgesamt 19 dieser Diagnosen in eine Zählvariable zusammenfassen konnte.[24] Auch in diesem Kapitel habe ich die Zählvariable der Krankheiten und Gesundheitsprobleme IHS-transformiert und überprüft, ob sich die

---

[23] Die restlichen Items, die in jeder verwendeten Welle genutzt wurden, waren „...in preparing meals?", „...in doing normal everyday housework" und „...in moving about inside the house?".

[24] Dies waren im Detail: „Food Allergies", „Other Allergies", „Asthma", „Arthritis or Rheumatism, excluding Fibromyalgia", "back problems, excluding fibromyalgia and arthritis", „high blood pressure", „migraine headaches", „chronic bronchitis or emphysema", „diabetes", „epilepsy", „heart disease", „cancer", „intestinal or stomach ulcers", „effects of a stroke", „urinary incontinence", „Alzheimer's Disease or any other dementia (senility)", „cataracts", „glaucoma" und „any other long-term condition that has been diagnosed by a health professional".

Erklärungskraft dieser Variablen von der einzelner Dummy-Variablen für alle separaten Krankheiten unterschied und konnte feststellen, dass dies nicht der Fall war. Zusätzlich wurde im NPHS wie im SHARE das allgemeine Vorliegen chronischer Krankheiten explizit abfragt: „Do you have any long-term disabilities or handicaps?" Die Antwort auf diese Ja/Nein-Frage nutze ich in den Analysen als Dummy-Variable, wobei Personen ohne chronische Krankheiten die Referenzgruppe bilden.

Schmerzen

Da der HUI-3, wie bereits erwähnt, auch im NPHS erhoben wird, lässt diese Datenbasis eine identische Operationalisierung dieser Gesundheitsdimension wie in Kapitel 5.2.2 zu. Auch in den Analysen in Kapitel 9 wird der Einfluss von Schmerzen also anhand von drei Dummyvariablen abgebildet, die den Schmerzintensitäten „Mild", „Moderate" und „Severe" entsprechen. Dadurch bilden üblicherweise schmerzfreie Befragte die Referenzgruppe. Durch die geringe Anzahl von Antwortmöglichkeiten, die zudem eher vage sind, besteht die Gefahr, dass die Sensitivität dieser Messung gegenüber Veränderungen relativ gering ist (Seymour 1982; Jensen et al. 1994), wodurch möglicherweise der Einfluss einer veränderten Schmerzintensität auf Veränderungen von SRH in den Längsschnittanalysen dieses Kapitels unterschätzt werden könnte.

Mentale Gesundheit

Zur Abbildung der mentalen Gesundheit in den multivariaten Modellen standen im NPHS wie schon im SHARE Angaben zur Einnahme von Antidepressiva als auch zu depressiven Symptomen zur Verfügung. Die Frage zur Einnahme von Antidepressiva wurde dabei in einer Item-Batterie zusammen mit anderen Medikamenten mit folgenden Worten abgefragt: „In the past month, that is from [...] to yesterday, did you take anti-depressants such as Prozac, Paxil or Effexor?" Die resultierende Variable nutze ich als Dummy-Variable, sodass Personen, die keine Antidepressiva nahmen die Referenzgruppe bilden.

Die Messung der Anzahl depressiver Symptome im NPHS beruht im Grundsatz auf einer Definition der dritten überarbeiteten Version des Diagnostic and Statistical Manual of Mental Disorders (DSM III-R; in der deutschen Bearbeitung von Wittchen et al. 1991). Insgesamt 40 Syndrome des DSM-III-R und deren Symptome wurden im Composite International Diagnostic Interview (CIDI) von Robins et al. (1988) für die World Health Organization operationalisiert, woraufhin Kessler et al. (1998) mit dem CIDI-SF eine Kurzform mit acht Syndromen präsentierte. Für den Fragebogen des NPHS wurden die Fragen des CIDI-SF zu Merkmalen von „Major Depressive Episodes" als „Depression Scale" auf zwei Arten erhoben.

Im ersten Fall wurden die TeilnehmerInnen gefragt, ob sie im letzten Jahr mindestens zwei Wochen traurig oder depressiv waren („During the past 12 months, was there ever a time when you felt sad, blue, or depressed for 2 weeks or more in a row?"), was einer depressiven Verstimmung nach DSM-III-R entspricht (Wittchen et al. 1991: 272). Wenn dies der Fall war, wurde nachgefragt, wie lang diese Gefühle jeweils andauerten („During that time how long did these feelings usually last?") und wie häufig sie über die zwei Wochen vorkamen („How often did you feel this way during those 2 weeks?"). Diese Nachfragen sind dadurch begründet, dass eine schwere depressive Episode nach DSM-

III-R-Definition mindestens den überwiegenden Teil des Tages andauert (Kessler et al. 1998: 183; Wittchen et al. 1991: 272). In dem Fall, dass die Befragten angaben, dass die depressive Verstimmung mindestens 'fast den ganzen Tag' und wenigstens 'fast jeden Tag' andauerten, wurde eine Reihe depressiver Symptome des DSM-III-R wie Energielosigkeit („Did you feel tired out or low on energy all of the time?"), Einschlafschwierigkeiten („Did you have more trouble falling asleep than you usually do?") und Gedanken an den Tod („Did you think a lot about death – either your own, someone else's, or death in general?") abgefragt, die durch das DSM-III-R definiert wurden (Wittchen et al. 1991: 272–273).

Sofern die Befragten die ursprüngliche Frage nach einer depressiven Verstimmung verneinten, wurden sie alternativ gefragt, ob sie im letzten Jahr eine Phase von mindestens zwei Wochen hatten, in der sie das Interesse an Hobbies, der Arbeit oder anderen Aktivitäten verloren hätten („During the past 12 months, was there ever a time lasting 2 weeks or more when you lost interest in most things like hobbies, work, or activities that usually give you pleasure?"). Wenn dies der Fall war, wurde diese Frage gefolgt von den bereits zuvor gestellten Nachfragten zur Dauer bzw. Häufigkeit in diesen zwei Wochen. Der Verlust des Interesses stellt das zweite Hauptkriterium einer Major Depression dar und die Erhebung trägt dem Umstand Rechnung, dass die depressive Verstimmung durch die Betroffenen mitunter nicht erkannt wird (Wittchen et al. 1991: 272). Wenn entsprechend der DSM-III-R-Definition ein beständiger Verlust an Interesse vorlag, wurden die gleichen depressiven Symptome wie im vorherigen Fall abgefragt.

Wenn die Befragten weder eine beständige depressive Verstimmung noch einen beständigen Verlust des Interesses angaben, wurden im NPHS keine weiteren Symptome der Major Depression bzw. einer entsprechenden Episode abgefragt. Um hier Fehlwerte zu vermeiden, habe ich für diese Fälle die Symptome als nicht vorliegend kodiert. Inklusive der depressiven Verstimmung an sich und des Verlustes an Interesse wurden auf diese Weise sieben depressive Symptome erhoben, die ich zu einer Zählvariable zusammengefasst und anhand der in Kapitel 4.1.5 beschriebenen Methode transformiert habe. Auch hier erklärten die separat in Form von Dummyvariablen in die Modelle aufgenommenen Symptome dieser Skala nicht mehr Varianz als die zusammengefasste Zählvariable (ohne Darstellung).

In den Analysen dieses Kapitels gingen die (IHS-transformierten) depressiven Symptome genau wie bei den Analysen des SHARE also metrisch in die Analysen ein, wodurch sowohl die Varianz der Symptome als auch deren Ausmaß im Gegensatz zu einer einfachen Dummyvariablen zum (Nicht-)Vorliegen einer Depression besser zur Erklärung von SRH genutzt werden können. Darüber hinaus ist diese Variable in dieser Form potenziell sensitiver gegenüber Veränderungen wie zusätzlichen oder wegfallenden Symptomen, was insbesondere in den Längsschnittanalysen des NPHS relevant ist, da so auch kleinere Veränderungen der mentalen Gesundheit in die längsschnittliche Erklärung von SRH eingehen können.

Gesundheitsverhalten

Auch mit dem NPHS ließ sich die Operationalisierung der Gesundheitsdimension des Gesundheitsverhaltens der vorherigen Kapitel direkt replizieren. Hierfür habe ich eine aus den jeweiligen Selbstauskünften zu Körpergröße und zum Gewicht berechnete BMI-Variable genutzt, um entsprechend der Klassifikation von World Health Organization (2000) Dummyvariablen für die Kategorien „Untergewicht", „Übergewicht" und „Adipositas" zu bilden. Diese verwende ich in den Regressionsmodellen in Kapitel 9 zur Abbildung des BMI, wodurch normalgewichtige Befragte wie in den anderen Kapiteln als Referenzkategorie dienen.

Ob die NPHS-Befragten rauchen oder nicht, wurde wieder anhand einer Einzelfrage erhoben, die wie im CCHS zwischen Gelegenheitsrauchen und täglichen Rauchern unterscheidet („At the present time, do you smoke cigarettes daily, occasionally or not at all?"). Da sich der Zusammenhang zwischen SRH und separaten Dummyvariablen für beide Rauchergruppen nur geringfügig unterschied und darüber hinaus nur sehr wenige Befragte angaben, dass sie nur gelegentlich rauchen, habe ich beide Kategorien zu einer Dummyvariablen zusammengefügt, die nur angibt, ob die Befragten rauchten oder nicht. Nichtraucher stellen also auch in den multivariaten Analysen in Kapitel 9 die Referenzgruppe dar.

Gruppierungsvariablen

Auch in den NPHS-Analysen soll wieder das Geschlecht und verschiedene Geburtskohorten miteinander verglichen werden, weshalb auch hier entsprechende Gruppierungsvariablen notwendig waren. Während das Geschlecht wieder direkt vorlag, musste ich die Altersgruppen anhand theoretischer Überlegungen selbst bilden. Da in diesem Kapitel durch die Querschnittsanalysen der ersten Erhebungswelle zur Replikation der SHARE-Analysen und die Längsschnittanalysen zur Untersuchung des Einflusses von Gesundheitsveränderungen auf SRH der Kohortenvergleich nicht im Mittelpunkt steht, verwende ich die gleichen Alterskategorien wie bei den Analysen mit dem SHARE in Kapitel 6. Genauer gesagt habe ich die drei Altersgruppen dieser Analyse mit der Stichprobe der ersten NPHS-Erhebung nachgebildet und etwa gleich breite jüngere Altersgruppen gebildet, bis hin zum Mindestalter von 18 Jahren (wodurch die jüngste Altersgruppe weniger Geburtsjahre umfasst). Die daraus resultierenden Altersgruppen waren folglich im Jahr 2001 18–29, 30–44, 45–64 65–79 und 80–102 Jahre alt bzw. beruhen auf den Geburtsjahren 1965–1977, 1950–1964, 1930–1949, 1915–1929 und 1892–1914. Hierdurch soll die bestmögliche (Alters-)Vergleichbarkeit zwischen den Analysen mit dem SHARE und NPHS gewährleistet werden.

5.4 Überblick über die verwendete Gesundheitsmessung in den verschiedenen Datensätzen

Tabelle 5.1 stellt die in den vorigen Kapiteln beschriebenen und in den empirischen Analysen verwendeten GI noch einmal überblicksartig dar. Wie dort zu sehen ist, konnten nur die Dimensionen *Schmerzen* und *Verhalten* in allen drei Surveys identisch gemessen werden. Die Dimension der *Funktion* ließ sich in allen drei Surveys einerseits durch eine globale Variable abbilden, die allerdings im Falle des CCHS zu diesem Zweck konstruiert werden musste. Darüber hinaus besteht die Variable zum globalen Vorliegen funktionaler Einschränkungen im NPHS aus vier entsprechenden Variablen, die funktionale Einschränkungen in verschiedenen Lebensbereichen und auch sonstige Aktivitäten beinhalten, weshalb diese Variable potenziell umfassender ist als die Variablen in den anderen beiden Surveys. Sonst wird diese Gesundheitsdimension jeweils durch zwei Zählvariablen abgebildet, die funktionale Einschränkungen bzw. Abhängigkeiten messen. Hierbei ist zu beachten,

Tabelle 5.1: Überblick über die Gesundheitsmessung in den drei verwendeten Datensätzen (Details in Klammern)

	SHARE	CCHS	NPHS
Funktion	Globalfrage *(GALI)* Anzahl Einschränkungen[a] *((I)ADL; 13 Items)* Anzahl Einschränkungen[a] *(Mobilität; sechs Items)* Greifkraft, Chair Stand	Konstruierte Globalvariable *(Basis: HUI-3)* Anzahl Einschränkungen[a] *(ADL; sechs Items)* Anzahl Einschränkungen[a] *(HUI-3; sechs Aspekte)*	Globalfragen *(drei Bereiche und Sonstiges)* Anzahl Einschränkungen[a] *(IADL; sechs Items)* Anzahl Einschränkungen[a] *(HUI-3; sechs Aspekte)*
Krankheiten	Globalfrage Anzahl Diagnosen[a] *(17 verwendete Diagnosen)*	Konstruierte Globalvariable *(Basis: Anzahl)* Anzahl Diagnosen[a] *(elf verwendete Diagnosen)*	Globalfrage Anzahl Diagnosen[a] *(19 verwendete Diagnosen)*
Schmerzen	Globalfrage Intensität *(Mild, Moderate, Severe)*	Globalfrage Intensität *(Mild, Moderate, Severe)*	Globalfrage Intensität *(Mild, Moderate, Severe)*
Mentale Gesundheit	Einnahme von Medikamenten Anzahl depressive Symptome[a] *(Euro-D; zwölf Symptome)*		Einnahme von Medikamenten Anzahl depressive Symptome[a] *(CIDI-SF-MDE; sechs Aspekte)*
Verhalten	BMI *(Unter-/Übergew., Adipositas)* Rauchen *(Ja/Nein)*	BMI *(Unter-/Übergew., Adipositas)* Rauchen *(Ja/Nein)*	BMI *(Unter-/Übergew., Adipositas)* Rauchen *(Ja/Nein)*

[a] IHS-Transformiert

dass im CCHS nur die funktional weniger anspruchsvolle ADL-Skala erhoben wurde und sich generell die Anzahl der Items dieser Skalen unterschieden. Die beiden Leistungstests der Greifkraft und der Geschwindigkeit beim Absolvieren des Chair Stand stehen nur im SHARE-Datensatz zur Verfügung.[25]

Die Messung der Gesundheitsdimension der *Krankheiten* unterscheidet sich zwischen den Surveys primär durch die zur Verfügung stehenden Krankheiten bzw. deren Anzahl in den entsprechenden Zählvariablen. Da im CCHS das globale Vorliegen von (chronischen) Krankheiten nicht direkt erfragt wurde, musste hier wieder eine entsprechende Variable erstellt werden. Die mentale Gesundheit konnte im SHARE genau wie im NPHS anhand der Einnahme entsprechender Medikamente und der Anzahl depressiver Symptome widergespiegelt werden. Hierbei ist jedoch zu beachten, dass die Skalen zur Messung der depressiven Symptome sich zwischen beiden Surveys unterscheiden, wobei der SHARE eine insgesamt höhere Anzahl dieser Symptome abfragt und dass die Hauptkriterien einer schweren depressiven Episode im NPHS als Filter dienten. Diese Gesundheitsdimension konnte im Rahmen des CCHS nicht abgebildet werden.

---

[25] Zur besseren Vergleichbarkeit habe ich sämtliche SHARE-Analysen auch ohne diese Variablen durchgeführt. Die Ergebnisse sind in Anhang C.1.2 dargestellt, wobei sich generell zeigte, dass die Ergebnisse nur wenig durch die Beschränkung auf Surveyfragen beeinflusst wurden. Eventuelle Unterschiede in ihrer inhaltlichen Interpretation werden in Kapitel 6 aufgeführt.

6 Subjektive Gesundheit im höheren Alter und Unterschiede aufgrund des Geschlechts, Alters und Länderkontextes[26]

In Abbildung 6.1 ist zur besseren Nachvollziehbarkeit der folgenden Analysen das Modell dargestellt, welches der Untersuchung in diesem Kapitel zugrunde liegt. Wie in der Abbildung zu sehen ist, beruhen diese Analysen auf der Annahme, dass SRH durch die fünf Gesundheitsdimensionen der Funktion bzw. des funktionalen Status, (chronische) Krankheiten und Gesundheitsprobleme, Schmerzen, die mentale Gesundheit und das (Gesundheits-)Verhalten der Befragten geprägt wird (durchgezogene Pfeile). Dieser Teil des Modells entspricht also Forschungsfrage 1, in deren Rahmen das Ausmaß bzw. die Gewichtung der fünf Gesundheitsdimensionen analysiert wird. Weiterhin zeigt das Modell eine Moderation der Einflüsse dieser Gesundheitsdimensionen auf SRH durch die drei Aspekte des Geschlechts, Alters und des Länderkontextes.

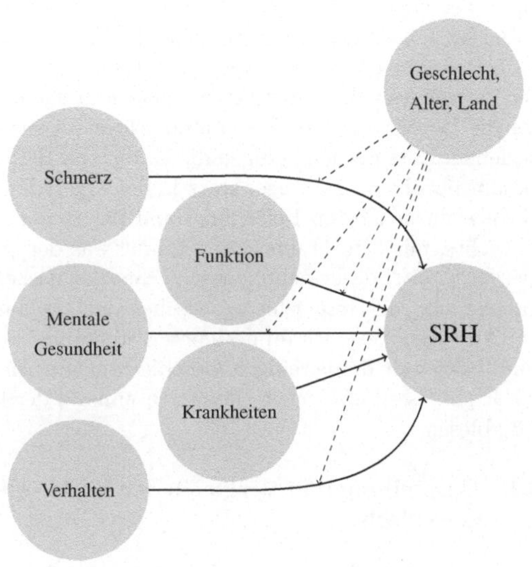

Abb. 6.1: Analytisches Modell zur Erklärung von SRH durch Gesundheitsdimensionen

Bei diesem Teil des Modells geht es also einerseits – bei der Moderation des Alters – um Forschungsfrage 3, während die anderen beiden Aspekte den Fokus der 5 betreffen, nämlich Gruppenunterschiede aufgrund des Geschlechts oder des Länderkontextes.

Diese Aspekte werden entsprechend in den folgenden Unterkapiteln abgebildet. In Kapitel 6.1 findet sich zuerst eine Umsetzung dieses Modells separat für Männer und Frauen, wobei nicht nur die detaillierten Ergebnisse der Regressionsmodelle, sondern insbesondere Vergleiche der erklärten Varianz nach Gesundheitsdimension und einzelnen Variablen dar-

---

[26] Teile der hier dargestellten Ergebnisse wurden auch in Koautorenschaft mit Martina Brandt als Artikel bei einer Fachzeitschrift eingereicht. Dieser Artikel befindet sich zur Zeit der Einreichung dieser Arbeit in der Begutachtung (Lazarević & Brandt 2018).

© Springer Fachmedien Wiesbaden GmbH, ein Teil von Springer Nature 2019
P. Lazarević, *Was misst Self-Rated Health?*,
https://doi.org/10.1007/978-3-658-28026-0_6

gestellt werden. Diese lassen sich, wie in Kapitel 4.1.4 dargestellt, als jeweiliges Gewicht dieser Dimensionen bzw. Variablen in der Gesundheitsbewertung bzw. SRH interpretieren.

Im darauffolgenden Kapitel 6.2 ist eine Umsetzung des gleichen Modells getrennt nach Geschlecht und Altersgruppe dargestellt, um den moderierenden Einfluss des Alters zu untersuchen. Damit lassen sich erste Einblicke in potenzielle Alters- oder Kohortenunterschiede im Bewertungsverhalten gewinnen, wobei im Rahmen dieses Kapitels nicht zwischen beiden Arten von Einflüssen (Alter und Kohorte) getrennt werden kann. Zum Abschluss der Analysen sind Kapitel 6.3 die gleichen Analysen getrennt nach Geschlecht und Befragungsland zu finden. Die Analysen dieses Kapitels fokussieren also Unterschiede im Bewertungsverhalten zwischen den untersuchten Befragungsländern.

Bei der inhaltlichen Interpretation der Ergebnisse der Kapitel 6.1 und 6.2, also den nicht nach Befragungsland getrennten Analysen, ist zu berücksichtigen, dass es sich aufgrund der Verwendung der kalibrierten Querschnittsgewichtung um Ergebnisse handelt, die sich auf die Bevölkerung der hier untersuchten 14 europäischen Länder und Israel insgesamt beziehen. Entsprechend gingen die Daten von Befragten aus Ländern mit einer geringeren Gesamtbevölkerung weniger stark in die Ergebnisse ein als z.B. die der Befragten aus dem bevölkerungsreichsten Befragungsland Deutschland. Eine entsprechende Aufstellung des Gewichts, mit dem Frauen und Männer aus den verschiedenen Ländern jeweils in die in diesem Kapitel dargestellten geschlechtsspezifischen Regressionen eingehen, findet sich in Tabelle 6.3. Auf Unterschiede zwischen den Ergebnissen der gewichteten und ungewichteten Analysen weise ich an geeigneter Stelle hin, wobei letztere in Anhang C.1.3 darstellt sind. Inwieweit die jeweiligen Geschlechter innerhalb der Länder von den hier dargestellten Ergebnissen abweichen, lässt sich anhand der länderspezifischen Analysen in Kapitel 6.3 ablesen.

6.1 Darstellung und Vergleich der Basis von Gesundheitseinschätzungen nach Geschlecht

Tabelle 6.1 zeigt die einzelnen Regressionskoeffizienten und Standardfehler der Erklärung von SRH durch die einzelnen den fünf Gesundheitsdimensionen zugeordneten Variablen sowie der Anteil der Varianz, die durch die jeweilige Dimension erklärt werden konnte. Allgemein kann auf Basis von $R^2_{Adj.}$ festgehalten werden, dass das gesamte Modell etwa die Hälfte der Varianz von SRH erklären konnte (51% bei Frauen, 48% bei Männern). Dadurch wird deutlich, dass SRH im Grundsatz zumindest insofern geeignet ist, die latente Gesundheit von Befragten abzubilden, als der Indikator deutlich und systematisch mit den hier verwendeten GI zusammenhängt. Gleichzeitig bedeutet das allerdings auch, dass etwa die Hälfte der Varianz der Gesundheitsbewertungen älterer Befragter des SHARE nicht durch die GI in diesem Regressionsmodell erklärt werden konnten, weshalb ein gewisser Spielraum für Idiosynkrasien in der Bewertung und Verzerrungen durch NGE der Befragten zu bestehen scheint.

Im Variablenblock der Dimension *Funktion* fand sich für beide Geschlechter ein höchst signifikanter negativer Einfluss (subjektiv berichteter) allgemeiner Aktivitätseinschränkungen auf SRH.[27] Die älteren Befragten des SHARE berichteten also – ceteris paribus –

---

[27] Obwohl ich bei der Beschreibung der Ergebnisse aus sprachlichen Gründen teilweise 'kausale Sprache' verwende, ist anzumerken, dass es sich um Querschnittsregressionen handelt, die nur Aussagen über

Tabelle 6.1: Ergebnisse der linearen Regression zur Erklärung der selbst eingeschätzten Gesundheit durch GI (unstandardisierte Koeffizienten und Standardfehler)

	Frauen		Männer	
	Koef.	SF	Koef.	SF
Funktion (erklärte Varianz)	19,96%		18,44%	
Aktivitätseinschränkung (RK = keine)	−0,34***	0,02	−0,38***	0,02
Anzahl Einschränkungen ((I)ADL)[a]	−0,07***	0,01	−0,04*	0,02
Anzahl Einschränkungen (Mobilität)[a]	−0,11***	0,01	−0,13***	0,01
Greifkraft (RK: mittlere 50%)				
Keine Messung	−0,11***	0,03	−0,16***	0,04
Stärkere 25%	0,10***	0,02	0,11***	0,02
Schwächere 25%	−0,08***	0,02	−0,10***	0,02
Chair Stand (RK: mittlere 50%)				
Keine Messung	−0,21***	0,02	−0,17***	0,03
Schnellere 25%	0,11***	0,02	0,08**	0,03
Langsamere 25%	−0,12***	0,02	−0,05*	0,02
Krankheiten (erklärte Varianz)	14,39%		15,52%	
Chronisches Gesundheitsproblem (RK: keins)	−0,23***	0,02	−0,32***	0,02
Anzahl Gesundheitsprobleme/Krankheiten[a]	−0,23***	0,01	−0,25***	0,01
Schmerzen (RK: keine) (erklärte Varianz)	8,29%		6,57%	
Gering	−0,10***	0,03	−0,05	0,03
Mäßig	−0,19***	0,02	−0,19***	0,02
Stark	−0,33***	0,03	−0,32***	0,04
Mentale Gesundheit (erklärte Varianz)	7,05%		6,38%	
Medikamente gegen Depression (RK: nein)	−0,13***	0,03	−0,09*	0,04
Anzahl depressiver Symptome[a]	−0,16***	0,01	−0,16***	0,01
Gesundheitsverhalten (erklärte Varianz)	1,53%		0,57%	
BMI (RK: normal (18.5 ≤ BMI ≤ 25))				
Untergewicht (BMI < 18.5)	−0,18***	0,05	0,07	0,16
Übergewicht (25 ≤ BMI < 30)	−0,07***	0,02	−0,06**	0,02
Adipositas (BMI ≥ 30)	−0,14***	0,02	−0,12***	0,02
Aktuell Raucher (RK: nein)	−0,07**	0,02	−0,12***	0,02
$R^2_{Adj.}$	0,51		0,48	
n	33.751		27.551	

Datenbasis: SHARE, Release 6.1.1; gewichtete Daten, eigene Berechnungen
[a] IHS-transformiert
SF = Standardfehler; RK = Referenzkategorie
*$p ≤ ,05$ **$p ≤ ,01$ ***$p ≤ ,001$

eine um mehr als 0,3 Einheiten schlechtere Gesundheit (auf einer Skala von eins (schlecht) bis fünf (exzellent), wenn sie der eigenen Ansicht nach bei alltäglichen Verrichtungen gesundheitlich eingeschränkt waren. Darüber hinaus zeigte sich ebenfalls ein signifikanter Zusammenhang zwischen der IHS-transformierten Anzahl an Einschränkungen sowohl der alltäglichen Aktivitäten als auch der Mobilität der Befragten Männer und Frauen. Dieser Zusammen ist allerdings nur im Falle der Frauen höchst signifikant, während er für Männer nur auf dem 5%-Niveau signifikant ist. Ein Test hinsichtlich des Unterschieds zwischen beiden Koeffizienten verrät allerdings, dass dieser Geschlechterunterschied selbst nicht statistisch signifikant ist. Je mehr Einschränkungen die Befragten hatten, desto schlechter schätzten Sie ihren Gesundheitsstatus also ein. Dabei ist allerdings zu berücksichtigen, dass durch die IHS-Transformation höhere Werte der beiden Zählvariablen weit weniger stark ins Gewicht fallen. Da sowohl die Global- als auch die Zählvariablen einen signifikanten Einfluss auf SRH ausübten, liegt der Schluss nahe, dass entweder relevante funktionale Einschränkungen in den beiden Zählvariablen nicht berücksichtigt wurden oder dass sich das allgemeine Vorliegen von Einschränkungen stärker auf die Gesundheitseinschätzung auswirkte als durch die IHS-Transformation abgebildet wurde.

Bezüglich der Leistungstests der Greifkraft und der Geschwindigkeit zur Durchführung des Chair Stand zeigten sich ebenfalls die erwarteten Effekte: Während Befragte mit einer geringeren Greifkraft bzw. diejenigen, die länger für die fünf Durchläufe des Chair Stand brauchten als die jeweiligen GeschlechtsgenossInnen, sich als weniger gesund einschätzten als die mittleren 50%, war für die schnelleren bzw. kräftigeren Personen das Gegenteil der Fall. Ebenfalls gilt festzuhalten, dass die Befragten, für die jeweils kein Messwert vorlag, ebenfalls eine schlechtere allgemeine Gesundheit berichteten. Dies legt also nahe, dass der Ausschluss dieser Fälle von der Analyse zu einem systematischen Ausschluss (subjektiv) ungesünderer Menschen geführt hätte. Im Falle der Geschwindigkeit beim Absolvieren des Chair Stands zeigte sich ein insofern ein Unterschied zwischen den Geschlechtern, als die beiden geschwindigkeitsbezogenen Variablen für Männer auf einem niedrigeren Niveau signifikant sind als bei Frauen. Dieser Unterschied ist jedoch nur im Falle der schnelleren 25% statistisch signifikant. Nimmt man alle diese Variablen zusammen, erklärten sie (auf Basis der dominanzanalytischen Berechnungen) insgesamt beinahe ein Fünftel der Varianz von SRH bzw. 19,96% im Falle der Frauen und 18,44% im Falle der Männer.[28]

Betrachtet man die zweite Gesundheitsdimension der *Krankheiten*, zeigten sich die erwarteten Effekte hinsichtlich der Gesundheitsbewertung: Sowohl das allgemeine Vorliegen von (chronischen) Krankheiten und Gesundheitsproblemen als auch deren IHS-transformierte Anzahl führten zu einer negativeren Einschätzung seitens der Befragten unabhängig von ihrem jeweiligen Geschlecht. Führt man Signifikanztests hinsichtlich Unterschieden zwischen Männern und Frauen für diese beiden Variablen durch, lässt sich ermitteln, dass sowohl das allgemeine Vorliegen als auch die Anzahl an Krankheiten statistisch höchst signifikant zwischen Männern und Frauen unterschied, obwohl dieser Unterschied im Falle der Anzahl chronischer Krankheiten relativ gering ist. Befragte aus den hier untersuchten 15 Ländern bewerteten also sowohl beim allgemeinem Vorliegen chronischer

---

Zusammenhänge, nicht aber deren Wirkungsrichtung erlauben. Gleichzeitig lässt sich allerdings argumentieren, dass im konkreten Fall der Erklärung von SRH durch GI wenigstens umgekehrte Kausalität – also ein Einfluss von SRH auf die GI – auf Basis theoretischer Erwägungen eher unwahrscheinlich ist (siehe Kapitel 4.1.2).

[28] Durch das Weglassen der Variablen, die sich auf die Leistungstests beziehen, verringerte sich die erklärte Varianz durch diese Gesundheitsdimension um etwa einen Prozentpunkt bei beiden Geschlechtern. Die anderen Dimensionen werden dadurch beinahe nicht beeinflusst (siehe Tabelle C.1).

Krankheiten und Gesundheitsproblemen als auch bei einer (IHS-transformiert-)steigenden Anzahl an Krankheiten ihre Gesundheit negativer. Auf Basis der Dominanzstatistik lässt sich feststellen, dass diese beiden Variablen allein bei Frauen und Männern in diesem Modell etwa 14,39% bzw. 15,52% der Varianz von SRH erklärten.

Hinsichtlich der Gesundheitsdimension der *Schmerzen* ließ sich feststellen, dass nur im Falle von Frauen subjektiv als gering („Mild") eingestufte Schmerzen SRH signifikant negativ beeinflussten. Die Effekt den geringe Schmerzen auf die Gesundheitsbewertung der hatte, unterschied sich jedoch nicht signifikant von dem entsprechenden Effekt aufseiten der Männer und es kann nicht bewertet werden kann, was die jeweiligen Kriterien für die Bewertung geringer Schmerzen waren. Mäßige („Moderate") und starke („Severe") Schmerzen wirkten sich für Frauen wie auch für Männer signifikant negativ auf die Gesundheitsbewertung aus, wobei sich die Koeffizienten beider Gruppen nur in einem geringen Ausmaß gering voneinander unterscheiden (jedoch statistisch höchst signifikant im Falle starker Schmerzen). Ältere Männer und Frauen des SHARE, die mäßige oder starke Schmerzen zu beklagen hatten, bewerteten ihre Gesundheit also schlechter als diejenigen, bei denen dies nicht der Fall war. Insgesamt ließen sich aufseiten der Frauen 8,29% der Varianz von SRH und 6,38% dieser Varianz aufseiten der Männer durch diese drei Variablen erklären.

Die beiden Variablen der mentalen Gesundheit zeigten ebenfalls signifikant negative Einflüsse auf die Gesundheitsbewertung beider Geschlechter. Dabei lässt sich allerdings feststellen, dass die Einnahme von Medikamenten gegen Depression nur in der Stichprobe älterer europäischer und israelischer Frauen einen höchst signifikant negativen Einfluss auf SRH hatte, wohingegen dieser Einfluss bei Männern nur auf dem 5%-Niveau signifikant war. Die Koeffizienten der Frauen und Männer waren allerdings nicht statistisch signifikant voneinander verschieden. Die transformierte Anzahl depressiver Symptome auf Basis der Euro-D-Skala übte hingegen für beide Geschlechter einen höchst signifikant negativen Effekt auf SRH aus. Je mehr depressive Symptome die Befragten also hatten, desto negativer schätzten sie ihre Gesundheit ein. Insgesamt erklärten diese beiden GI 7,05% der Varianz der Gesundheitseinschätzungen von Frauen, während es für Männer 6,38% waren.

Hinsichtlich der fünften Gesundheitsdimension des *Gesundheitsverhaltens* zeigte sich insbesondere ein Unterschied bezüglich des Einflusses von Untergewicht auf SRH zwischen den Geschlechtern. Während untergewichtige ältere Frauen eine signifikant schlechtere Gesundheit berichteten als Normalgewichtige, war dies für Männer nicht der Fall (hier ist das Vorzeichen des Koeffizienten sogar positiv). Die relativ großen Standardfehler dieses Koeffizienten auf Seiten der Männer deuten dabei darauf hin, dass dies an einer sehr geringen Zahl untergewichtiger Männer in der Stichprobe liegen könnte (diese Gruppe machte insgesamt nur etwa 1% der gesamten Stichprobe aus, wie Tabelle A.2 zeigt). Alle anderen Variablen dieser Gesundheitsdimension zeigten die erwarteten Zusammenhänge: Übergewichtige, adipöse und aktuell rauchende Befragte äußerten signifikant negativere Gesundheitsbewertungen, wobei Adipositas jeweils einen signifikant stärkeren Einfluss auf SRH hatte als bloßes Übergewicht. Insgesamt betrachtet erklärten diese vier Variablen allerdings mit 1,53% bzw. 0,57% vergleichsweise wenig Varianz von SRH.

Ein entsprechender Vergleich der Erklärungskraft hinsichtlich SRH aller fünf Gesundheitsdimensionen zwischen beiden Geschlechtern ist in Abbildung 6.2 zu sehen. Die Abbildung macht deutlich, dass die Gesundheitsdimension der Funktionsfähigkeit bzw. deren Einschränkungen die meiste Varianz der fünf Dimensionen erklärte (dies gilt, wie Abbildung C.4 zeigt, ebenfalls, wenn Leistungstests nicht im Modell berücksichtigt wurden). Die Dimension chronischer Krankheiten und Gesundheitsprobleme erklärte etwas weniger Varianz, jedoch beinahe doppelt so viel wie die darauf folgenden Dimensionen der Schmerzen und der mentalen Gesundheit. Die geringste Varianzerklärung geschah durch die Dimension des Gesundheitsverhaltens, wobei berücksichtigt werden muss, dass einige Folgen des hier operationalisierten Gesundheitsverhaltens potenziell bereits in anderen Gesundheitsdimensionen berücksichtigt sind.

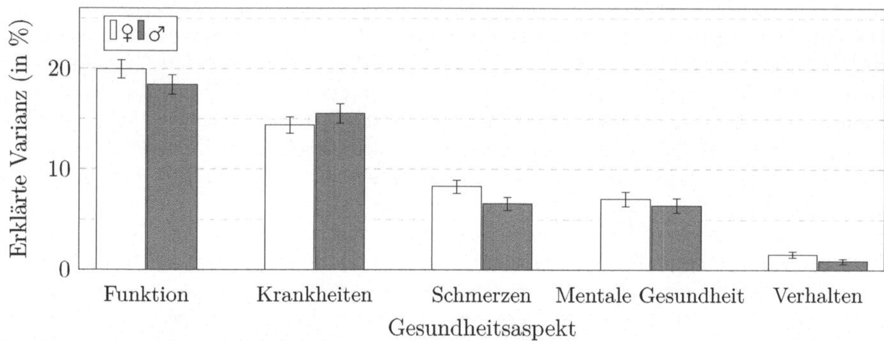

Datenbasis: SHARE, Release 6.1.1; gewichtete Daten, eigene Berechnungen

Abb. 6.2: Ausmaß erklärter Varianz durch Gesundheitsaspekte nach Geschlecht (95%-Konfidenzintervalle)

Aufgrund der sehr geringen Bootstrap-Standardfehler der Schätzungen der erklärten Varianz kamen sämtliche Tests hinsichtlich von Unterschieden einer Gesundheitsdimension zwischen den Geschlechtern oder zweier Gesundheitsdimensionen innerhalb eines Geschlechts zum Ergebnis, dass sich dieser Anteil höchst signifikant voneinander unterschied. Wie wenig aussagekräftig diese Signifikanztests auch vor dem Hintergrund auch sehr geringer inhaltlicher Unterschiede waren, verdeutlicht der entsprechende Test auf Unterschiede in der erklärten Varianz durch Schmerzen und die mentale Gesundheit bei Männern: Obwohl die erklärte Varianz durch die beiden Dimensionen mit 6,57% und 6,38% sehr ähnlich war, führte ein Signifikanztest zu einem T-Wert von -12,69.[29] Da das gleiche auch für die folgenden subgruppenspezifischen Analysen gilt (ohne Darstellung), werden die entsprechenden Ergebnisse dieser Signifikanztests sowohl in diesem Kapitel als auch in der Darstellung der Analysen der anderen Datensätze nicht besprochen. Stattdessen dienen im Folgenden die Konfidenzintervalle der erklärten Varianz durch die Gesundheitsdimensionen als graphisch-explorativer Indikator für deren (Un)Ähnlichkeit.

---

[29] $T = \dfrac{C_{Mentale\ Ges.} - C_{Schmerzen}}{\sqrt{(SE_{C_{Mentale\ Ges.}})^2 + (SE_{C_{Schmerzen}})^2}} \approx \dfrac{0,06567969 - 0,0638476}{\sqrt{0,00336134^2 + 0,00370889^2}} \approx -12.69$

Bei einem Vergleich der Punktschätzung der erklärten Varianz durch die fünf Gesundheitsdimensionen nach Geschlecht fand sich bei allen Dimensionen außer bei Krankheiten und Gesundheitsproblemen eine etwas höhere Erklärungskraft auf Seiten der Frauen. Die Konfidenzintervalle überlappten allerdings nur im Falle der Schmerzen und des Gesundheitsverhaltens nicht, weshalb nur hier von größeren Unterschieden gesprochen werden kann. Während Schmerzen und das Gesundheitsverhalten (also der BMI und ob die Befragten rauchten oder nicht) für Frauen eine merklich größere Rolle bei der Bewertung der Gesundheit spielten, war dies für die anderen Dimensionen in geringerem Ausmaß der Fall. Insgesamt betrachtet war die erklärte Varianz der Dimensionen also trotz geringerer Unterschiede hinsichtlich der genauen Höhe der erklärten Varianz bemerkenswert ähnlich für beide Geschlechter, da das allgemeine Ranking der fünf Gesundheitsdimensionen was die erklärte Varianz angeht in diesen Analysen dieselbe war.

Die Replikation dieser Analysen anhand von generalisierten Ordered Logit Modellen, die sich im Anhang in Abbildung C.1. Im Vergleich der beiden Abbildungen wird deutlich, dass beide Modellierungen inhaltlich zu den selben Ergebnissen kennen, auch wenn die R^2-Statistik auf Basis der Ordered Logit Modelle generell niedriger war.

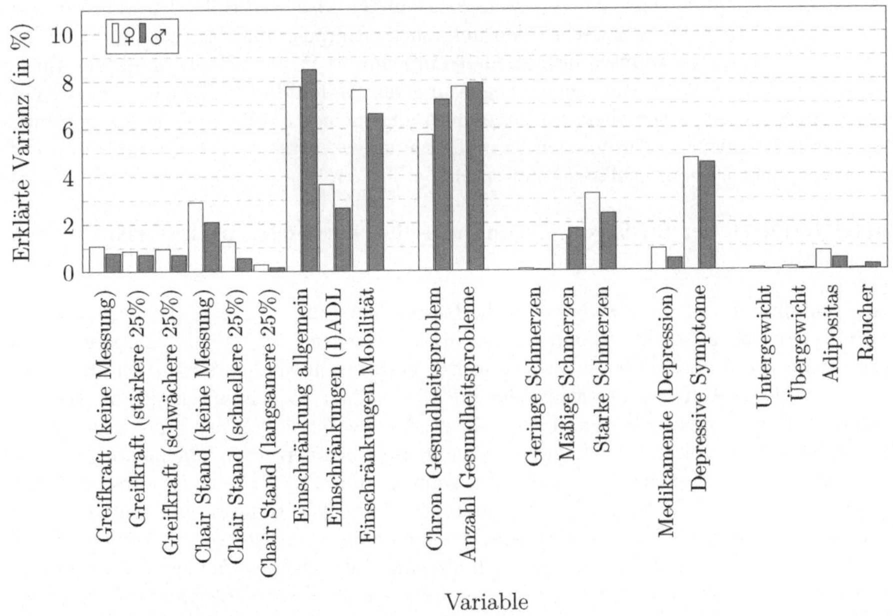

Datenbasis: SHARE, Release 6.1.1; gewichtete Daten, eigene Berechnungen

Abb. 6.3: Ausmaß erklärter Varianz durch Variablen nach Geschlecht

Abbildung 6.3 zeigt die erklärte Varianz nach Geschlecht aufgeschlüsselt nach einzelnen Variablen, wodurch ein Einblick in die Zusammensetzung der erklärten Varianzen nach

Gesundheitsdimension möglich ist.[30] Wie zu sehen ist, waren die „wichtigsten" verwendeten GI zur Erklärung der Varianz von SRH im Rahmen der Funktionsdimension das allgemeine Vorhandensein von Einschränkungen sowie die transformierte Anzahl von Einschränkungen der Mobilität. Ein nicht vorhandener Messwert für den Leistungstest Chair Stand – d.h. ein Ausschluss durch Selbstselektion oder die InterviewerInnen – und die Anzahl von Einschränkungen im Alltag waren zwar etwas weniger relevant, erklärten aber mit jeweils 2–4% immer noch einen merklichen Anteil der Varianz.

Beide Variablen der Krankheitsdimension waren ähnlich relevant, wobei das allgemeine Vorliegen von chronischen Gesundheitsproblemen etwas weniger stark mit SRH zusammenhing als die (transformierte) Anzahl der erhobenen Krankheiten. Hinsichtlich des Einflusses von Schmerzen zeigte sich, dass vor allem das Vorhandensein mäßiger und starker Schmerzen in einem starken Zusammenhang mit SRH stand. Im Falle der mentalen Gesundheit war insbesondere die Anzahl der depressiven Symptome verantwortlich für die Varianzerklärung, während die Einnahme entsprechender Medikamente weniger Varianz erklärte. Sämtliche Variablen der Verhaltensdimension erklärten nur einen vergleichsweise geringen Anteil der Varianz von SRH, wobei die Betroffenheit von Adipositas von diesen Variablen SRH am besten erklären konnte.

Wie die Abbildung zeigt, gab es – wenigstens in der absoluten Höhe der erklärten Varianz – einige Unterschiede zwischen den untersuchten Frauen und Männern im Alter von fünfzig oder mehr. So konnten insbesondere ein Fehlwert für den Chair Stand, die Anzahl an Einschränkungen des täglichen Lebens und der Mobilität bei Frauen mehr Varianz erklären, während es vor allem im Falle eines allgemeinen Vorliegens von Aktivitätseinschränkungen oder von chronischen Krankheiten umgekehrt war, diese Variablen also bei Männern mehr Varianz erklären konnten als bei Frauen.

6.2   Vergleich der Basis von Gesundheitseinschätzungen nach Geschlecht und Alter

In Abbildung 6.4 ist die jeweils durch die Gesundheitsdimensionen erklärte Varianz von SRH getrennt nach Geschlecht und Altersgruppen zu sehen (die ausführlichen Regressionsergebnisse, die im Folgenden nicht ausführlich besprochen werden, finden sich in Tabelle B.1). Bei diesen Analysen bestätigte sich im Allgemeinen (jedoch mit einigen nennenswerten Ausnahmen) das vorherige Muster, da wieder die Dimension der Funktionsfähigkeit die meiste Varianz erklärte, gefolgt von Krankheiten. Schmerzen und die mentale Gesundheit lagen auf etwa dem gleichen Niveau, während das Gesundheitsverhalten nur einen geringen Anteil der Varianz erklären konnte. Im Vergleich der drei untersuchten Altersgruppen zeigten sich allerdings einige mehr oder weniger konsistente Unterschiede.

Diese Unterschiede sind zwar, da es sich um eine Untersuchung im Querschnitt handelt, nicht gleichzusetzen mit tatsächlichen Veränderungen des Bewertungsprozesses, allerdings können sie potenziell durchaus erste Hinweise auf entsprechende Veränderungen des Bewertungsprozesses geben, d.h. Alterseffekte auf Gesundheitsbewertung. In jedem Fall lassen sich anhand etwaiger Unterschiede Schlussfolgerungen darüber ziehen, inwieweit die jeweilige gesundheitsbezogene Basis von SRH in untersuchten Gruppen unterscheidet, also

---

[30] Aufgrund des höheren Rechenaufwandes von insgesamt $2^{20} - 1 = 1.048.575$ Regressionen für die Datengrundlage von Abbildung 6.3 war keine zusätzliche Berechnung der Konfidenzintervalle möglich.

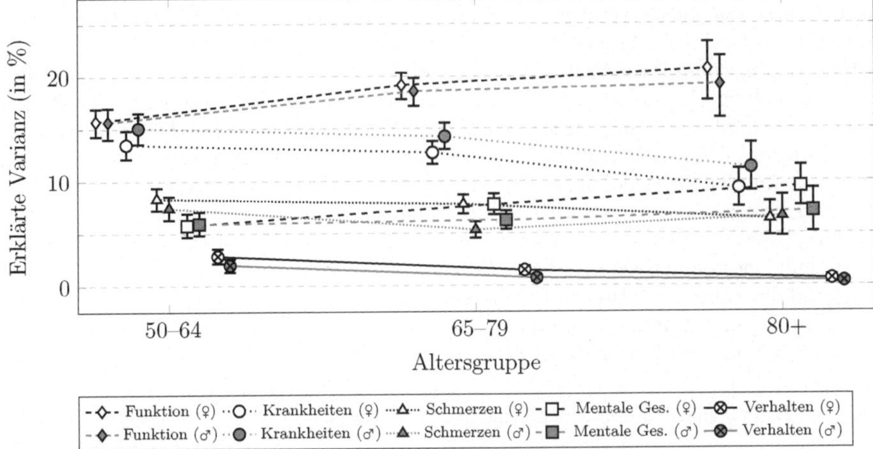

Datenbasis: SHARE, Release 6.1.1; gewichtete Daten, eigene Berechnungen

Abb. 6.4: Ausmaß erklärter Varianz durch Gesundheitsaspekte nach Geschlecht und Altersgruppe (95%-Konfidenzintervalle)

wie GI gewichtet werden. So ließ sich etwa im Alter von 50–64 Jahren eine Erklärungskraft durch die Funktionsfähigkeit der Befragten von 15,72% bei Frauen bzw. 15,67% bei Männern feststellen, während es 20,67% bzw. 19,22% bei den Befragten war, die 80 Jahre oder älter waren. Ebenfalls ließ sich bei älteren Menschen eine höhere Erklärungskraft hinsichtlich SRH durch die mentale Gesundheit verzeichnen, da diese in der jüngsten Altersgruppe 5,77% bzw. 5,91% betrug, während es in der ältesten Altersgruppe 9,46% bzw. 7,12% waren. Diesen Analysen zufolge hatte also die Funktionsfähigkeit, aber auch die mentale Gesundheit der Befragten im höheren Alter einen größeren Einfluss auf SRH als bei jüngeren Befragten in den 15 untersuchten Ländern.

Im Vergleich zu diesen Unterschieden war die erklärte Varianz durch Schmerzen vergleichsweise ähnlich in den drei Altersgruppen bzw. leicht geringer im Falle der ältesten Frauen (50–64: 7,41%; 80+: 6,34%), während die Dimensionen der Krankheiten und des Gesundheitsverhaltens im höheren Alter weniger Varianz von SRH erklären konnten als bei den jüngeren Befragten. So ließ sich durch Krankheiten in der ältesten Gruppe mit 9,28% und 11,26% weniger Varianz erklären als in der Gruppe der 50–64-Jährigen mit 13,51% und 15,08%, sodass Krankheiten im Falle der ältesten Frauen sogar minimal weniger Varianz erklärten als die mentale Gesundheit mit 9,46%. Im Falle des Gesundheitsverhaltens belief sich die erklärte Varianz bei den jüngsten Befragten auf 2,82% bzw. 1,97%, während diese Variablen mit 0,61% und 0,37% Varianzaufklärung in der Gruppe der ältesten Befragten fast bedeutungslos für die Erklärung von SRH waren. Einschränkend muss allerdings für alle diese Vergleiche erwähnt werden, dass insbesondere in der Gruppe der 80-Jährigen und älteren Befragten vergleichsweise breite Konfidenzintervalle einen Vergleich zwischen den Altersgruppen verkomplizieren. Da allerdings sämtliche hier dargestellten Altersunterschiede konsistent im Vergleich über alle drei verglichenen Altersgruppen sind, deutet einiges auf tatsächliche Alters- oder Kohortenunterschiede hin.

Eine Replikation dieser Analysen anhand von generalisierten Ordered Logit Modellen ist in Abbildung C.2 dargestellt und zeigt, dass Analysen mittels dieser Art der statistischen Modellierung zu den gleichen inhaltlichen Ergebnissen kommen. Dies war trotz der Notwendigkeit des Zusammenlegens zweier Kategorien der Schmerzenvariablen der Fall, welche in Anhang C.1.1 dokumentiert ist. Weitere Analysen dieses Kapitels, also die getrennten Analysen nach Geschlecht und Befragungsland, konnten anhand dieser Modelle nicht repliziert werden, da die generalisierten Ordered Logit Modelle in einigen Fällen nicht konvergierten und verschiedene Lösungsansätze dieses Problem nicht lösen konnten. Aufgrund der nahezu identischen Ergebnisse in den anderen Analysen dieses Kapitels deutet allerdings nichts darauf hin, dass die Verwendung von SRH als metrische Variable in diesem Zusammenhang zu anderen Ergebnissen führt.

Tabelle 6.2: $R^2_{Adj.}$ und Fallzahl der Modelle nach Geschlecht und Alter

	Frauen			Männer		
	50–64	65–79	80+	50–64	65–79	80+
$R^2_{Adj.}$	0,46	0,49	0,46	0,46	0,45	0,44
n	15.929	13.752	4.070	12.565	11.939	3.047

Datenbasis: SHARE, Release 6.1.1; gewichtete Daten, eigene Berechnungen

Ein Vergleich der gesamten Erklärungskraft und Fallzahlen der in Abbildung 6.4 dargestellten Regressionsmodelle nach Alter und Geschlecht findet sich in Tabelle 6.2. Wie dort zu sehen ist, gibt es abgesehen von einer mit steigendem Alter minimal kleineren Erklärungskraft im Falle der Männer keine konsistenten Hinweise darauf, dass das die im verwendeten Modell enthaltenen GI SRH in den drei Altersgruppen unterschiedlich gut erklären konnten.

6.3 Vergleich der Basis von Gesundheitseinschätzungen nach Befragungsland

Als letzter Analyseschritt dieses Kapitels ist in Abbildung 6.5 das Ausmaß der erklärten Varianz durch die fünf Gesundheitsdimensionen nach Geschlecht und Befragungsland (sortiert nach dem Anteil erklärter Varianz durch die Funktionsfähigkeit bei Frauen) dargestellt.[31][32] Wie zu sehen ist, galt im Großen und Ganzen auch in den einzelnen Ländern das gleiche Ranking der Gesundheitsdimensionen wie in den anderen Analysen: Mit der Ausnahme der Frauen in Israel erklärte die Funktionsfähigkeit (wenigstens in der Punktschätzung) die meiste Varianz, woraufhin Krankheiten die zweitmeiste Varianz erklärten (bzw. die meiste im Falle israelischer Frauen). Darauf folgten Schmerzen und die mentale Ge-

---

[31] Die Verbindungslinien sollen dabei keine Verläufe suggerieren, sondern dienen lediglich der Veranschaulichung der Einheitlichkeit bzw. Unterschiedlichkeit der verschiedenen Dimensionen zwischen den Ländern.

[32] Auch in diesem Fall sind die detaillierten Ergebnisse der zugrundeliegenden Regressionen, die hier nicht in ihren Einzelheiten beschrieben werden, in den Tabellen B.3 und B.4 im Anhang dokumentiert.

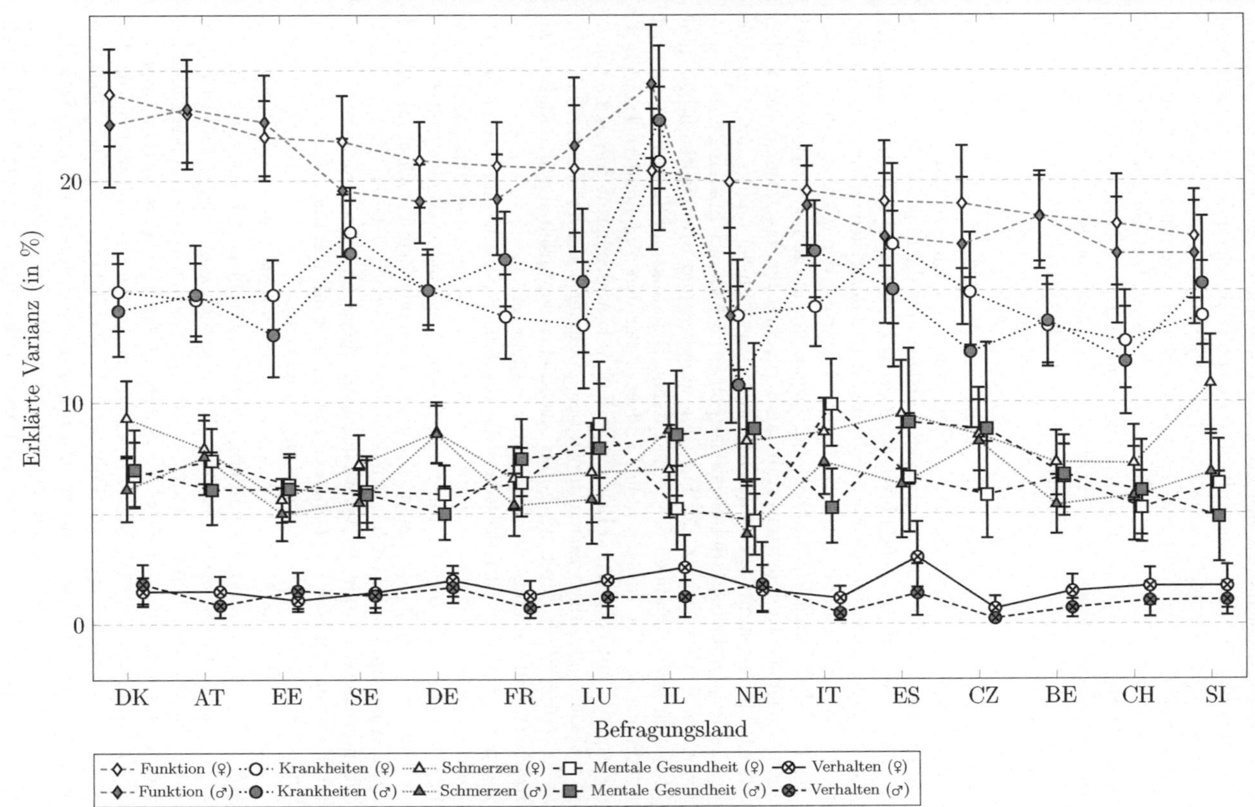

Datenbasis: SHARE, Release 6.1.1; gewichtete Daten, eigene Berechnungen

Abb. 6.5: Ausmaß erklärter Varianz durch Gesundheitsaspekte nach Geschlecht und Befragungsland (95%-Konfidenzintervalle)

sundheit, deren genaue Reihenfolge hinsichtlich der erklärten Varianz sich zwar zwischen den Ländern unterschied, es ließen sich allerdings keine (z.B. regionalen) systematischen Muster als diesbezügliche Ursache ausmachen. Zudem überlappten die Konfidenzintervalle beider Dimensionen in allen Gruppen außer deutschen und slowenischen Frauen sowie deutschen Männern, wo Schmerzen jeweils relevanter waren. Das Gesundheitsverhalten schlussendlich erklärte wie in den vorhergehenden Analysen auch in sämtlichen Ländern im Vergleich mit anderen Dimensionen am wenigsten Varianz von SRH.

Als besondere Ausreißer von diesem allgemeinen Muster ließen sich in der Abbildung die israelische Stichprobe allgemein sowie die niederländischen Männer identifizieren. Während in der israelischen Stichprobe die erklärte Varianz durch chronische Krankheiten und Gesundheitsprobleme (und bei Männern in geringerem Ausmaß auch durch die funktionale Gesundheit) bei beiden Geschlechtern außergewöhnlich hoch war, war diese im Falle niederländischer Männer sowohl für Krankheiten als auch für die funktionale Gesundheit vergleichsweise niedrig. Entsprechend überlappten die Konfidenzintervalle der Krankheitsdimension beider israelischer Stichproben nicht mit denen der gleichen Dimensionen der meisten anderen Länder. Für die niederländische Stichprobe der Männer galt dasselbe allerdings nicht, weshalb diese Unterschiede augenscheinlich als geringer zu erachten sind.

Nimmt man wieder die Konfidenzintervalle als Kriterium für das Ausmaß von Unterschieden in der Erklärungskraft, lassen sich bei einem Vergleich der Länder untereinander einige Unterschiede identifizieren. Beispielsweise gab es im Falle der Frauen keinen Unterschied zwischen der Erklärungskraft der Funktionsfähigkeit und Krankheiten in den fünf Ländern Schweden, Israel, Spanien, der tschechischen Republik und Slowenien, während dasselbe für Männer in allen untersuchten Ländern außer den fünf Ländern Dänemark, Österreich, Estland, Deutschland und Belgien der Fall war. Andersherum waren die Unterschiede in der Erklärungskraft zwischen diesen beiden Dimensionen in den drei Ländern, in deren die Erklärungskraft durch die Funktionsfähigkeit am größten war, nämlich Dänemark, Österreich und Estland, besonders stark ausgeprägt.

Die vergleichsweise seltene Situation, dass die Konfidenzintervalle der Gesundheitsdimension Krankheiten mit denen der mentalen Gesundheit oder Schmerzen überlappten, fand sich für Frauen in Luxemburg (mit mentaler Gesundheit) und Slowenien (mit Schmerzen) und für Männer in den Niederlanden, Spanien (beide mit mentaler Gesundheit) und der tschechischen Republik (mit beiden Dimensionen). Der noch seltenere Fall, dass sich die Konfidenzintervalle des Gesundheitsverhaltens mit denen anderer Variablen überlappten, kam bei Frauen nur in Israel und Spanien (beide Male mit mentaler Gesundheit) vor und bei Männern nur in den Niederlanden (mit Schmerzen).

Vergleicht man auf ähnliche Art und Weise die beiden Geschlechter innerhalb der Länder, bestätigt sich weitestgehend das vorherige Muster nur geringer hinsichtlich der Gewichtung der Gesundheitsdimensionen in SRH. Dies zeigt sich zum Beispiel dadurch, dass sich selbst bei etwas größeren nominellen Unterschieden zwischen Männern und Frauen auf derselben Gesundheitsdimension die Konfidenzintervalle der geschätzten Erklärungskraft der Dimensionen fast immer überlappten. Die einzige Ausnahme hiervon bildeten die ItalienerInnen, da in diesem Befragungsland die mentale Gesundheit eine größere Relevanz für SRH bei Frauen hatte als bei Männern. Bei diesen Ländervergleichen zeigte sich also, dass die Gewichtung zwischen den Ländern trotz einiger merklicher Unterschiede und Ausreißer relativ ähnlich war. Allgemein kann auf Basis der Betrachtung der Erklärungskraft der fünf Gesundheitsdimensionen festgehalten werden, dass es mehr Gemeinsamkeiten als Unterschiede in der Gewichtung der hier untersuchten Dimensionen zwischen den Ländern gab.

Tabelle 6.3: $R^2_{Adj.}$, Fallzahl und Gewicht in den Regressionen der Modelle nach Geschlecht und Befragungsland

		DK	AT	EE	SE	DE	FR	LU	IL	NE	IT	ES	CZ	BE	CH	SI
♀	$R^2_{Adj.}$	0,55	0,54	0,50	0,51	0,56	0,55	0,54	0,48	0,52	0,47	0,49	0,53	0,50	0,44	0,48
	n	1.154	2.284	3.233	805	2.053	3.047	2.283	2.426	2.822	2.851	3.064	2.414	1.537	1.591	2.187
	Gewicht	0,02	0,02	0,00	0,03	0,27	0,19	0,00	0,01	0,05	0,19	0,12	0,03	0,03	0,02	0,01
♂	$R^2_{Adj.}$	0,65	0,52	0,48	0,50	0,51	0,49	0,48	0,49	0,49	0,44	0,46	0,48	0,44	0,40	0,39
	n	958	1.671	2.051	731	1.824	2.738	2.059	1.870	2.629	2.414	2.188	2.036	1.213	1.348	1.821
	Gewicht	0,02	0,02	0,00	0,03	0,27	0,19	0,00	0,01	0,05	0,19	0,12	0,03	0,03	0,02	0,01

Datenbasis: SHARE, Release 6.1.1; gewichtete Daten, eigene Berechnungen

In Tabelle 6.3 ist das $R^2_{Adj.}$ der einzelnen Ländermodelle, die jeweiligen Fallzahlen und das Gewicht, mit denen diese Gruppen in die geschlechts- bzw. altersspezifischen Regressionen eingingen nach Geschlecht dargestellt (wieder sortiert nach dem Ausmaß erklärter Varianz durch die Funktionsfähigkeit in den weiblichen Stichproben). Während sich die gesamte erklärte Varianz in den meisten Modellen auf dem Niveau von etwa 50% erklärter Varianz der vorherigen Modelle bewegte, wichen einige Gruppen stärker davon ab. Insbesondere hervorzuheben sind dabei die Gruppen der Männer in Dänemark, der Schweiz und Slowenien, in denen die allgemeine Erklärungskraft hinsichtlich SRH durch die GI besonders hoch bzw. gering war. Konkrete systematische und vor allem inhaltliche Gründe für diese Abweichungen ließen sich allerdings – mit Ausnahme des Ausmaßes der erklärten Varianz durch die Dimension der Funktionsfähigkeit – nicht ausmachen (Abbildung 6.5). Auch eine genauere Inspektion der Regressionskoeffizienten in Tabelle B.4 im Anhang dieser Arbeit kann hierbei auch nur erste Anhaltspunkte geben. In dieser Tabelle ließ sich z.B. im Falle von Dänemark ein relativ hoher Zusammenhang zwischen SRH und einem Fehlwert des Chair Stand und der Anzahl chronischer Krankheiten ausmachen, während in der Schweiz die Anzahl funktionaler Einschränkungen (sowohl der Mobilität als auch alltäglicher Aktivitäten) SRH nicht beeinflusste und in Slowenien die Anzahl chronischer Krankheiten nur einen geringen und starke Schmerzen keinen Einfluss auf SRH hatten. Ohne weitere Replikationen dieser Ergebnisse und tiefer gehende zukünftige Untersuchungen lassen sich allerdings auf Basis dieser Unterschiede keine Schlüsse aus diesen Unterschieden ziehen. Als Folge der Gewichtung der Analysen zeigt sich eine große Dominanz der deutschen, französischen und italienischen Befragten (unabhängig von ihrem Geschlecht) in den nicht nach Befragungsland getrennten Analysen. Dieselben Analysen ohne jedwede Gewichtung führte jedoch im Großen und Ganzen – trotz kleinerer Abweichungen – inhaltlich zu denselben Ergebnissen, wie deren Darstellung in Anhang C.1.3 zeigt.

6.4   Zusammenfassung und Zwischenfazit

In diesem Teil der empirischen Untersuchung wurde anhand einer Stichprobe älterer Menschen in 14 europäischen Ländern und Israel insbesondere drei der aufgestellten Forschungsfragen nachgegangen: auf welchen gesundheitlichen Informationen SRH allgemein und in welcher Gewichtung basiert (Forschungsfrage 1), ob und wie sich die Art, die eigene Gesundheit zu bewerten, zwischen verschiedenen Altersgruppen unterscheidet (Forschungsfrage 3) und ob und inwieweit sich die Bewertung in der Gewichtung verschiedener Gesundheitsaspekte zwischen den Geschlechtern und untersuchten Ländern unterscheidet (Forschungsfrage 5).

Bezüglich Forschungsfrage 1 zeigten die Analysen, dass insbesondere die Funktionsfähigkeit, also z.B. Einschränkungen im täglichen Leben oder bei der Mobilität, eine wichtige Determinante von SRH für die Befragten im SHARE war, wobei auch chronische Krankheiten und Gesundheitsprobleme stark in diese allgemeine Bewertung eingingen. Darüber hinaus spielte auch die Betroffenheit bzw. die Intensität chronischer Schmerzen sowie die mentale Gesundheit bzw. depressive Tendenzen, eine wichtige Rolle für die Gesundheitsbewertung. Das Gesundheitsverhalten (im Sinne des BMI und des Rauchens) ging dabei weniger stark in die Bewertung ein (wobei möglicherweise Folgen dieses Verhaltens bereits durch andere Gesundheitsdimensionen abgebildet wurden).

Bei einer detaillierteren Dekomposition der Erklärungskraft nach verwendeten Variablen konnte dann schlussendlich festgestellt werden, dass SRH insbesondere durch das allgemeine Vorliegen von Aktivitäts- oder Mobilitätseinschränkungen und chronischer Krankheiten oder Gesundheitsprobleme bzw. deren jeweilige Anzahl, mäßige und starke Schmerzen sowie die Anzahl depressiver Symptome bestimmt wurde.

In einem zweiten Analyseschritt, welcher sich mit Forschungsfrage 3, d.h. mit Unterschieden oder Veränderungen dieser Gewichtung mit dem Alter beschäftigte, konnten einige systematische Unterschiede nach Altersgruppe identifiziert werden. Es zeigte sich allgemein, dass die Relevanz der Gesundheitsdimension der Funktionsfähigkeit (und in geringerem Ausmaß der mentalen Gesundheit) in den älteren Geburtskohorten relevanter war, während das Gegenteil für die Gesundheitsdimension der Krankheiten und des Gesundheitsverhaltens der Fall war. Trotz dieser Unterschiede war die erklärte Varianz insgesamt allerdings in allen Vergleichsgruppen sehr ähnlich. Entsprechend kann in dieser Untersuchung nicht davon gesprochen werden, dass die subjektive Gesundheit verschiedener Altersgruppen anhand der verwendeten GI unterschiedlich gut erklärbar ist.

Im Rahmen der Forschungsfrage 5, also der Identifikation von Unterschieden in der Komposition von SRH zwischen den Geschlechtern oder untersuchten Länderkontexten, fand sich ein ambivalentes Bild. In den allgemeinen Analysen nach Geschlecht allein oder nach Geschlecht und Alter fanden sich nur einzelne Unterschiede zwischen der Erklärungskraft verschiedener Gesundheitsdimensionen, wobei insgesamt im Falle der Frauen SRH etwas besser erklärt werden konnte.

Bei den Analysen nach Geschlecht und Befragungsland fanden sich hingegen einige merkliche Unterschiede, wie eine größere Erklärungskraft durch Krankheiten für beide Geschlechter in Israel oder eine besonders niedrige Erklärungskraft durch die funktionale Gesundheit, Krankheiten und Schmerzen bei niederländischen Männern. Die ermittelten Besonderheiten waren allerdings meistens in einer vernachlässigbaren Größenordnung, wenn man die Konfidenzintervalle als Vergleichskriterium nutzt. Insgesamt betrachtet überwog so auch im Ländervergleich trotz einiger Ausnahmen die Ähnlichkeit zwischen den Ländern, da das allgemeine Muster der Erklärungskraft in den hier untersuchten Ländern ähnlich war.

Bei einer übergreifenden Betrachtung der Ergebnisse der Analysen in diesem Kapitel wurde deutlich, dass in fast allen untersuchten Gruppen etwa die Hälfte der Varianz von SRH durch die verwendeten GI erklärt werden konnte. Dieser Befund kann im Rahmen angewandter Forschung mit SRH so gedeutet werden, dass ein großer Teil dieses Messinstrumentes – wenigstens in der Untersuchung älterer Menschen – tatsächlich auf GI zurückgeht. Zusätzlich ist der relativ hohe Anteil erklärter Varianz in gewisser Weise ein positives Signal bezüglich der (quasi-)metrischen Verwendung von SRH im Rahmen von Regressionsanalysen, da SRH durch die linearen Regressionsmodelle gut erklärt bzw. vorhergesagt werden konnte. Somit spricht nicht nur für die in dieser Arbeit folgenden Analysen viel für die (metrische) Verwendung von SRH als generisches Maß der latenten Gesundheit.

Gleichzeitig müssen allerdings auch einige Einschränkungen dieser Beschreibung festgehalten werden. Eine dieser Einschränkungen betrifft die Datenbasis im Allgemeinen. Da die in diesem Kapitel vorgestellten Analysen sich auf die Bevölkerung im Alter von 50 oder mehr Jahren und auf 14 europäische Länder und Israel beschränkte, ist unklar, ob diese Ergebnisse in anderen Altersgruppen und Länderkontexten repliziert werden können. Inwieweit das möglich ist, ist allerdings Teil der Analysen in den Kapiteln 8 und 9, wo (unter anderem) die Modelle dieses Kapitels anhand von kanadischen Daten und in Bezug auch auf die jüngere Bevölkerung (im Rahmen der Möglichkeiten der jeweiligen Datensätze) repliziert werden.

Eine weitere Einschränkung dieses allgemeinen Befundes betrifft die Vergleiche zwischen verschiedenen Befragtengruppen. Obwohl die Unterschiede zwischen den Geschlechtern eher gering waren, konnte in Kapitel 6.2 gezeigt werden, dass teils deutliche Unterschiede in der Gewichtung der Gesundheitsdimensionen zwischen verschiedenen Altersgruppen und Länderkontexten festgestellt werden konnten. Während diese Unterschiede in den Ländern eher unsystematisch waren und das allgemeine Muster in fast allen untersuchten Ländern vergleichbar war, zeichneten sich hinsichtlich der Altersgruppen einige systematischen Unterschiede in der Gewichtung der Gesundheitsdimensionen ab. Dies bedeutet, dass Menschen unterschiedlichen Alters allem Anschein nach unterschiedliche Informationen für die Bewertung ihrer Gesundheit nutzen, da Angehörige verschiedener Altersgruppen die GI in unterschiedlicher Art und Weise für die Bewertung nutzen.

Weiterhin muss festgehalten werden, dass die Hälfte der Varianz von SRH nicht durch das hier verwendete Modell auf Basis von GI erklärt werden konnte. Daraus folgt, dass viel Spielraum für Beeinflussungen von SRH durch NGE besteht, die potenziell zu Verzerrungen der Messung führen können. Anders ausgedrückt besteht die Gefahr, dass die nicht durch GI erklärte Varianz von SRH in den in diesem Kapitel vorgestellten Modellen auf Aspekte zurückgeht, die im engeren Sinne nichts mit der Gesundheit der Befragten zu tun haben. In dem Ausmaß, in dem dies systematisch passiert, wäre die Messung von Gesundheit durch NGE in die eine oder andere Richtung verzerrt. Dieser Aspekt soll im folgenden Kapitel 7 anhand derselben Daten wie in diesem Kapitel beleuchtet werden, indem die jeweiligen individuellen Residuen der hier vorgestellten Modelle durch eine Reihe von NGI erklärt werden.

7 Einflüsse von Nichtgesundheitseigenschaften und deren Moderation durch das Geschlecht, Alter und den Länderkontext

Abbildung 7.1 stellt das analytische Modell dieses Kapitels graphisch dar. Dabei geht es wie auch im vorherigen Kapitel im Allgemeinen darum, wie die Gesundheitsbewertung zustande kommt. Im Unterschied zum vorherigen Kapitel stehen dabei allerdings nicht GE, sondern NGE und deren Einfluss auf SRH im Fokus der Untersuchung. Diese sind in der Abbildung in drei mögliche Quellen aufgeteilt, nämlich Einflüssen auf SRH durch die InterviewerInnen, Charakteristika der Befragten sowie den Länderkontext. In allen drei Fällen besteht also die Modellannahme, dass diese Aspekte die Bewertung der Ge-

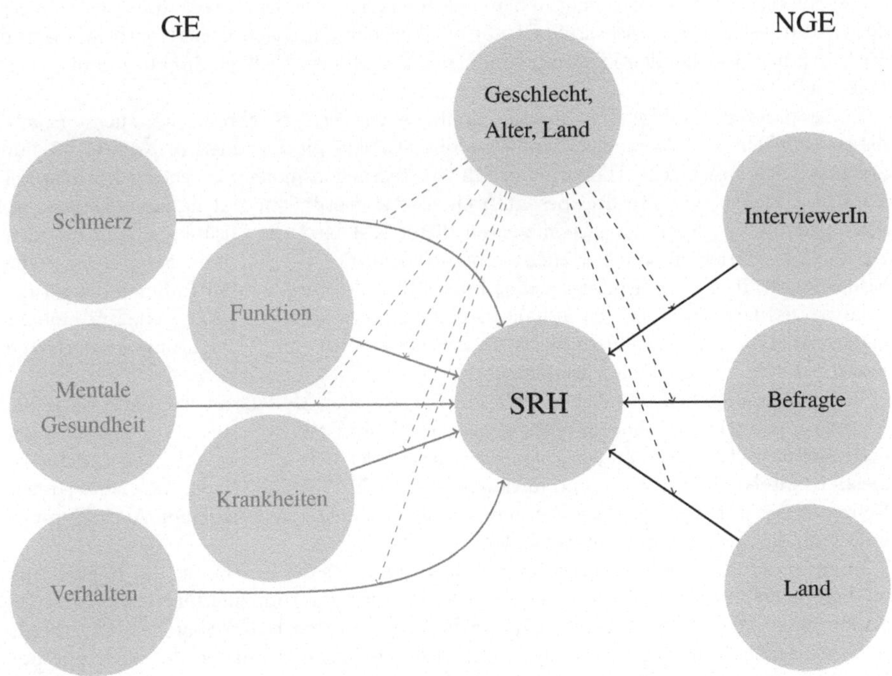

Abb. 7.1: Analytisches Modell zur Erklärung der Residuen aus Kapitel 6 durch NGE

sundheit direkt beeinflussen, obwohl sie nicht im eigentlichen Sinne gesundheitsbezogen sind (d.h. sie sind kein Teil der latenten Gesundheit). Entsprechend dienen die Analysen dieses Kapitels vor allem dem Ziel einen Beitrags zur Beantwortung von Forschungsfrage 2 zu leisten. Weiterhin liegt auch den Analysen dieses Kapitels die Annahme zugrunde, dass bei der Entstehung von SRH nicht nur der Einfluss der fünf Gesundheitsdimensionen, sondern auch die Einflüsse der NGE durch das Geschlecht, Alter und den Länderkontext der Befragten moderiert werden können, ihr Ausmaß also von der jeweiligen Gruppenzugehörigkeit abhängig ist. Dieser Teil des Modells entspricht also einer Bearbeitung der Forschungsfragen 3 und 5 hinsichtlich nicht gesundheitsbezogener Einflüsse auf die Gesundheitsbewertung.

Dieses analytische Modell wird in diesem Kapitel so umgesetzt, dass – entsprechend der Ausführungen in Kapitel 4.1.2 – die Berechnungen der Modelle aus Kapitel 6 genutzt werden, indem die dortigen Analysen bzw. die daraus resultierenden Residuen als abhängige Variablen der Regressionsmodelle in diesem Kapitel verwendet werden. Anders ausgedrückt, soll durch die Verwendung der Residuen der Einfluss der fünf Gesundheitsdimensionen bzw. GE (gestrichelte graue Pfeile auf der linken Seite der Abbildung) möglichst umfassend kontrolliert werden, sodass Einflüsse der NGE auf die GE weitgehend ausgeschlossen werden. Dies dient in den folgenden Analysen dem Zweck, dass der Einfluss der NGE (durchgezogene schwarze Pfeile) möglichst umfangreich isoliert wird und somit die durch die Modelle identifizierten Einflüsse auf SRH ausschließlich direkte Einflüsse der NGE sind.

Zur konkreten Analyse der direkten Einflüsse von NGE beschreibe ich zuerst Ergebnisse bezüglich des allgemeinen Einflusses der NGE auf die Residuen in Kapitel 7.1 nur getrennt nach Geschlecht. Hierzu nutze ich ein Regressionsmodell, welches die in Kapitel 5.1.3 beschrieben und den drei besagten Quellen zugeordneten NGI umfasst. Dabei werden nicht nur die Regressionskoeffizienten dieser NGI bzw. ihr Zusammenhang mit den Residuen beschrieben, sondern auch – entsprechend des Vorgehens in Kapitel 6.1 – die Erklärungskraft der drei Einflussquellen hinsichtlich der Residuen im Rahmen der für die Analyse verfügbaren Variablen anhand der Dominanzstatistiken verglichen. Für eine genauere Analyse dieser Einflüsse findet im Anschluss auch eine Betrachtung der erklärten Varianz durch die einzelnen Variablen statt.

In einem zweiten Schritt werden in Kapitel 7.2 dieselben Modelle auch anhand derselben Altersgruppen wie in Kapitel 6 repliziert, wodurch ein Einblick in die Altersabhängigkeit der systematischen Beeinflussung von SRH durch die NGE gelingen soll. Die Ergebnisse dieses Kapitels zeigen also, ob und inwieweit sich die Einflüsse durch die InterviewerInnen, Befragteneigenschaften und der Befragungsländer zwischen verschiedenen Altersgruppen innerhalb der Geschlechter unterscheiden.

In einem letzten Analyseschritt, werden in Kapitel 7.3 die Ergebnisse der Regressionsmodelle nochmals getrennt nach dem Geschlecht und den fünf hierfür verfügbaren Befragungsländern – Belgien, Deutschland, Schweden, Österreich und Spanien – dargestellt, sodass betrachtet werden kann, inwieweit sich die Zusammenhänge der NGE mit den Residuen zwischen den Ländern unterscheiden. In diesem letzten Schritt können selbstverständlich nur die Einflüsse der InterviewerInnen und Befragteneigenschaften zwischen den Geschlechtern und Ländern verglichen werden, da die Ergebnisse ja separat für die

Befragungsländer dargestellt sind und diese somit nicht als unabhängige Variablen in die Regression eingehen können.

Dabei werden im Folgenden immer die Residuen der GI-Regressionsmodelle derselben Subgruppe (also z.B. belgische Männer, Frauen im Alter von 65–79 usw.) genutzt, um eine möglichst gute Vergleichbarkeit und Unabhängigkeit von den Daten anderer Befragtengruppen zu erreichen. Die nicht nach Ländern getrennten Analysen sind dabei aus dem selben Grund immer bereits auf die verfügbaren Länder eingeschränkt (einige deskriptive Statistiken zu den Residuen der jeweiligen Subgruppen sind im Anhang in Tabelle A.4 dargestellt). Da sich die erklärte Varianz durch das GI-Modell aus diesem Grund von der in Kapitel 6 dargestellten unterscheiden kann, ist sie jeweils zur Übersicht in den Unterkapiteln an entsprechender Stelle aufgeführt.

7.1 Der (systematische) Einfluss nicht gesundheitsbezogener Aspekte nach Geschlecht

In Tabelle 7.1 sind die Ergebnisse der linearen Regressionen getrennt zur Erklärung der Residuen aus Kapitel 6 durch NGI getrennt nach Geschlecht und gruppiert nach Quelle der Einflüsse dargestellt. Die Gesamtbewertung des Modells anhand von $R^2_{Adj.}$ zeigt, dass die hier verwendeten NGI mit insgesamt etwa 7% einen merklichen Teil der Varianz der Residuen erklären konnten. Das bedeutet also, dass die im SHARE zur Verfügung stehenden NGI – trotz der vorherigen weitgehenden Kontrolle von GI und damit auch entsprechende indirekte Einflüsse der NGI – einen substanziellen Teil der Varianz von SRH erklären konnten. Insgesamt betrachtet gibt es also merkliche systematische Einflüsse durch NGE auf SRH, die im Folgenden näher beleuchtet werden sollen.

In der individuellen Betrachtung der Einflüsse der NGI der *InterviewerInnen* fällt zuerst auf, dass deren Erfahrung keine signifikante (systematische) Rolle für die Bewertung der Gesundheit durch die Befragten spielte. Die Befragten bewerteten also einen gegebenen Gesundheitszustand (im Rahmen der verwendeten GI) unabhängig davon, ob sie von erfahrenen oder unerfahrenen InterviewerInnen befragt wurden. Anders war dies bei dem (kategorisierten) Alter der InterviewerInnen – wenigstens im Fall der Frauen. Bei ihnen zeigt sich nämlich ein auf dem 5%-Niveau signifikanter negativer Zusammenhang zwischen Residuen und dem Alter der InterviewerInnen. Das negative Vorzeichen ist dabei so zu interpretieren, dass die Befragten – bei einem gegebenen Gesundheitszustand auf Basis der verwendeten GI – ihre Gesundheit umso schlechter bewerteten, je älter das Gegenüber in der Interviewsituation war. Konkret berichteten die weiblichen Befragten eine um 0,06 Punkte schlechtere Gesundheit auf der fünfstufigen Skala mit jeder zusätzlichen Altersdekade aufseiten der InterviewerInnen (im Falle 60-jähriger InterviewerInnen wären dies also z.B. 0,36 Punkte). Obwohl der Koeffizient für Männer nicht signifikant war, unterschied er sich nicht signifikant von dem der Frauen. Bezüglich der selbst eingeschätzten Gesundheit der InterviewerInnen konnte für beide Geschlechter ein signifikanter positiver Zusammenhang mit den Residuen festgestellt werden, je gesünder sich die InterviewerInnen also einschätzten, desto gesünder schätzten sich auch die Befragten beiderlei Geschlechts ein.

Beide Variablen, die eine Interaktion zwischen den Befragten und den InterviewerInnen abbildeten, also der Altersunterschied zwischen beiden Personen und die jeweilige Geschlechterkombination, standen in keinen signifikanten Zusammenhang mit den Resi-

Tabelle 7.1: Ergebnisse der Regression zur Erklärung der Residuen (unstandardisierte Koeffizienten und Standardfehler)

	Frauen		Männer	
	Koef.	SF	Koef.	SF
InterviewerIn (erklärte Varianz)	1,12%		0,93%	
Keine Erfahrung (RK: mind. ein Jahr)	−0,04	0,04	−0,03	0,04
Alter (InterviewerIn) (kat. 10 Jahre)	−0,06*	0,03	−0,05	0,03
SRH (InterviewerIn)	0,05**	0,02	0,04*	0,02
Altersunterschied (in Jahren)	−0,00	0,00	−0,00	0,00
Interviewerin (RK: Interviewer)	0,04	0,03	−0,01	0,03
Bildung (RK: Universität)				
Niedrig	0,12**	0,04	0,03	0,05
Mittel	0,05	0,03	−0,02	0,03
Hoch	0,08*	0,04	0,00	0,04
Befragte (erklärte Varianz)	4,65%		4,50%	
Andere Person anwesend (RK: alleine)	0,00	0,03	0,03	0,03
Proxyinterview (RK: kein Proxyinterview)	−0,00	0,07	0,03	0,10
Lebenszufriedenheit	0,05***	0,01	0,06***	0,01
Generalisiertes Vertrauen	0,01	0,01	−0,01	0,01
ISCED 4-6 (RC: ISCED 0-3)	0,04	0,03	0,13***	0,03
Alter (RK: 50-64 Jahre)				
65–79 Jahre	−0,03	0,04	0,00	0,04
80+ Jahre	0,15	0,08	0,05	0,08
Anzahl Aktivitäten (letztes Jahr)[a]	0,14***	0,03	0,07**	0,02
Befragungsland (RK: DE) (erklärte Varianz)	1,21%		1,75%	
Österreich	0,04	0,03	0,16***	0,03
Belgien	0,18***	0,03	0,24***	0,04
Spanien	−0,05	0,05	0,05	0,05
Schweden	0,28***	0,04	0,40***	0,04
$R^2_{Adj.}$ (GI)	0,52		0,48	
$R^2_{Adj.}$ (NGI)	0,07		0,07	
n	8.676		7.534	

Datenbasis: SHARE, Release 6.1.1; gewichtete Daten, eigene Berechnungen
[a] IHS-transformiert
SF = Standardfehler; RK = Referenzkategorie
*$p \leq ,05$ **$p \leq ,01$ ***$p \leq ,001$

duen der jeweiligen Gruppen. Daraus folgt, dass in dieser Population nicht festzustellen war, dass die Befragtem gegenüber VertreterInnen des gleichen oder anderen Geschlechts einen Unterschied in der Bewertung ihrer Gesundheit machten. Für die Bildung der InterviewerInnen ließ sich schlussendlich nur mit den Residuen der Frauen ein signifikanter Zusammenhang identifizieren. Hier zeigte sich als generelle Tendenz, dass InterviewerInnen mit einer geringeren Bildung als einem Universitätsabschluss positivere Bewertungen für ähnliche Gesundheitszustände von den Befragten bekamen, wobei dieser Zusammenhang bei einer mittleren Bildung der InterviewerInnen nicht signifikant war. Signifikante Unterschiede zwischen den drei Koeffizienten der drei Bildungsklassen fanden sich allerdings trotz leichter Unterschiede in deren nomineller Höhe nicht. Insgesamt konnten durch die verwendeten InterviewerInneneigenschaften 1,12% der Residualvarianz von Frauen erklärt werden, während es im Falle der Männer 0,93% waren.

Im Rahmen der *Befragteneigenschaften* zeigte sich hinsichtlich der beiden Merkmale der Interviewsituation, dass weder die Anwesenheit anderer Personen noch die Verwendung von Proxyangaben im Gesundheitsmodul in einem signifikanten Zusammenhang mit den Residuen standen. Die allgemeinen Gesundheitsbewertungen unterschieden sich also nicht auf signifikante Art und Weise wenn (Teile der) Gesundheitsfragen durch andere Personen beantwortet wurden oder wenn Dritte während des Interviews anwesend waren, egal ob die Befragten weiblich oder männlich waren.

Für die Lebenszufriedenheit fand sich hingegen ein vom Geschlecht unabhängiger höchst signifikanter positiver Zusammenhang mit den Residuen. Befragte, die zufriedener mit ihrem Leben waren, berichteten also eine um 0,05 bzw. 0,06 positivere allgemeine Gesundheit mit jedem zusätzlichen Punkt auf der elfstufigen Lebenszufriedenheitsskala. Dabei muss allerdings an dieser Stelle betont werden, dass in diesen Analysen nicht vollständig auszuschließen ist, dass die Wirkrichtung umgekehrt ist, gesündere Menschen also zufriedener mit ihrem Leben sind als weniger Gesunde. Durch die vorherige Kontrolle der GI ist zwar gewährleistet, dass die Varianz von SRH um die Einflüsse dieser GI bereinigt ist, allerdings ist es trotzdem möglich, dass nicht berücksichtigte bzw. nicht verfügbare GE der Befragten deren Urteil beeinflusst. In dem Ausmaß jedoch, in dem die latente Gesundheit durch das GI-Modell abgebildet ist, kann bei den hier vorgestellten Analysen umgekehrte Kausalität ausgeschlossen werden.

Das Ausmaß des generalisierten Vertrauens der Befragten beiderlei Geschlechts war wiederum unabhängig von den Residuen, sodass hier nicht von systematischen Unterschieden im Antwortverhalten gesprochen werden kann. Hinsichtlich der Bildung ist ein Geschlechterunterschied festzustellen, da nur Männer mit höherer Bildung (also mit einem Schulabschluss der ISCED-Kategorien 4–6) ihre Gesundheit bei einem gegebenen Gesundheitszustand (auf Basis der verwendeten GI) positiver bewerteten als Männer mit geringerer Bildung. Das Alter stand in keinem signifikanten Zusammenhang mit den Residuen, obwohl die Koeffizienten der Altersgruppe von 80+ nominell positiv und im Falle der Männer auch auf dem 10%-Niveau signifikant waren. Die soziale Partizipation, hier abgebildet durch die IHS-transformierte Anzahl (verschiedener) sozialer Aktivitäten im letzten Jahr steht hingegen deutlich in einem signifikanten Zusammenhang mit den Residuen. Je größer bzw. diverser also die Partizipation, desto positiver wurde derselbe Gesundheitszustand von den Befragten eingestuft. Die Transformation der Variablen bewirkt dabei, dass der ermittelte Unterschied zwischen geringeren Ausprägungen stärker ins Gewicht fiel. Aber auch hier kann nicht ausgeschlossen werden, dass Personen, die eine bessere Gesundheit hatten (z.B. weniger funktional eingeschränkt waren), dies aber nicht durch die GI erfasst wurde, stärker sozial eingebunden waren bzw. erst die Möglichkeiten dazu hatten. Weiterhin zeigt ein Signifikanztest zwischen den Koeffizienten der Frauen und Männer, dass der vergleichsweise große nominelle Unterschied zwischen Männern und Frauen nicht statistisch signifikant ist. Insgesamt konnten durch die Verwendung dieser Variablen im Falle von Frauen etwa 4,65% bzw. im Falle der Männer 4,50% der Varianz der Residuen erklärt werden.

Eine Betrachtung der Koeffizienten für die Dummyvariablen des *Befragungslandes* zeigt, dass österreichische Männer sowie BelgierInnen und SchwedInnen beiderlei Geschlechts ihre Gesundheit auch unter Kontrolle der GI in Kapitel 6 positiver bewerteten als die jeweiligen GeschlechtsgenossInnen aus Deutschland. Alle diese Gruppen berichteten also einen signifikant positiveren Gesundheitszustand als die deutschen Befragten, obwohl jeweils (im Rahmen der verwendeten GI) derselbe Gesundheitszustand zugrunde lag. Diese Ergebnisse bestätigen also diejenigen von Jürges (2007), der in seiner Untersuchung SchwedInnen eine positive Überbewertung ihrer Gesundheit attestierte, während in seinen Analysen für Deutsche das Gegenteil der Fall war. Im Rahmen der hier dargestellten Analysen lässt sich allerdings nicht bewerten, ob die eigene latente Gesundheit in einem Land bei dem Bericht der Gesundheitsbewertung über- oder in einem anderen Land unterschätzt wird. Stattdessen kann nur festgestellt werden, dass es Unterschiede in der Bewertung gleicher oder zumindest ähnlicher Gesundheitszustände gibt.

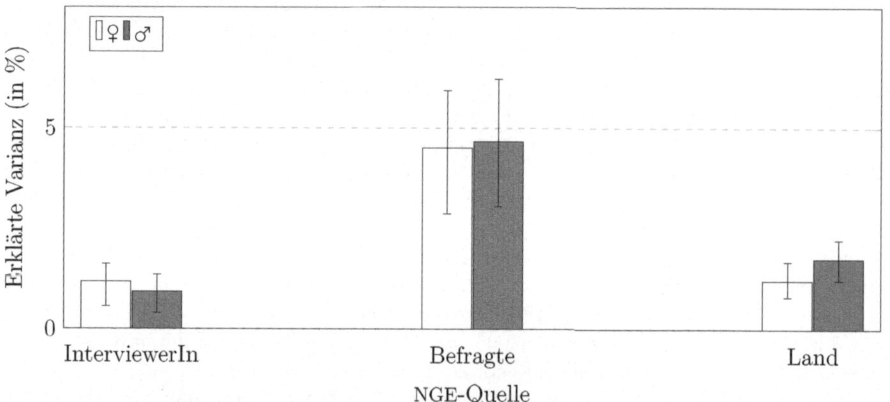

Datenbasis: SHARE, Release 6.1.1; gewichtete Daten, eigene Berechnungen

Abb. 7.2: Ausmaß erklärter Varianz nach Quelle der NGE nach Geschlecht (95%-Konfidenzintervalle)

Dabei lässt sich für alle Länder außer Spanien zusätzlich ein Geschlechterunterschied darin feststellen, dass die Koeffizienten für Männer höchst signifikant größer sind als die der Frauen. Insbesondere für die beiden schwedischen Stichproben zeigte sich dabei ein vergleichsweise großer Unterschied zum Antwortverhalten der Deutschen. Dies wird auch dadurch bestätigt, dass sowohl bei Männern als auch bei Frauen der Koeffizient jeweils höchst signifikant größer war als der entsprechende Koeffizient der BelgierInnen, die bei beiden Geschlechtern jeweils den zweitgrößten Koeffizienten aufwiesen. Im Falle der schwedischen Männer machte dieser Koeffizient so 0,40 Stufen auf der fünfstufigen Skala von SRH aus. Alles in allem konnten insgesamt aufseiten der Frauen 1,21% der Varianz der Residuen durch das Befragungsland erklärt werden, während es für Männer 1,75% waren.

In Abbildung 7.2 ist die jeweilige Erklärungskraft durch die einzelnen Quellen von NGI, deren Punktschätzer auch schon in Tabelle 7.1 verzeichnet waren, mitsamt Konfidenzintervallen graphisch dargestellt. Wie die Abbildung zeigt, wurde die gesamte Erklärungskraft hinsichtlich der Residuen ($R^2_{Adj.}$) stark von den Befragteneigenschaften (inkl. Interviewsituation) geprägt, während InterviewerInnen und das Befragungsland nur einen verhältnismäßig kleinen Teil der erklärten Varianz ausmachten. Dabei fanden sich zwar kleinere nominelle Unterschiede in der absoluten Höhe der jeweiligen Erklärungskraft zwischen Männern und Frauen, jedoch überwogen auch hier wieder Ähnlichkeiten zwischen den Geschlechtern wie die stark überlappenden Konfidenzintervalle beider Untersuchungsgruppen zeigten.

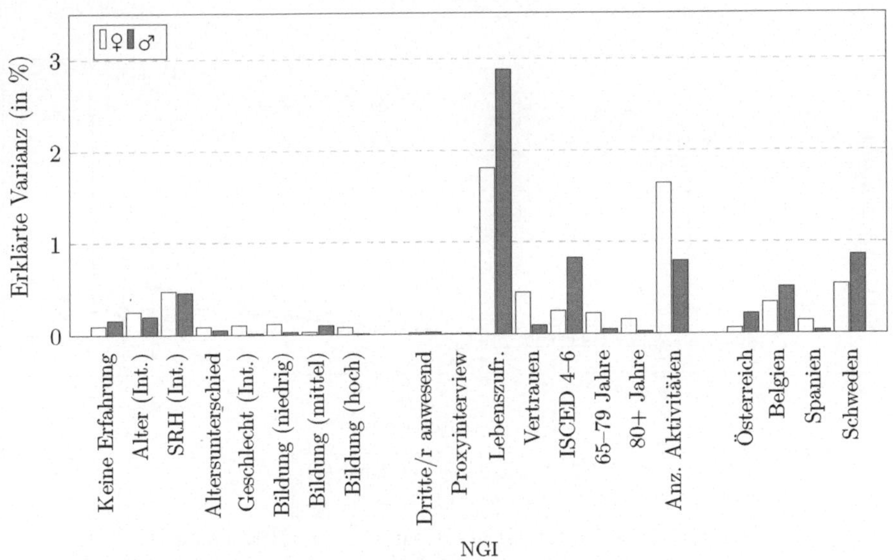

Datenbasis: SHARE, Release 6.1.1; gewichtete Daten, eigene Berechnungen

Abb. 7.3: Ausmaß erklärter Varianz durch alle Variablen nach Geschlecht

Eine entsprechende Abbildung der Erklärungskraft für die einzelnen verwendeten NGI findet sich in Abbildung 7.3 (auch in diesem Fall ohne Konfidenzintervalle, da die hohe

Berechnungsdauer dies nicht zuließ). Wie in der Abbildung zu sehen ist, war aufseiten der NGI in Verbindung mit den InterviewerInnen insbesondere deren selbst eingeschätzte Gesundheit relevant, was die Varianzaufklärung der Residuen angeht. Demnach spielt dieser Aspekt insgesamt die größte Rolle, was den Einfluss der befragenden Person angeht, wobei es unerheblich war, welches Geschlecht die Befragten hatten.

Hinsichtlich der Koeffizienten, die auf die Befragten selbst zurückgehen, zeigte sich eine starke Dominanz der Lebenszufriedenheit, was die Erklärung der Residuen anging. In diesem Bereich finden sich auch einige Geschlechterunterschiede, da z.B. die Lebenszufriedenheit im Falle der Männer eine weit größere Rolle spielte als für Frauen. Für die Anzahl der Aktivitäten war das Gegenteil der Fall, da diese für Frauen weit wichtiger war, obwohl sie auch für Männer noch eine hohe Relevanz hatte. Diese Relevanz bewegte sich auf einem Level mit der Varianzaufklärung durch die Bildung der befragten Männer, wobei die Bildung der Frauen allerdings weniger wichtig war. Die erklärte Varianz durch die Befragungsländer zeigte entsprechend der Regressionskoeffizienten, dass diese – mit der Ausnahme von Spanien – jeweils für Männer höher war und im Falle der schwedischen Stichprobe generell höher als im Vergleich zu den anderen Ländern.

7.2 Vergleich der Einflüsse nicht gesundheitsbezogener Aspekte nach Geschlecht und Alter

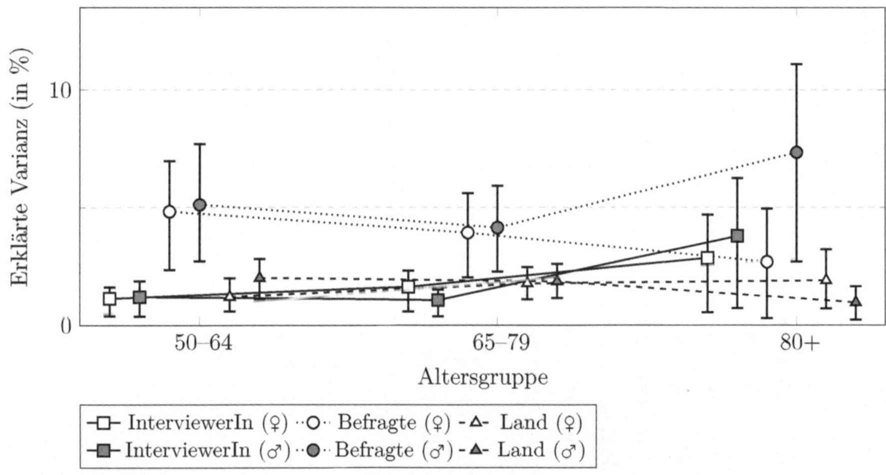

Datenbasis: SHARE, Release 6.1.1; gewichtete Daten, eigene Berechnungen

Abb. 7.4: Ausmaß erklärter Varianz nach Quelle der NGE, Geschlecht und Altersgruppe 95%-Konfidenzintervalle)

Abbildung 7.4 zeigt die erklärte Varianz durch die drei Quellen potenziell relevanter NGE getrennt nach Geschlecht und Altersgruppe. Dabei lässt sich zuerst feststellen, dass Befragteneigenschaften auch in sämtlichen Altersgruppen zumindest nominell den größten (ermittelten) Beitrag zur Erklärung der Residuen leisten – mit Ausnahme der ältesten Frauen. Diese Ausnahme liegt darin begründet, dass die erklärte Varianz durch Variablen, die auf die InterviewerInnen zurückgehen, in dieser Altersgruppe bei beiden Geschlechtern etwas mehr Varianz erklärte als in den anderen beiden Altersgruppen und die absolute Höhe der erklärten Varianz durch Befragteneigenschaften gerade in dieser Gruppe für Frauen relativ gesehen niedriger war. Allgemein zeichnet sich vor allem für Frauen der Trend einer abnehmenden Erklärungskraft durch Befragteneigenschaften ab, während aufseiten der Männer nur die älteste Befragtengruppe von diesem Trend abweicht. Die erklärte Varianz durch die Ländervariablen ist hingegen in allen Altersgruppen und zwischen den Geschlechtern vergleichsweise stabil, sodass hier keine merklichen Unterschiede berichtet werden können.

Das Ausmaß aller genannten Unterschiede wird jedoch dadurch in Frage gestellt, dass die Konfidenzintervalle speziell in der ältesten Gruppe von Befragten vergleichsweise groß waren. So lässt sich nur in der jüngsten Befragtengruppe für beide Geschlechter feststellen, dass die Konfidenzintervalle der Befragteneigenschaften und InterviewerInnendaten nicht überlappen, die erklärte Varianz durch erstere also maßgeblich größer ist. Ansonsten ist dies nur für einzelne Geschlechtergruppen zutreffend, nämlich für den Unterschied zwischen Befragten und Ländern bei den jüngsten Frauen sowie für den Unterschied zwischen InterviewerInneneigenschaften und Befragteneigenschaften für Männer in der Altersgruppe 65–79.

Tabelle 7.2: Angepasstes $R^2_{Adj.}$ und Fallzahl für Modelle nach Geschlecht und Alter

	Frauen			Männer		
	50–64	65–79	80+	50–64	65–79	80+
$R^2_{Adj.}$ (GI)	0,48	0,50	0,49	0,48	0,46	0,44
$R^2_{Adj.}$ (NGI)	0,07	0,07	0,06	0,08	0,07	0,10
n	4.309	3.410	957	3.562	3.184	788

Datenbasis: SHARE, Release 6.1.1; gewichtete Daten, eigene Berechnungen

Zum Abschluss dieses Kapitels verrät ein Blick in Tabelle 7.2, dass es keine allzu großen bzw. systematischen Unterschiede in der gesamten Erklärungskraft zwischen den verschiedenen Geschlechter- und Altersgruppen gab. Analog zu den Ergebnissen in Kapitel 6.2 fand sich auch auf Basis der hinsichtlich der Länder reduzierten Datenbasis bei den untersuchten Männern ein leicht abnehmender Trend bezüglich $R^2_{Adj.}$ für das Modell mit GI. Die daraus resultierende größere Varianz der Residuen hat potenziell auch dazu beigetragen, dass in der ältesten Altersgruppe der Männer mehr Varianz durch NGI erklärt werden konnte, wobei dasselbe für die anderen Gruppen in der Tabelle nicht in dem Ausmaß zutraf.

7.3 Vergleich der Einflüsse nicht gesundheitsbezogener Aspekte nach Geschlecht und Land

Das Ausmaß erklärter Varianz durch die mit den InterviewerInnen und Befragten verbundenen NGI ist in Abbildung 7.5 getrennt nach dem Geschlecht der Befragten sowie den Befragungsländern dargestellt. Dabei ergibt sich insbesondere das Bild, dass Länderunterschiede gegenüber Unterschieden nach Geschlecht überwogen. Während in Belgien und Deutschland die Einflüsse durch die erfassten InterviewerInneneigenschaften minimal waren, lag die Erklärungskraft dieser Quelle in den restlichen Ländern näher an dem Niveau der erklärten Varianz der Residuen durch Befragteneigenschaften. Nimmt man wieder die Konfidenzintervalle als Kriterium, fand sich ein entsprechender Unterschied jedoch auch im Falle der schwedischen Frauen und spanischen Männer. In diesen Gruppen hatten die InterviewerInnen bzw. deren Eigenschaften also – zumindest im Rahmen der verfügbaren NGI – einen eher geringen Einfluss auf das Antwortverhalten der Befragten im SHARE.

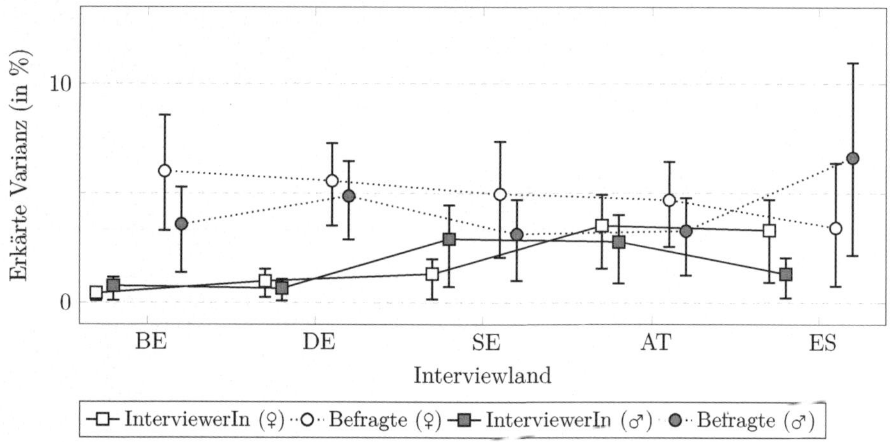

Datenbasis: SHARE, Release 6.1.1; gewichtete Daten, eigene Berechnungen

Abb. 7.5: Ausmaß erklärter Varianz nach Quelle der NGE, Geschlecht und Interviewland (95%-Konfidenzintervalle)

Eine Betrachtung von Geschlechterunterschieden innerhalb derselben Quelle von NGI zeitigte keine merklichen Unterschiede im Ausmaß der erklärten Varianz. Zwar fanden sich kleinere Unterschiede zwischen den Vergleichsgruppen, z.B. bei den Befragteneigenschaften der BelgierInnen und SpanierInnen, jedoch überlappten die Konfidenzintervalle in sämtlichen Fällen und teilweise sogar in einem erheblichen Ausmaß. Entsprechend unterschieden sich die Geschlechtergruppen des SHARE in sämtlichen untersuchten Ländern nur geringfügig in dem Ausmaß, in dem sie durch NGI in ihrem Antwortverhalten hinsichtlich SRH beeinflusst wurden.

Tabelle 7.3 stellt schlussendlich die erklärte Varianz von SRH durch die verfügbaren GI, die jeweils erklärte Varianz der daraus folgenden Residuen durch die hier verwendeten

Tabelle 7.3: $R^2_{Adj.}$, Fallzahl und Gewicht in den Regressionen der Modelle nach Geschlecht und Befragungsland

	Frauen					Männer				
	BE	DE	SE	AT	ES	BE	DE	SE	AT	ES
$R^2_{Adj.}$ (GI)	0,47	0,53	0,52	0,55	0,54	0,42	0,48	0,51	0,53	0,48
$R^2_{Adj.}$ (NGI)	0,06	0,06	0,05	0,07	0,06	0,03	0,05	0,04	0,05	0,07
n	1.817	2.287	969	1.737	1.866	1.542	2.155	881	1.239	1.717
Gewicht	0,06	0,62	0,03	0,06	0,23	0,06	0,63	0,04	0,05	0,23

Datenbasis: SHARE, Release 6.1.1; gewichtete Daten, eigene Berechnungen

NGI, die jeweiligen Fallzahlen sowie das Gewicht der einzelnen Gruppen in den nicht nach Ländern getrennten Regressionen nach Geschlecht und Befragungsland getrennt dar. Wie zu sehen ist, variierten die $R^2_{Adj.}$-Werte für die GI-Modelle etwas zwischen den Ländern. Die gemessenen Werte von SRH der BelgierInnen beiderlei Geschlechts konnte z.B. etwas schlechter erklärt werden, während das Gegenteil für beide Gruppen der ÖsterreicherInnen der Fall war. Während die erklärte Varianz der Residuen durch NGI bei den Frauen zwischen den Befragungsländern nur leicht variierte, fanden sich bei den Männern etwas größere Unterschiede: Bei den Belgiern und Schweden konnten nur 3% bzw. 4% der Residuen erklärt werden, während es bei den Spaniern 7% waren. Generell lag das $R^2_{Adj.}$ der NGI-Modelle in allen Ländern außer Spanien wenigstens nominell für Frauen höher als für die untersuchten Männer. Dies deutet also darauf hin, dass Frauen in ihrer Gesundheitsbewertung in diesen Ländern durch die verwendeten Indikatoren stärker beeinflusst wurden als die untersuchten Männer, wobei die Unterschiede relativ klein waren.

Wie weiterhin zu sehen ist, passte die Gewichtung, die im Datensatz des SHARE zur Verfügung gestellt wurde, die Daten auch an die Bevölkerungszahl der jeweiligen Länder an. Entsprechend wurden die Ergebnisse der nicht nach Ländern getrennten Analysen stark durch die Daten der deutschen (und in einem geringen Ausmaß auch durch die spanischen) Befragten geprägt. Dieselben Analysen ohne diese Gewichtung führten jedoch zu inhaltlich ähnlichen Ergebnissen mit dem hauptsächlichen Unterschied, dass die Ländervariablen dort mehr Varianz erklärten, wie in Anhang C.2.1 dokumentiert ist.

7.4 Zusammenfassung und Zwischenfazit

Dieser Abschnitt der empirischen Untersuchung der vorliegenden Arbeit befasste sich mit dem direkten Einfluss von NGI auf die Gesundheitsbewertung der Befragten im SHARE. Zu diesem Zweck habe ich Daten von Menschen aus fünf europäischen Ländern (Belgien, Deutschland, Österreich, Schweden und Spanien) im Alter von 50 oder mehr Jahren sowie deren InterviewerInnen zur Analyse genutzt. Dabei wurden die Residuen aus den Regressionsmodellen des vorherigen Kapitels genutzt, um den gesundheitsbasierten Teil der Varianz von SRH vorab zu kontrollieren und so indirekte Einflüsse von NGE auf SRH möglichst umfassend zu kontrollieren (d.h. Gesundheitsunterschiede, die durch NGI bedingt sind).

Entsprechend dienten die Analysen primär der Untersuchung der Forschungsfrage 2, also inwieweit die allgemeine Bewertung der Gesundheit in Form von SRH durch NGE beeinflusst wird. Des Weiteren gingen die Analysen allerdings auch durch geschlechts-, alters- und länderspezifische Analysen sowohl den Forschungsfragen 3 – nach dem Einfluss des Alters auf die Gesundheitsbewertung – und 5 – also Unterschieden in der Gesundheitsbewertung nach dem Geschlecht oder dem Länderkontext – nach.

Hinsichtlich des allgemeinen Einflusses von NGE auf SRH, also Forschungsfrage 2, zeigte sich in den Regressionsmodellen, dass ein substanzieller Anteil der Residuen durch die verwendeten NGI erklärt werden konnte. Es hat sich also gezeigt, dass die Gesundheitsbewertungen dieser älteren Befragten durchaus von NGE beeinflusst werden. Im Rahmen der Eigenschaften der Befragten selbst waren allen voran die Lebenszufriedenheit als Proxy für positives Antwortverhalten und die Anzahl sozialer Aktivitäten als Ausmaß bzw. die Vielfalt sozialer Partizipation zu nennen. Diese hatten im Regressionsmodell allgemein den größten Einfluss auf die Residuen. Personen, die also angaben, mit ihrem Leben zufriedener zu sein, bewerteten denselben oder ähnliche Gesundheitszustände positiver als Personen, die unzufriedener mit ihrem Leben waren und sozial diverser eingebundene Personen bewerteten ihre Gesundheit ebenfalls positiver als weniger eingebundene. Hierbei fiel auch auf, dass weder die Verwendung von Proxyangaben im Gesundheitsmodul des SHARE noch durch die Anwesenheit Dritter während des Interviews in einem merklichen Zusammenhang mit den Residuen standen. Dies spricht für eine gewisse Robustheit von SRH gegenüber diesen eher methodischen Aspekten, welche in der einschlägigen Literatur häufig als problematisch angesehen werden (z.B. Vuorisalmi et al. 2012).

Im Zusammenhang mit den Charakteristika der InterviewerInnen fiel insbesondere deren selbst eingeschätzte Gesundheit auf, da diese mit den Residuen in einem deutlichen positiven Zusammenhang stand. Hier zeigten die Ergebnisse also, dass die Gesundheitsbewertung der Befragten umso positiver ausfiel, je besser die Gesundheit der InterviewerInnen nach deren eigener Einschätzung war. Im Zusammenhang mit dem Befragungsland zeigte sich, dass insbesondere die BelgierInnen, SchwedInnen und Österreicherinnen ihren Gesundheitszustand positiver bewerteten als Befragte aus Deutschland, obwohl – zumindest auf Basis des GI-Modells – die gleiche latente Gesundheit zugrunde lag. Worauf genau die länderspezifischen Unterschiede im Antwortverhalten beruhen kann allerdings im Rahmen dieser Analysen nicht beantwortet werden. Hier gäbe es eine ganze Reihe möglicher Erklärungen wie z.B. der kulturellen Prägung in der Kommunikation und (Gesundheits-)Bewertung, der Sprache bzw. Übersetzung des Fragebogens oder die gesundheitliche Versorgung in den jeweiligen Ländern, die möglicherweise die Auswirkungen gesundheitlicher Probleme beeinflusst. Nimmt man alle NGI zusammen, zeigte sich, dass die Befragteneigenschaften im Vergleich den größten Anteil der Varianz der Residuen erklären konnten, während die InterviewerInnen und Länderkontexte nur einen kleinen Anteil der hier identifizierten systematischen Einflüsse von NGI auf SRH ausmachten.

Im Rahmen von Forschungsfrage 3, also der Analyse von Altersunterschieden in der Beeinflussung von SRH durch NGE fanden sich im Vergleich zu Kapitel 6 nur wenige (systematische) und geringere Unterschiede zwischen den untersuchten Altersgruppen. Die wenigen feststellbaren Unterschiede wurden zudem von stark überlappenden Konfidenzintervallen in Frage gestellt. Vor dem Hintergrund dieser Einschränkungen ließ sich insgesamt ein leicht fallender Trend der erklärten Varianz der Residuen durch Befragteneigenschaften mit steigendem Alter der Befragten ausmachen (außer bei den ältesten Männern) sowie eine etwas höhere Relevanz von Einflüssen durch die InterviewerInnen in der ältesten Altersgruppe. Aufgrund des Zusammenspiels dieser beiden Aspekte (und der breiten Konfidenzintervalle) lag die erklärte Varianz durch InterviewerInneneigenschaften in der Altersgruppe der 50–64-jährigen merklich niedriger als die der Befragteneigenschaften, während beide Quellen von NGE in der Altersgruppe 80+ auf einem ähnlichen Niveau lagen.

Weiter gab es auch in diesem Kapitel einige Erkenntnisse, die Forschungsfrage 5, also im Hinblick auf Unterschiede zwischen Frauen und Männern sowie nach Länderkontext, zuzuordnen sind. Hier lässt sich im Zusammenhang mit dem Geschlecht zuerst feststellen, dass die erklärte Varianz durch die verschiedenen Quellen von NGE bei Frauen und Männern ziemlich ähnlich war, obwohl es einige Unterschiede in den konkreten Koeffizienten gab. So waren nur bei Frauen die Koeffizienten des Alters und der Bildung der InterviewerInnen, signifikant, während es bei der Bildung der Befragten umgekehrt war, sie also nur für Männer in einem merklichen Zusammenhang mit den Residuen standen. Der Befund einer positiveren Gesundheitsbewertung durch höher gebildete Männer lässt sich möglicherweise durch subtile Unterschiede in den Arbeitsbedingungen beider Gruppen von Männern erklären, also weniger körperlich anspruchsvollen Berufen gebildeter Männer, was in den GI-Modellen nicht ausreichend abgebildet werden konnte. Gleichzeitig könnte dieser Unterschied allerdings auch eine bessere ressourcenbedingte Kapazität widerspiegeln, Gesundheitsprobleme zu handhaben, sodass höher gebildete Männer gesundheitliche Herausforderungen als weniger schwerwiegend betrachteten. Zudem fiel eine nach Geschlecht unterschiedliche Stärke des Zusammenhangs der Residuen mit dem Befragungsland auf, da dieser für Männer in allen Ländern außer Spanien stärker war. Bezüglich der erklärten Varianz der Residuen durch die einzelnen NGI fanden sich insofern starke Unterschiede zwischen den Geschlechtern als die Lebenszufriedenheit und Bildung weit mehr Varianz für Männer aufklären konnten, während die Anzahl verschiedener sozialer Aktivitäten im Falle der Frauen mehr Varianz erklären konnte.

Hinsichtlich möglicher Länderunterschiede konnten die Analysen zeigen, dass es deutliche Diskrepanzen in der Rolle der InterviewerInnen zwischen den fünf Befragungsländern gab. Während die Erklärungskraft der InterviewerInneneigenschaften in Belgien und Deutschland sehr gering war, war sie in den anderen Ländern etwa auf einem Level mit den Befragteneigenschaften. Lediglich für schwedische Frauen und spanische Männer ließ sich dieser Unterschied zwischen den beiden Quellen (jedoch in geringerem Ausmaß) finden. Gleichzeitig ließ sich insgesamt feststellen, dass die anhand der NGI-Modelle erklärte Varianz, d.h. das ermittelte Ausmaß systematischer Zusammenhänge von NGE und SRH, in Belgien und Schweden nur vergleichsweise gering ausfiel.

8 Alters- und Kohortenunterschiede in der Gesundheitsbewertung in Abhängigkeit des Geschlechts

Das analytische Modell, welches der folgenden Teiluntersuchung zugrunde liegt, ist in Abbildung 8.1 dargestellt. Wie dort zu sehen ist, handelt es sich um ein sehr ähnliches Modell zu dem in Kapitel 6, wobei aufgrund von Einschränkungen der hier verwendeten Datenbasis der Einfluss der mentalen Gesundheit nicht dargestellt ist. Die Analysen dieses Kapitels beschäftigen sich ebenfalls mit der Annahme, dass SRH durch die GE der Befragten determiniert wird. In diesem Zusammenhang soll folglich entsprechend Forschungsfrage 1 ermittelt werden, welche Relevanz die fünf Gesundheitsdimensionen bzw. GI bei der Bewertung der Gesundheit durch die Befragten haben.

Auch dieses Kapitel beschäftigt sich zusätzlich mit der Moderation dieser Einflüsse auf SRH. Die unter-

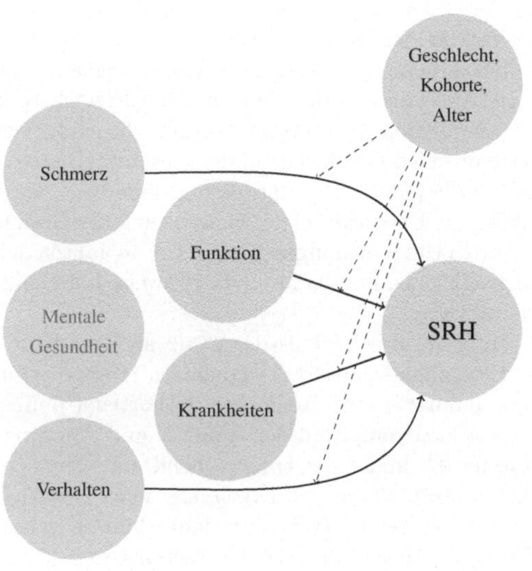

Abb. 8.1: Analytisches Modell zur Erklärung von SRH durch die verfügbaren Gesundheitsdimensionen

suchten moderierenden Aspekte unterscheiden sich allerdings von denen in Kapitel 6, da der Schwerpunkt der folgend dargestellten Analysen auf der Trennung von Alters- und Kohorteneffekten liegt (und die verwendete Datenbasis auf nur ein Land beschränkt ist). Forschungsfrage 3 folgend werden deshalb in diesem Kapitel die moderierenden Einflüsse (a) der Kohorte (zur Ermittlung von Kohortenunterschieden) und (b) des (Befragungs-)Jahres (als Proxy für die Alterung der Befragten) untersucht. Durch die allgemeine Trennung nach dem Geschlecht der Befragten lässt sich dabei ebenfalls betrachten, ob jeweils geschlechtsspezifische Unterschiede im Antwortverhalten zu finden sind, welche im Rahmen von Forschungsfrage 5 relevant sind.

Die konkrete Umsetzung des eben vorgestellten Modells findet in den Analysen dieses Kapitels anhand der Daten des kanadischen CCHS statt, in welchem seit 2001 regelmäßig in voneinander unabhängigen allgemeinen Bevölkerungsstichproben KanadierInnen zu ihrer Gesundheit befragt werden. Als Auftakt dieser Teiluntersuchung werden in Kapitel 8.1 anhand der über alle Kohorten und verfügbaren Jahrgänge gepoolten Daten die Koeffizienten des linearen Regressionsmodells getrennt nach Geschlecht dargestellt und beschrieben. Diese Ergebnisse entsprechend also gewissermaßen einer Replikation der allgemeinen Querschnittsergebnisse des Kapitels 6. Hierzu, wie in allen anderen Analysen dieses Kapitels, werden nur die Daten derjenigen Befragten herangezogen, die in der ersten Erhebung im Jahr 2001 volljährig waren. Im Anschluss daran zeige ich die jeweils erklärte Varianz von SRH durch die vier Gesundheitsdimensionen sowie die einzelnen Variablen, um deren jeweiliges Gewicht in SRH zu betrachten. Für diese allgemeinen Darstellungen, die primär der Illustration des verwendeten Modells dienen, wird der Übersichtlichkeit halber auf eine Trennung nach Erhebungsjahr oder Geburtskohorte verzichtet.

Im Anschluss an diese allgemeinen Ergebnisse im Querschnitt beschreibe ich dazu die Dekomposition der erklärten Varianz durch die vier verfügbaren Gesundheitsdimensionen getrennt nach Geschlecht in der Gesamtpopulation über die Befragungsjahre hinweg. Da immer die gleiche Population zugrunde liegt, lässt sich in diesem Zeitvergleich gewissermaßen die Entwicklung der Gewichtung der Gesundheitsdimensionen in den Bewertungen über den Untersuchungszeitraum von 14 Jahren in der allgemeinen Bevölkerung (von 2001) nachvollziehen und damit erste Hinweise auf Einflüsse des Alters in der dieser Population identifizieren.

Aufgrund des Designs des CCHS als Trendstudie lässt sich in einem zweiten Analyseschritt anhand derselben Population (KanadierInnen, die 1983 oder früher geboren wurden) dann (a) eine Reihe von Kohorten (b) über die Zeit hinweg beobachten, sodass Unterschiede aufgrund der Kohorte und Alterung separat betrachtet werden können. In Kapitel 9.2 findet dementsprechend eine genauere Trennung der Alters- und Kohorteneffekte statt, indem die Ergebnisse nach Geschlecht und Kohorten getrennter Analysen über die einzelnen Befragungsjahre hinweg vorgestellt werden. Die Analysen in diesem Teilkapitel dienen also der genaueren Untersuchung, inwieweit mögliche Unterschiede in der Gewichtung der Gesundheitsdimensionen zwischen den sechs hier untersuchten Altersgruppen bzw. Geburtskohorten auf ein kohorten- oder altersspezifisches Antwortverhalten zurückgehen.

Für eine möglichst übersichtliche Darstellung sind die Ergebnisse dabei für die einzelnen Gesundheitsdimensionen und Geschlechter in separaten Abbildungen dargestellt. Durch diese Darstellung lässt sich in den Abbildungen die Gewichtung der jeweiligen Gesundheitsdimension in SRH für die einzelnen Kohorten in jedem Jahr ablesen. Dadurch sind einerseits Vergleiche der kohortenspezifischen Gewichtung einer Dimension in den einzelnen Befragungsjahren möglich (Kohorteneffekt) und andererseits Vergleiche der Entwicklung der Gewichtung innerhalb einer Kohorte (Alterseffekt).

8.1 Darstellung und Vergleich der Basis von Gesundheitseinschätzungen nach Geschlecht

Die Ergebnisse der linearen Regressionsmodelle der gepoolten Daten des CCHS sind in Tabelle 8.1 getrennt nach Geschlecht dargestellt. Insgesamt betrachtet fällt auf, dass das $R^2_{Adj.}$ dieser Gesamtmodelle mit 0,33 für Frauen und 0,29 für Männer deutlich niedriger ausfiel als in Kapitel 6. In diesen Analysen der allgemeinen Bevölkerung konnten die im CCHS verfügbaren GI der fünf Gesundheitsdimensionen also etwa ein Drittel der Varianz von SRH erklären. Auch hier ließ sich feststellen, dass die erklärte Varianz durch GI für Frauen höher ist als für Männer, sich die Gesundheitsbewertungen der Frauen also etwas besser anhand der GI in diesen Modellen erklären ließen als dies für Männer der Fall war.

Tabelle 8.1: Ergebnisse der linearen Regressionsmodelle zur Erklärung der selbst eingeschätzten Gesundheit (unstandardisierte Koeffizienten und Standardfehler, gepoolte Regressionen über alle Kohorten und Befragungsjahre)

	Frauen		Männer	
	Koef.	SF	Koef.	SF
Funktion (erklärte Varianz)	9,73%		7,79%	
Aktivitätseinschränkung (RK: keine)	−0,17***	0,04	−0,31***	0,06
Anzahl Einschränkungen[a]	−0,19***	0,01	−0,22***	0,01
Anzahl Aktivitäten Hilfe benötigt[a]	−0,29***	0,03	−0,22***	0,04
Krankheiten (erklärte Varianz)	11,42%		11,96%	
Chronisches Gesundheitsproblem (RK: keins)	0,20***	0,02	0,22***	0,02
Anzahl Gesundheitsprobleme[a]	−0,49***	0,01	−0,57***	0,02
Schmerzen (RK: keine) (erklärte Varianz)	9,07%		6,75%	
Gering	−0,29***	0,02	−0,23***	0,02
Mäßig	−0,45***	0,01	−0,40***	0,02
Stark	−0,76***	0,03	−0,72***	0,04
Gesundheitsverhalten (erklärte Varianz)	3,02%		2,93%	
BMI (RK: normal (18.5 ≤ BMI ≤ 25))				
Untergewicht (BMI < 18.5)	−0,17***	0,03	−0,29***	0,05
Übergewicht (25 ≤ BMI < 30)	−0,10***	0,01	−0,05***	0,01
Adipositas (BMI ≥ 30)	−0,27***	0,01	−0,28***	0,01
Aktuell Raucher (RK: nein)	−0,19***	0,01	−0,24***	0,01
$R^2_{Adj.}$	0,33		0,29	
n	159.902		135.993	

Datenbasis: CCHS-Erhebungen 2001, 2009, 2010, 2013 und 2014; gewichtete Daten, eigene Berechnungen
[a] IHS-transformiert
SF = Standardfehler; RK = Referenzkategorie
*$p \leq ,05$ **$p \leq ,01$ ***$p \leq ,001$

Bei der Interpretation der detaillierten Ergebnisse ist zu berücksichtigen, dass in diesen gepoolten Modellen die Daten der Befragten des Jahres 2001 stärker in die Berechnung eingingen als die der anderen Jahre, da der CCHS zu diesem Zeitpunkt noch alle zwei Jahre mit doppelt so vielen Befragten durchgeführt wurde, wie in den späteren jährlichen Befragungen (siehe Kapitel 5.2 bzw. Tabelle 8.2 für die konkreten Fallzahlen). Da die detaillierte Beschreibung der Ergebnisse des gepoolten Datensatzes anhand dieser Tabelle jedoch wie bereits erwähnt ohnehin nur der Illustration des für die weiteren Analysen verwendeten Modells bzw. einem groben Überblick über die Ergebnisse dient und alle restlichen Analysen dieses Kapitels nach Befragungsjahrgängen getrennt durchgeführt wurden, habe ich keine weiteren Schritte unternommen, diesen Datensatz z.B. entsprechend der Fallzahlen in den einzelnen Jahrgängen zu gewichten.

In der Betrachtung der Gesundheitsdimension der *Funktionsfähigkeit* fällt zuerst der höchst signifikante und negative Effekt[33] des allgemeinen Vorliegens einer funktionalen Einschränkung in mindestens einem Bereich des HUI-3 auf. Dieser ließ sich in diesem allgemeinen Modell zwar sowohl für Frauen als auch Männer ermitteln, jedoch war er im Falle der Männer signifikant stärker. Zusätzlich ließ sich auch für die IHS-transformierte Anzahl der eingeschränkten Funktionsbereiche ein ebenfalls höchst signifikant negativer Einfluss auf SRH feststellen. Je mehr Bereiche für die Befragten also eingeschränkt waren, desto negativer war die Gesundheitsbewertung der Befragten. Nimmt man beide Koeffizienten zusammen, zeigte sich, dass sich das Vorliegen einer Einschränkung allgemein noch stärker auf SRH auswirkte als es sogar durch die IHS-transformierte Anzahl der Einschränkungen wiedergegeben wurde. Zusätzlich zu diesen beiden auf dem HUI-3 basierenden Befunde zeigte sich auch bei dem Koeffizienten, welcher die Anzahl von Einschränkungen alltäglicher Aktivitäten widerspiegelte, ein höchst signifikant negativer Einfluss auf SRH bei beiden Geschlechtern. Je mehr Einschränkungen die Befragten also in ihrem täglichen Leben hatten, desto negativer fiel die Gesamtbewertung ihrer Gesundheit aus. Alles in allem erklärten diese Variablen zu funktionalen Einschränkungen im Falle der Frauen 9,73% der Varianz von SRH erklärt werden, während es bei Männern 7,79% waren.

Auf Ebene der Gesundheitsdimension der *Krankheiten* steht ein positiver höchst signifikanter Effekt des allgemeinen Vorliegens chronischer Krankheiten und Gesundheitsproblemen einem (größeren und) höchst signifikant negativen Einfluss der IHS-transformierten Anzahl derselben gegenüber. Da die Variable, welche das globale Vorliegen chronischer Gesundheitsprobleme widerspiegelt auf der dazugehörigen Zählvariablen beruht, sind immer beide Koeffizienten im Kontext des jeweils anderen zu sehen. In der Kombination beider Effekte ließ sich – aufgrund der Tatsache, dass die Modellgleichung der linearen Regression additiv ist – insgesamt ein negativer Gesamteffekt feststellen: Zwar wurde nominell ein positiver Koeffizient ermittelt, dieser wurde allerdings durch den größeren Koeffizienten der Anzahl der Gesundheitsprobleme ausgeglichen.

Insgesamt betrachtet führten auch in den gepoolten Daten des CCHS also mehr chronische Krankheiten und Gesundheitsprobleme zu einer negativeren Gesundheitsbewertung sowohl bei Männern als auch Frauen, wobei dieser Effekt für kanadische Männer signifi-

---

[33] Auch in diesem Kapitel verwende ich aus sprachlichen Gründen teilweise kausale Begrifflichkeiten, obwohl die linearen Querschnittsregressionen diese strenggenommen nicht zulassen. Auch hier ist allerdings aus denselben Gründen wie in Kapitel 6 wenigstens umgekehrte Kausalität aufgrund der theoretischen Überlegungen weitgehend auszuschließen.

kant stärker war als für Frauen. Gleichzeitig ist hier auch zu bedenken, dass die Anzahl der Gesundheitsprobleme IHS-transformiert wurde, sich also Unterschiede in dieser Zählvariablen in höheren Ausprägungen der Variablen in diesem Modell weniger stark auf die Gesundheitsbewertung auswirkten als bei niedrigeren Ausprägungen. Insgesamt vermochten diese krankheitsbasierten Einflüsse auf SRH 11,42% der Varianz der Gesundheitseinschätzungen von Frauen erklären, während sie im Falle der Männer 11,96% erklären konnten.

Im Zusammenhang mit der Schmerzintensität zeigten sich für Befragte beider Geschlechter höchst signifikante Einflüsse jedes Schmerzlevels auf SRH im Vergleich zu den Befragten ohne Schmerzen. Dabei ging für beide Geschlechter eine höhere Schmerzintensität immer auch mit einem signifikant größeren negativen Einfluss auf SRH einher. Beispielsweise bewerteten Frauen mit mäßigen („moderate") Schmerzen ihre Gesundheit signifikant negativer im Vergleich zu Frauen ohne Schmerzen als dasselbe für Frauen mit geringen („mild") Schmerzen der Fall war. Entsprechend bewerteten Frauen und Männer mit starken („severe") Schmerzen ihre allgemeine Gesundheit unter Kontrolle der anderen Variablen etwa eine Dreiviertelstufe negativer auf der fünfstufigen Gesundheitsbewertungsskala im Vergleich zu Befragten ohne Schmerzen. Zuletzt ließ sich feststellen, dass alle drei Schmerzintensitäten bei Frauen einen signifikant größeren Einfluss auf die allgemeine Gesundheit hatten als dies bei Männern der Fall war. Im Hinblick auf die Varianz von SRH konnte durch diese Variablen insgesamt 9,07% für Frauen bzw. 6,75% für Männer erklärt werden.

Für die vier Variablen im Zusammenhang mit dem *Gesundheitsverhalten* der Befragten ließ sich feststellen, dass alle in einem höchst signifikanten negativen Zusammenhang mit SRH standen, wobei sich einige signifikante Unterschiede zwischen den Geschlechtern finden ließen. So berichteten untergewichtige Männer eine signifikant schlechtere Gesundheit im Vergleich zu normalgewichtigen Männern als dies bei untergewichtigen Frauen im Vergleich zu normalgewichtigen Frauen der Fall war. Dies lässt sich so interpretieren, dass Untergewicht bei Männern stärker durch einen suboptimalen Gesundheitszustand bedingt war – oder zumindest von den Befragten so interpretiert wurde – als dies bei Frauen der Fall war. Das Gegenteil ließ sich für die Betroffenheit von Übergewicht feststellen, welches sich bei Frauen stärker auf die Gesundheitsbewertung auswirkte als bei Männern, während Adipositas sich in ähnlicher Weise bei beiden Geschlechtern auf die Gesundheitseinschätzung auswirkte (allerdings statistisch signifikant stärker bei Männern). Das Rauchen wirkte sich wiederum bei Männern signifikant stärker negativ auf die von den Befragten ausgewählte Gesundheitseinschätzung aus, sodass männliche Raucher eine um fast eine Viertelkategorie negativere Bewertung ihrer Gesundheit abgaben als Männer, die nicht rauchten. Insgesamt konnten diese Variablen, welche das Gesundheitsverhalten bzw. dessen Konsequenzen abbildeten, 3,02% der Varianz von SRH der Frauen und 2,93% der Varianz von SRH der Männer erklären.

Abbildung 8.2 gibt schlussendlich einen Überblick über die Gewichtung der vier Gesundheitsaspekte in SRH im Vergleich von Männern und Frauen. Über die Geschlechter hinweg zeigte sich eine leichte Dominanz der Krankheiten für die Erklärung von SRH, während die Funktionsfähigkeit der Befragten und die Betroffenheit von Schmerzen auf einem niedrigeren und untereinander ähnlichen Niveau folgten. Das Gesundheitsverhalten wiederum erklärte hingegen mit etwas Abstand die wenigste Varianz von SRH. Wie hier zu-

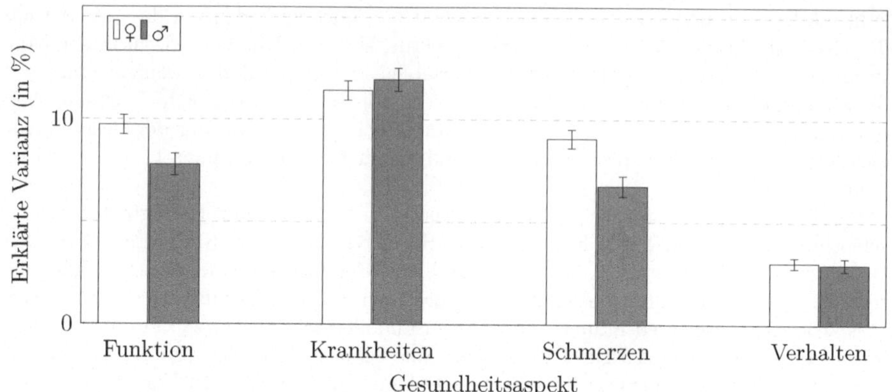

Datenbasis: CCHS-Erhebungen 2001, 2009, 2010, 2013 und 2014; gewichtete Daten, eigene Berechnungen

Abb. 8.2: Ausmaß erklärter Varianz durch Gesundheitsaspekte nach Geschlecht (95%-Konfidenzintervalle, gepoolte Regressionen über alle Kohorten und Befragungsjahre)

dem ersichtlich wird, hatten die beiden Dimensionen der Krankheiten und des Verhaltens ein sehr ähnliches Gewicht bei beiden Geschlechtern, während die funktionale Gesundheit und die Schmerzen bzw. deren Intensität im Falle der Frauen weit mehr Varianz erklären konnten. Wenigstens im Rahmen des verwendeten GI-Modells nutzten Frauen diese beiden Aspekte also offensichtlich sehr viel stärker als Männer, um ihre Gesundheit zu bewerten.

Die erklärte Varianz von SRH durch die einzelnen verwendeten Variablen in dieser gepoolten Stichprobe ist in Abbildung 8.3 dargestellt. Wie dort zu sehen ist, erklärte im Rahmen der *funktionalen Gesundheit* die Anzahl der eingeschränkten Funktionsbereiche auf Basis des HUI-3 bei beiden Geschlechtern den größten Anteil der Varianz von SRH in dieser Gesundheitsdimension. Die darauf basierende Dummyvariable hingegen erklärte hingegen eher wenig zusätzliche Varianz. Weiter ließ sich feststellen, dass die Zählvariable im Falle von Frauen einen größeren Beitrag zu R^2_{Adj} leistete als bei Männern. Die Anzahl der Einschränkungen auf Basis der ADL-Skala erklärte (etwas) weniger und nahezu gleich viel Varianz bei beiden Gruppen.

Im Rahmen der *Krankheiten* erklärten beide Variablen, also die Zählvariable und die darauf basierende Dummyvariable, unabhängig vom Geschlecht einen merklichen Teil der Varianz von SRH, wobei die Zählvariable einen deutlich größeren Beitrag dazu leisten konnte. Im Fall der *Schmerzintensitäten* zeigte sich eine stärkere Erklärungskraft der beiden stärkeren Schmerzintensitäten gegenüber geringen Schmerzen, wobei beide für die Bewertung der Frauen wichtiger waren. Für die Gesundheitsdimension des *Verhaltens* zeigten sich jeweils relativ geringe Beiträge zur erklärten Varianz. Den größten Beitrag leisteten dabei die Dummyvariablen für Adipositas und für Raucher, während die Dummyvariablen des Unter- und Übergewichts nahezu keine Varianz von SRH erklären konnten.

Für einen ersten Einblick in mögliche *Altersunterschiede* bei dem Bewertungsverhalten der Befragten im CCHS sind in Abbildung 8.4 die Gewichtungen der Gesundheitsdimen-

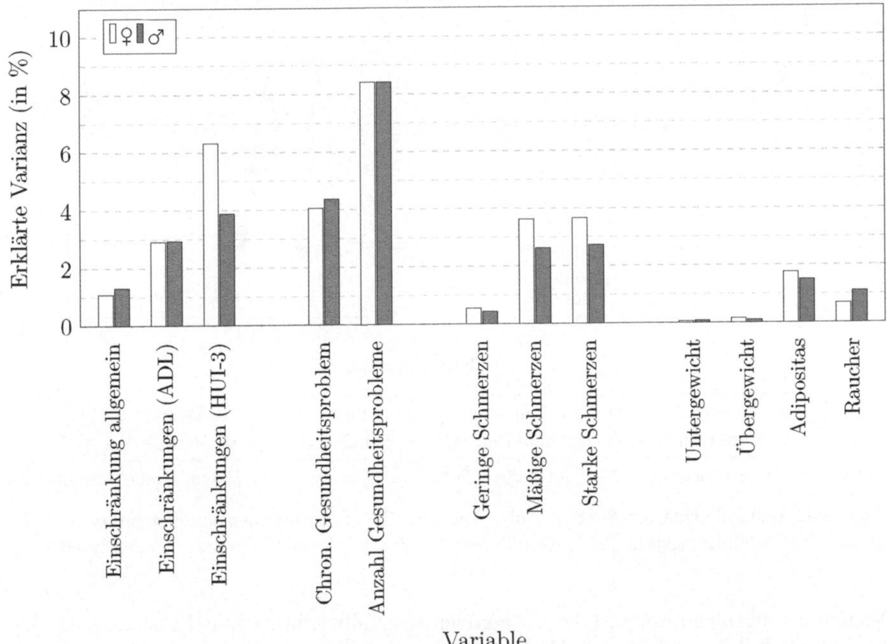

Datenbasis: CCHS-Erhebungen 2001, 2009, 2010, 2013 und 2014; gewichtete Daten, eigene Berechnungen

Abb. 8.3: Ausmaß erklärter Varianz durch die einzelnen Variablen nach Geschlecht (gepoolte Regressionen über alle Kohorten und Befragungsjahre)

sionen im gepoolten Datensatz separat nach Befragungsjahr dargestellt. Da in sämtliche Analysen nur diejenigen Personen eingehen, die im Jahr 2001 älter als 18 Jahre alt waren, sind an dieser Stelle *Kohortenunterschiede* wenigstens insoweit ausgeschlossen, als diese über die Zeit konstant sein sollten und sich daher nicht in Unterschieden zwischen den Befragungsjahren äußern sollten. Allerdings ist davon auszugehen, dass ältere Kohorten stärker von Mortalität betroffen sind und so insbesondere in den späteren Jahren weniger stark in den erhobenen Datensätzen vertreten sind.

Wie in der Abbildung zu sehen ist, hatten Krankheiten im CCHS von 2001 im Rahmen des verwendeten GI-Modells mit etwas Abstand die größte Relevanz für SRH. Die funktionale Gesundheit belegte dabei bei beiden Geschlechtern den zweiten Platz, allerdings nahezu gleichauf mit der erklärten Varianz durch Schmerzen, sodass die Unterschiede aufgrund der überlappenden Konfidenzintervalle nicht überbewertet werden sollten. Dies wird umso deutlicher, als die erklärte Varianz durch Schmerzen im Jahr 2009 (für beide Geschlechter) nominell sogar höher war als durch die Funktionsfähigkeit. Während sich in der Gewichtung dieser drei Dimensionen merkliche Unterschiede zu den Analysen mit dem SHARE fanden, ließ sich auch in diesen Analysen eine eher geringe Gewichtung der

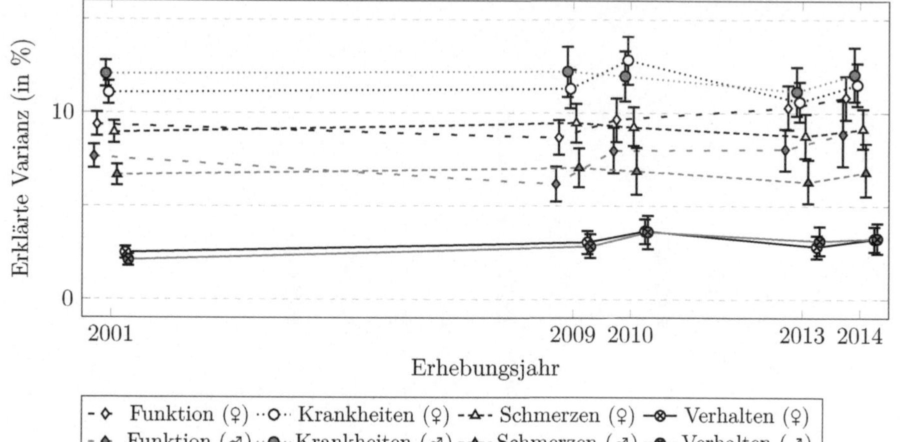

Datenbasis: CCHS-Erhebungen 2001, 2009, 2010, 2013 und 2014; gewichtete Daten, eigene Berechnungen

Abb. 8.4: Ausmaß erklärter Varianz durch die vier Gesundheitsdimensionen separat nach Geschlecht und Befragungsjahr (95%-Konfidenzintervalle; wiederholte Querschnittsanalysen)

Verhaltensvariablen bezüglich der subjektiven Gesundheitsbewertung feststellen, da diese Variablen vergleichsweise wenig Varianz erklären konnten.

Weiterhin ließen sich genau wie im gepoolten Datensatz bei dieser Gewichtung der Gesundheitsdimensionen in SRH starke Unterschiede zwischen den Geschlechtern ausmachen, was die erklärte Varianz durch die Funktionsfähigkeit und Schmerzen angeht. Während der relative Abstand zwischen beiden Dimensionen innerhalb der Geschlechter wieder jeweils ähnlich war, erklärten beide Aspekte bei Frauen deutlich mehr Varianz als bei Männern. Demgemäß überlappten die Konfidenzintervalle der erklärten Varianz durch die Funktionsfähigkeit im Vergleich beider Geschlechter nur in den Jahren 2010–2014, während dasselbe für Schmerzen sogar nur im Jahr 2014 der Fall war. Für die Gesundheitsdimension der Krankheiten und des Gesundheitsverhaltens zeigte sich ein anderes Bild, da deren Konfidenzintervalle im Vergleich der beiden Geschlechter stets überlappten, wobei im Falle der Krankheiten nur im Jahr 2010 bei Frauen nominell mehr Varianz von SRH durch Krankheiten erklärt werden konnte als bei Männern.

Hinsichtlich einer Veränderung dieser Gewichtung im Zeitverlauf kamen diese Analysen zu ambivalenten Ergebnissen. Zwar fanden sich einige Unterschiede zwischen den untersuchten Jahrgängen, allerdings diese waren für keine Dimension im Zeitverlauf einheitlich, sodass es sich anscheinend eher um unsystematische Varianz handelt. So fand sich zum Beispiel für beide Geschlechter parallel eine leicht abnehmende Wichtigkeit der Funktionsfähigkeit über den Zeitraum von acht Jahren zwischen 2001 und 2009, jedoch wurde dieser Trend konterkariert von einem noch stärkeren Anstieg der erklärten Varianz im folgenden Jahr, welche in den weiteren minimal weiter anstieg. Trotz dieser leichten Entwicklungen überlappten die Konfidenzintervalle der Jahre 2001 und 2014 für diese Dimension letztendlich. Gleichermaßen folgte einer konstanten Bedeutung von Krankheiten zwischen den Befragungen 2001 und 2009 eine Zunahme bei Frauen im Jahr 2010, wobei diese Unterschiede immer von überlappenden Konfidenzintervallen begleitet wurden. Demgemäß lassen sich wenigstens auf Basis dieser allgemeinen Analysen keine konkreten Alterseinflüsse auf die Gewichtung der Gesundheitsdimensionen ableiten in dieser Population ableiten.

Eine Replikation dieser Analysen anhand von generalisierten Ordered Logit Modellen ist in Abbildung C.12 in Anhang C.3 dargestellt. Wie im Vergleich der beiden Abbildungen ersichtlich wird, führten auch hier beide Modellierungsansätze zu den inhaltlich gleichen Ergebnissen. Die kohortenspezifischen Analysen konnten allerdings wieder aufgrund der gleichen Probleme wie in Kapitel 6 nicht repliziert werden, wobei wieder auf die Ähnlichkeit der reproduzierten Ergebnisse verwiesen sei.

Tabelle 8.2: $R^2_{Adj.}$ und Fallzahl für Modelle nach Geschlecht und Befragungsjahr

	Frauen					Männer				
	2001	2009	2010	2013	2014	2001	2009	2010	2013	2014
$R^2_{Adj.}$	0,32	0,32	0,35	0,32	0,35	0,28	0,28	0,30	0,29	0,31
n	56.258	25.522	25.949	26.078	26.095	51.202	21.527	21.458	21.112	20.694

In Tabelle 8.2 sind die zur obigen Abbildung gehörigen $R^2_{Adj.}$-Werte der einzelnen Modelle aufgeführt. Wie diese Tabelle zeigt, ließen sich auch hier keine einheitlichen Trends über die Zeit ablesen. Zwar zeigte sich, dass die erklärte Varianz in jedem der fünf untersuchten Befragungsjahren für Frauen höher ist als für Männer, allerdings war die Varianz der $R^2_{Adj.}$-Werte über die Zeit augenscheinlich unsystematisch, sodass hier nicht von klaren Alterseinflüssen auf die 'Erklärbarkeit' von SRH, also wie gut SRH durch die verwendeten GI erklärt werden konnte, im Untersuchungszeitraum von 14 Jahren gesprochen werden kann.

8.2 Vergleich der Relevanz der Gesundheitsaspekte nach Geschlecht, Geburtskohorte und Befragungsjahr

In den folgenden Abbildungen ist jeweils die erklärte Varianz eine der vier Gesundheitsdimensionen über die Befragungsjahre hinweg getrennt nach Geschlecht und Kohorten dargestellt (wobei jeweils alle drei anderen verfügbaren Gesundheitsdimensionen zur Kontrolle in den linearen Regressionsmodellen enthalten waren). Dabei sind zur besseren Übersicht die ermittelten Punktschätzungen jeweils umso weiter nach rechts eingerückt, je früher die Befragten geboren wurden. Diese Darstellungsform soll die zeitgleiche Betrachtung von Kohorten- und Alterseffekten ermöglichen, da gleichzeitig Unterschiede zwischen den Kohorten (Kohorteneffekte) in den einzelnen Jahren und die Entwicklung der Relevanz der Dimensionen über die Zeit (Alterseffekte) betrachtet werden können. Sind Unterschiede im Antwortverhalten im Wesentlichen durch Kohorteneffekte determiniert, sollten dabei bestehende Unterschiede in den Querschnitten mehr oder weniger stabil bleiben. Bei einer

Dominanz von Alterseffekten sollten sich diese eher in relativ konsistenten Entwicklungen über die verschiedenen Befragungszeitpunkte zeigen. Insofern besteht so auch die Möglichkeit, eine Interaktion von Alters- und Kohorteneffekten in den folgenden Analysen zu identifizieren, nämlich bei konsistenten Entwicklungen über die Zeit, die in mehreren Kohorten parallel bzw. unterschiedlich vonstattengehen.

In Abbildung 8.5 ist die erklärte Varianz durch die *funktionale Gesundheit* der Befragten getrennt nach Geschlecht und Geburtskohorten dargestellt, wobei in Abbildung 8.5a die Ergebnisse für Frauen und in Abbildung 8.5b die Ergebnisse der Männer zu sehen sind. Aufseiten der Frauen zeigte sich dabei im Jahr 2001 ein deutlicher Unterschied zwischen kanadischen Frauen, die nach bzw. vor 1961/1962 geboren wurden. Dabei erklärte die Funktionsfähigkeit bei den jüngeren Frauen deutlich weniger Varianz als bei den älteren Frauen, sodass die Konfidenzintervalle der beiden Gruppen von Kohorten nicht überlappten.

Die Entwicklung der erklärten Varianz durch die Funktionsfähigkeit in den folgenden Befragungsjahren gibt einen Hinweis darauf, inwieweit diese Unterschiede auf die Kohorte oder das Alter zurückgingen: Da die Erklärungskraft in den beiden jüngeren Kohorten über den gesamten Untersuchungszeitraum zunahm, deutete sich an, dass es sich bei den hier festgestellten Unterschieden primär um Altersunterschiede zwischen den Kohorten handeln dürfte. Zwar ließ die Erklärungskraft durch die funktionale Gesundheit im Vergleich der Jahre 2001 und 2009 in der jüngsten Kohorte leicht nach, allerdings nahm sie anschließend stetig zu, sodass das Nachlassen auch als Verzögerung gedeutet werden kann. In Folge dieses 'Aufholens' der beiden jüngsten Kohorten überlappen die Konfidenzintervalle fast aller Kohorten zum letzten Befragungszeitpunkt dieser Analysen im Jahr 2014. Darüber hinaus ließ sich aber auch für die meisten anderen Kohorten im Großen und Ganzen eher eine Zunahme der erklärten Varianz durch die Funktionsfähigkeit (und damit der Relevanz dieses Aspektes in SRH) feststellen, die allerdings aufgrund der teilweise stark überlappenden Konfidenzintervalle nicht überinterpretiert werden sollte. Zusammengefasst fanden sich also hinsichtlich der Relevanz der funktionalen Gesundheit Unterschiede zwischen den Kohorten bzw. Altersgruppen, die jedoch im Zeitverlauf stark nachließen, was eher auf einen Alterseffekt hindeutet, da diese Gesundheitsdimension für jüngere Menschen weniger wichtig war.

Abbildung 8.5b zeigt, dass die erklärte Varianz von SRH durch die Funktionsfähigkeit auch bei Männern im Jahr 2001 in einem Zusammenhang mit dem Alter bzw. der Kohorte stand. Dieser Zusammenhang zeigte sich in der Form, dass mit zunehmenden Alter bzw. je früher die Befragten geboren wurden, die Erklärungskraft der funktionalen Gesundheit im Jahr 2001 immer größer war. Zwar überlappten die Konfidenzintervalle der einzelnen Kohorten teilweise, jedoch traf das z.B. nicht auf die älteste und drittälteste Kohorte zu oder die zweitälteste im Vergleich zur viertältesten (bzw. drittjüngsten) Kohorte.

Wie in den allgemeinen Analysen im vorherigen Kapitel waren die Unterschiede zwischen 2001 und 2009 für relativ gering und uneindeutig. Wenigstens nominell nahm die Relevanz dieser Gesundheitsdimension in den älteren drei Kohorten eher ab, während sie für die jüngeren Kohorten entweder stabil blieb bzw. in der jüngsten Kohorte tendenziell zunahm (jedoch bei stark überlappenden Konfidenzintervallen). Über die restlichen verfügbaren Erhebungszeitpunkte hinweg zeigte sich ein eher uneinheitliches Bild bezüglich dieser Erklärungskraft: Während sie für die jüngste sowie zwei der mittleren Kohorten

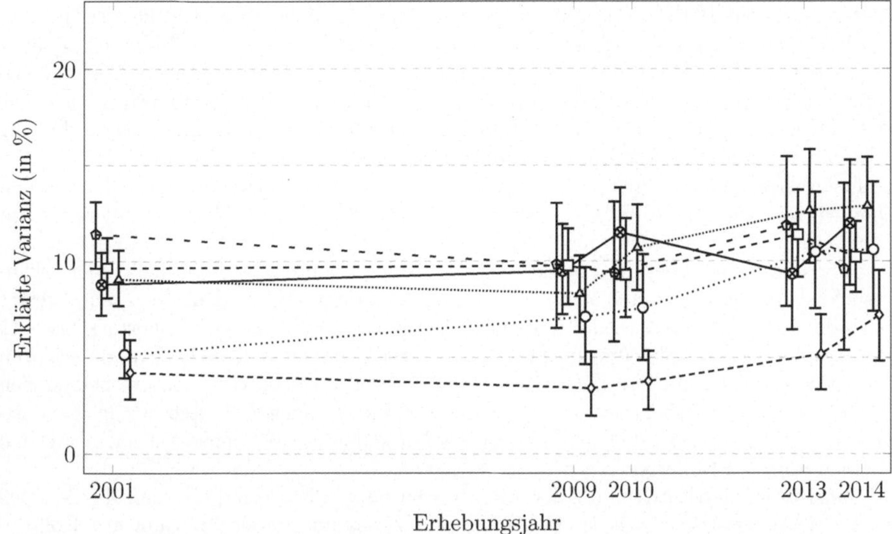

(a) Ergebnisse für Frauen

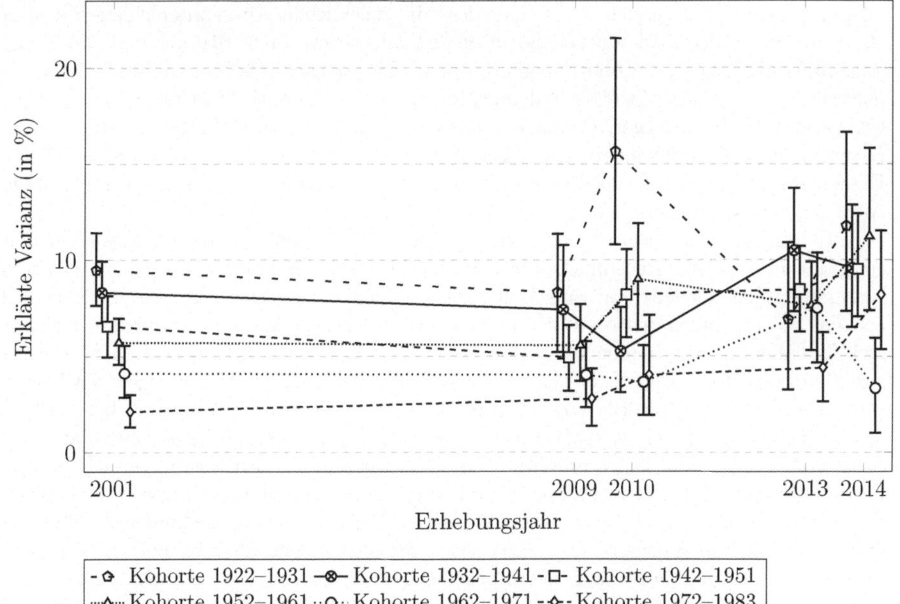

(b) Ergebnisse für Männer
Datenbasis: CCHS-Erhebungen 2001, 2009, 2010, 2013 und 2014; gewichtete Daten, eigene Berechnungen

Abb. 8.5: Erklärte Varianz durch die Funktionsfähigkeit separat nach Kohorte und Geschlecht (95%-Konfidenzintervalle; wiederholte Querschnittsanalysen)

(1942–1951 und 19952–1961) mit steigendem Alter zunahm, waren für die zweitjüngste und die beiden ältesten Kohorten keine klaren Trends auszumachen. Insgesamt deuten diese Befunde allerdings auch hier auf eine Zunahme der Relevanz dieser Gesundheitsdimension bzw. eine Konvergenz bezüglich der Kohorten, welche die ursprünglichen Unterschiede im Jahr 2001 bis 2014 weitgehend nivellierte (ausgenommen ist hierbei die zweitälteste Kohorte, in welcher die funktionale Gesundheit 2014 ungewöhnlich wenig Varianz erklären konnte). Auch hier fanden sich also zu Beginn klare Unterschiede zwischen den Vergleichsgruppen bezüglich der Relevanz der Funktionsfähigkeit, die allerdings im Zeitverlauf nahezu verschwunden waren.

Einen Überblick über die Entwicklung und Kohortenunterschiede bezüglich der erklärten Varianz von SRH durch *Krankheiten* gibt Abbildung 8.6. Im Fall der Frauen zeigte sich dabei im Jahr 2001 wieder merklicher Unterschied zwischen den Kohorten- bzw. Altersgruppen, da Krankheiten in den ältesten drei Gruppen weit mehr Varianz erklären konnten als in den jüngeren drei (Abbildung 8.5a). Die viertälteste Kohorte befand sich dabei in einer Zwischenposition, da in dieser Gruppe weniger Varianz als in den älteren Kohorten durch Krankheiten erklärt werden konnte, jedoch mehr Varianz als in den beiden jüngsten Kohorten.

Hinsichtlich der Entwicklung der erklärten Varianz in den Kohorten über die Zeit ließ sich primär feststellen, dass sie in der jüngsten etwas und in der zweitjüngsten Kohorte merklich über die Zeit anstieg, während die Relevanz von Krankheiten für SRH in den anderen Kohorten eher konstant bzw. in der ältesten Vergleichsgruppe abnehmend war. Gleichzeitig ließ sich jedoch feststellen, dass die merklichen Altersunterschiede im Jahr 2001 bis zum Jahr 2014 weitgehend ausgeglichen waren, da in diesem Jahr die Konfidenzintervalle fast aller Kohorten überlappten. Eine Ausnahme hiervon sind die Konfidenzintervalle der drittältesten und jüngsten Kohorte, die auch 2014 nicht überlappten, was primär an der geringen Varianzaufklärung in der jüngsten Kohorte lag. Auch dieser Befund spricht eher für einen Alterseffekt auf die Bewertung, da Krankheiten für ältere Frauen eine stärkere Rolle spielten als für jüngere und sich diese Unterschiede durch deren Alterung weitgehend ausglichen.

Aufseiten der Männer zeigte sich, wie Abbildung 8.5b zeigt, bei der alleinigen Betrachtung des Jahres 2001 ein ähnliches Muster wie im Falle der Frauen: Auch hier erklärten Krankheiten in den ältesten drei Kohorten die relativ gesehen mehr Varianz von SRH als dies in den jüngeren Kohorten der Fall war. Auch hier lag die drittjüngste Kohorte zwischen den anderen beiden Kohorten, was die Wichtigkeit von Krankheiten für die Gesundheitsbewertung anging, wobei in diesem Fall auch die Konfidenzintervalle der beiden jüngsten Kohorten (gerade eben) nicht überlappten, wodurch die Kohorten- bzw. Altersunterschiede sogar noch etwas deutlicher waren als bei den Frauen im gleichen Jahr.

Im Falle der Männer ließen im Großen und Ganzen ähnliche Entwicklungen wie bei den Frauen hinsichtlich der Relevanz von Krankheiten über die Untersuchungszeit ausmachen. Es zeigte sich zwar ähnlich wie bei den Frauen im Vergleich der Jahre 2001 und 2009 eine stark abnehmende Relevanz der Krankheiten für SRH in den ältesten beiden Kohorten, ab diesem Zeitpunkt war diese allerdings recht stabil bzw. sogar eher zunehmend. Nominell lag dabei zu jedem Befragungszeitpunkt die erklärte Varianz in der zweitältesten Kohorte zu jedem Befragungszeitpunkt höher als in der ältesten, jedoch überlappten die Konfidenzintervalle jeweils zu großen Teilen.

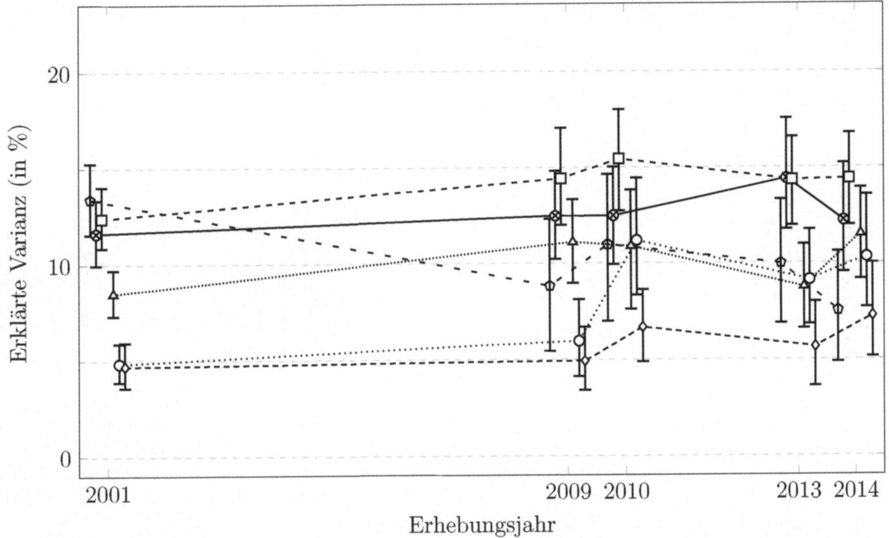

(a) Ergebnisse für Frauen

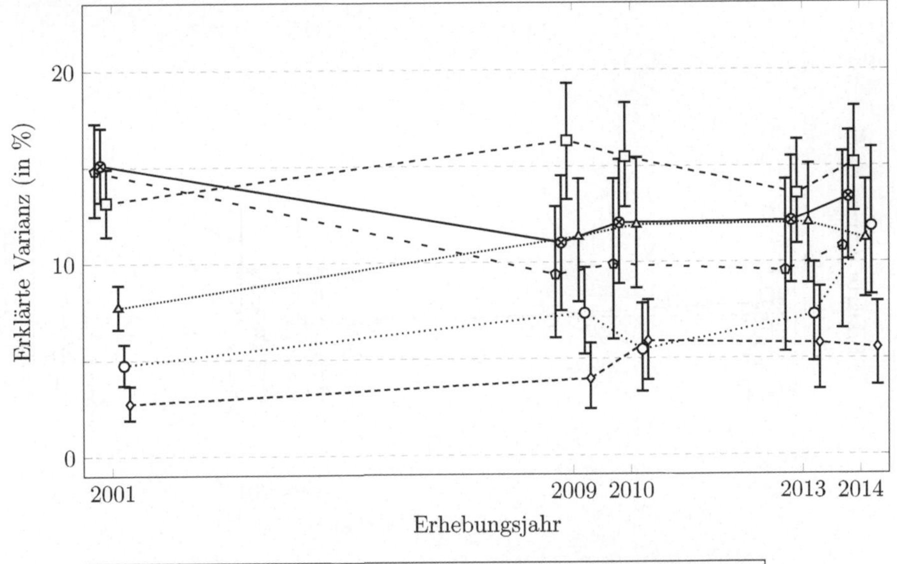

(b) Ergebnisse für Männer
Datenbasis: CCHS-Erhebungen 2001, 2009, 2010, 2013 und 2014; gewichtete Daten, eigene Berechnungen

Abb. 8.6: Erklärte Varianz durch Krankheiten separat nach Kohorte und Geschlecht (95%-Konfidenzintervalle; wiederholte Querschnittsanalysen)

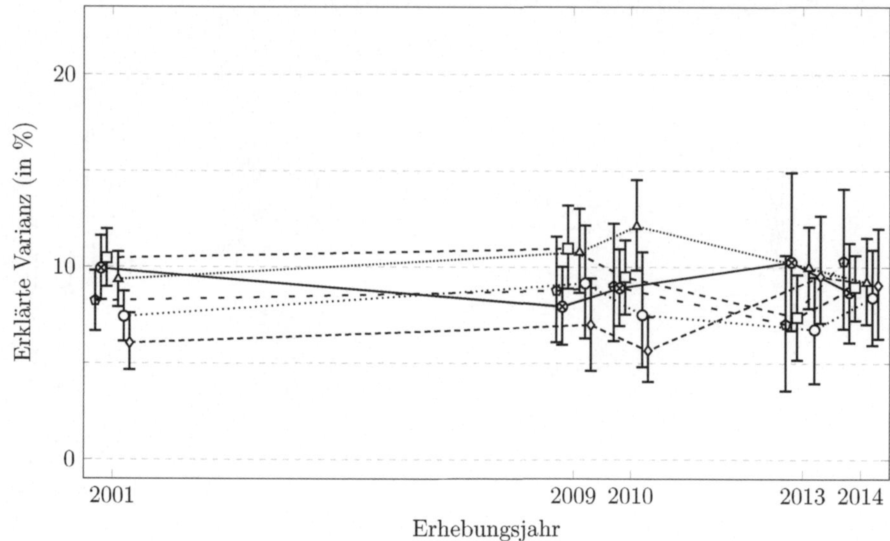

(a) Ergebnisse für Frauen

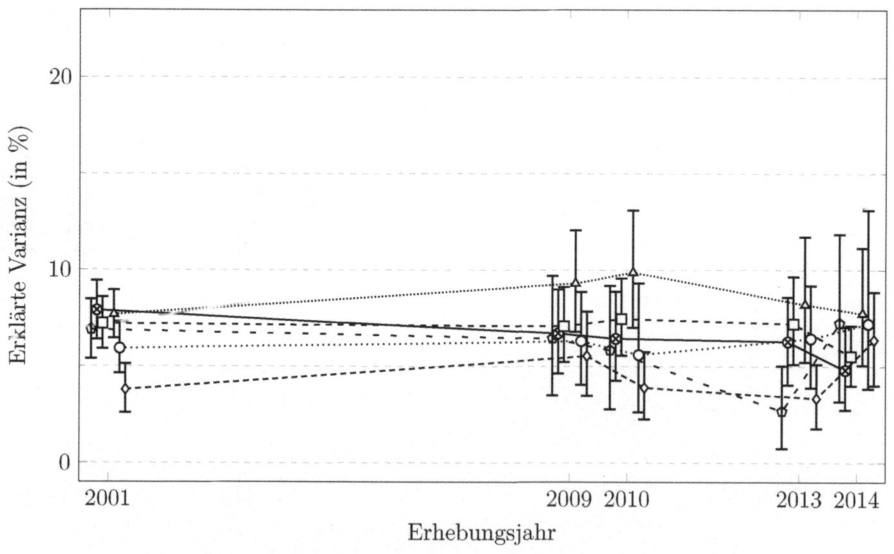

(b) Ergebnisse für Männer
Datenbasis: CCHS-Erhebungen 2001, 2009, 2010, 2013 und 2014; gewichtete Daten, eigene Berechnungen

Abb. 8.7: Erklärte Varianz durch Schmerzen separat nach Kohorte und Geschlecht (95%-Konfidenzintervalle; wiederholte Querschnittsanalysen)

In allen anderen Kohorten nahm die erklärte Varianz durch Krankheiten dagegen tendenziell zu, wobei die erklärte Varianz die jeweilige Reihenfolge – je älter, desto mehr erklärte Varianz durch Krankheiten – für diese vier Kohorten stets grob erhalten blieb. Die einzigen Ausnahmen hiervon waren die beiden jüngsten Kohorten im Jahr 2010 und die Kohorten 1952–1961 und 1962–1971 im Jahr 2014, wobei in beiden Fällen die erklärte Varianz nahezu identisch war. Vergleicht man die beiden Befragungsjahrgänge 2001 und 2014 wieder miteinander, lässt sich feststellen, dass die deutlichen Unterschiede in der erklärten Varianz durch Krankheiten zwischen den Kohorten im Zeitverlauf wieder nahezu verschwanden. Einzig in der jüngsten Kohorte ließ sich (wie bei den Frauen) weniger Varianz durch diese Gesundheitsdimension erklären als in den anderen Kohorten, wenn man die Konfidenzintervalle als Kriterium nimmt (diese überlappten im Falle der jüngsten Kohorte nur mit der ältesten). Auch bei den Männern zeigte sich also eine abnehmende Relevanz von Krankheiten im höheren Alter, die dabei (in einem geringeren Ausmaß) auch die zweitälteste Kohorte betraf. Wie bei den Frauen zeigte sich nur ein vergleichsweise geringer Anstieg der Relevanz im Falle der jüngsten Kohorte.

Abbildung 8.7 bildet die erklärte Varianz durch *Schmerzen* in den Kohorten nach Geschlecht und Befragungsjahr getrennt ab. Wie Abbildung 8.7a zeigt, waren die Unterschiede in der Erklärungskraft im Falle der Schmerzen zwischen den Kohorten bei Frauen generell weit geringer als es im Fall der Funktionsfähigkeit und Krankheiten der Fall war. Im Jahr 2001 überlappten nahezu alle Konfidenzintervalle der sechs Kohorten weitgehend (die größte Ausnahme hiervon war die jüngste Kohorte im Vergleich zu den drei mittelalten Geburtskohorten mit den Geburtsjahren 1932–1961).

Im Zeitverlauf zeigten sich – trotz einiger Varianz zwischen den Erhebungszeitpunkten – zudem keine klaren Entwicklungen. Eine kleinere Ausnahme von diesem Befund war, dass die Dimension der Schmerzen bzw. deren Intensität in der jüngsten Kohorte über die Zeit etwas an Relevanz für die Erklärung von SRH zunahm, sodass die Erklärungskraft der Schmerzen in der letzten verfügbaren Befragung 2014 für alle weiblichen Kohorten nahezu identisch war (wobei selbst in diesem Fall die Konfidenzintervalle der jüngsten Kohorte in den Jahren 2001 und 2014 stark überlappten). Dies spricht insgesamt eher für Altersunterschiede, da auch hier eine gewisse Konvergenz der Relevanz von Schmerzen für SRH für die sechs untersuchten Kohorten feststellbar war.

Im Falle der Männer zeigt Abbildung 8.7b ein relativ ähnliches Muster. Auch in ihrem Fall erklärten Schmerzen die Varianz von SRH im Jahr 2001 in allen Kohorten ähnlich gut, wobei auch hier insbesondere die jüngste Kohorte eine Ausnahme bildete, da dort Schmerzen eine relativ geringe Relevanz für die Gesundheitsbewertung hatten. Infolgedessen überlappte deren Konfidenzintervall für die erklärte Varianz von SRH durch Schmerzen nur mit der zweitjüngsten Kohorte.

Blendet man größere Ausreißer wie die das Jahr 2013 im Falle der ältesten Kohorte aus, zeigte sich im Vergleich über die 14 untersuchten Jahre insgesamt eine recht konstante Erklärungskraft der Schmerzen hinsichtlich SRH ab. Zumindest im Falle der jüngsten Kohorte zeigte sich jedoch (mit einem unsteten Verlauf) insgesamt eine leicht steigende Tendenz der Relevanz von Schmerzen, während die erklärte Varianz in der zweit- und drittältesten Kohorten tendenziell abnahm. Alle diese Unterschiede sollten jedoch nicht überschätzt werden, da hier die Konfidenzintervalle der gleichen Kohorten über die Zeit zumeist überlappten. Auch im Falle der Männer waren insgesamt betrachtet die Unter-

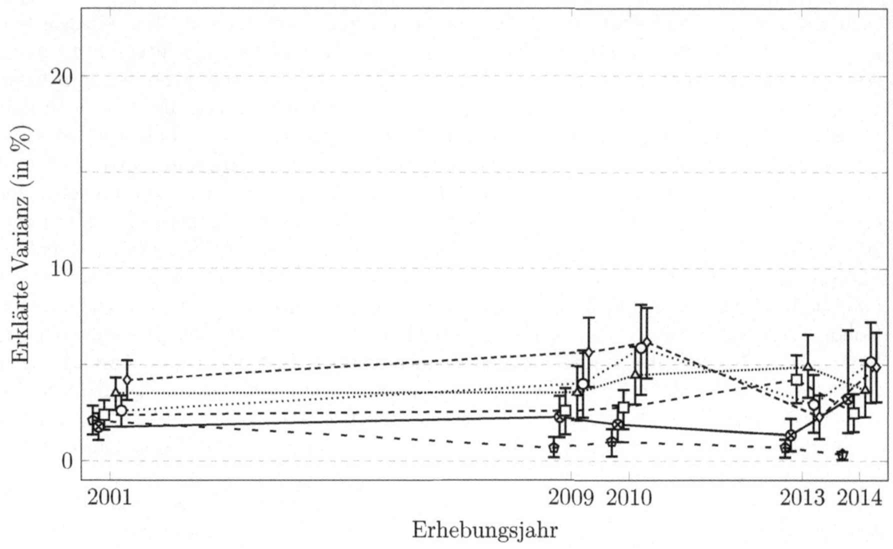

(a) Ergebnisse für Frauen

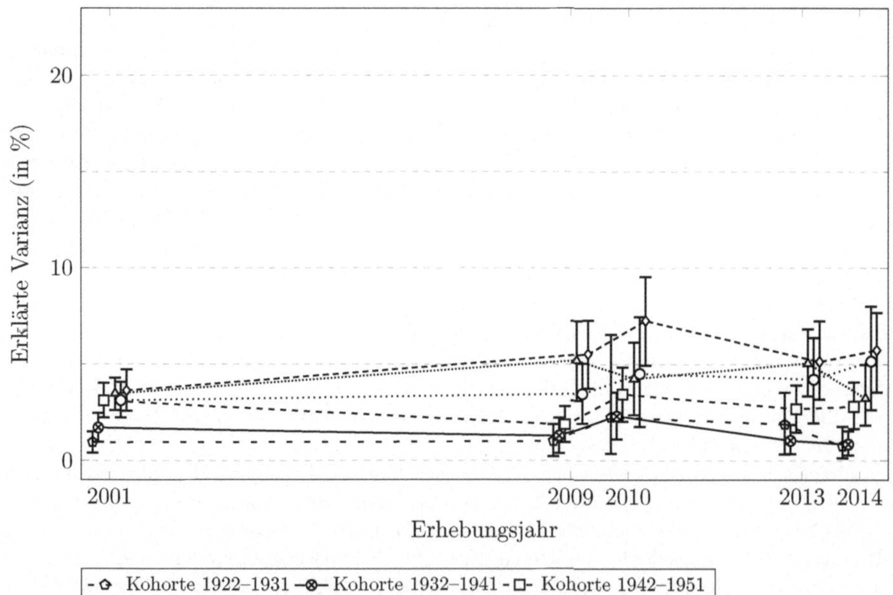

(b) Ergebnisse für Männer
Datenbasis: CCHS-Erhebungen 2001, 2009, 2010, 2013 und 2014; gewichtete Daten, eigene Berechnungen

Abb. 8.8: Erklärte Varianz durch Gesundheitsverhalten separat nach Kohorte und Geschlecht (95%-Konfidenzintervalle; wiederholte Querschnittsanalysen)

schiede, die noch im Jahr 2001 feststellbar waren, bis zum Jahr 2014 nahezu ausgeglichen, sodass in diesem Fall sogar sämtliche Konfidenzintervalle der Männer im Jahr 2014 überlappten. Auch dies deutet also für eine Dominanz von Alterseffekten bei der Relevanz von Schmerzen für die Gesundheitsbewertung.

Das Ausmaß der erklärten Varianz von SRH im CCHS durch Variablen, die mit dem *Gesundheitsverhalten* zusammenhängen, ist in Abbildung 8.8 dargestellt. Abbildung 8.8a zeigt dabei die Ergebnisse der Frauen, wobei deutlich wird, dass auf einem relativ niedrigen Niveau auch das Verhalten eine relativ konstante Bedeutung in den meisten Kohorten hatte. Im Jahr 2001 erklärten diese Variablen in allen Kohorten ähnlich viel Varianz, wobei sie in der jüngsten Kohorte eine leicht höhere Relevanz für SRH hatte, da die Konfidenzintervalle in dieser Kohorte nur mit denen der zweit- und drittjüngsten Kohorte überlappten.

Die Konsistenz der Erklärungskraft der Verhaltensvariablen über die Zeit drückte sich dabei insbesondere darin aus, dass im Jahr 2014 die durch diese Variablen erklärte Varianz – bei einigen eher unsystematischen Schwankungen über die Jahre – abgesehen von der ältesten Kohorte für alle Kohorten sehr ähnlich war. In der ältesten Kohorte hingegen ließ sich eine relativ klare Entwicklung damit feststellen, dass die erklärte Varianz im Falle der Frauen nachließ, sodass das Konfidenzintervall der erklärten Varianz durch das Gesundheitsverhalten dieser Kohorte im Jahr 2014 weder mit dem derselben Kohorte im Jahr 2001 noch mit denen der anderen Kohorten überlappte. Im Falle der kanadischen Frauen zeigte sich also eher ein Alterseffekt, da die erklärte Varianz durch Gesundheitsvariablen sich nur für die älteste Kohorte über die Zeit bzw. mit steigendem Alter änderte.

Aufseiten der Männer bot sich ein ähnliches Bild hinsichtlich der Relevanz des Gesundheitsverhaltens für die Bewertung der Gesundheit wie im Falle der Frauen, wie Abbildung 8.8b dokumentiert. Auch in ihrem Fall zeigten sich im Jahr 2001 eher geringe Unterschiede in der erklärten Varianz durch diese Variablen. Auch hier tendierten die beiden ältesten Kohorten dabei zu einer etwas niedrigeren Erklärungskraft, während die vier jüngeren Kohorten eine stärkere Ähnlichkeit aufwiesen. Die Diskrepanz zwischen diesen Kohorten war dabei im Gegensatz zu dem untersuchten Frauen groß genug, damit das Konfidenzintervall der ältesten Geburtskohorte nicht mit denen der vier jüngeren Kohorten überlappte, sondern nur mit der zweitältesten Kohorte.

Während sich im Falle der ältesten Geburtskohorte der Männer (wieder im Gegensatz zu den Kanadierinnen) die erklärte Varianz von SRH durch den BMI und das Rauchen nur sehr geringfügig über die 14 Jahre änderte, stieg dieselbe Relevanz in den beiden jüngsten Geburtskohorten minimal an, während das Gegenteil für die zweitälteste Geburtskohorte der Fall war. Entsprechend findet sich im Fall der Männer in der Befragung von 2014 eine leicht stärkere Spreizung der Relevanz der Verhaltensvariablen für die verschiedenen Geburtskohorten, sodass diese tendenziell umso mehr Varianz von SRH erklärten, je später die Befragten geboren wurden. Diese Trends sollten allerdings nicht überinterpretiert werden, da die Konfidenzintervalle weder deutliche Unterschiede zwischen den Jahrgängen noch den Kohorten zulassen. Allgemein lassen sich im Falle der Männer also weder klare Alters- noch Kohortenunterschiede feststellen, wobei die leichte Verstärkung der ursprünglich bestehenden Kohortenunterschiede über die Zeit möglicherweise eher für letztere sprechen würde.

Tabelle 8.3: Angepasstes R^2 und Fallzahl für Modelle nach Erhebungsjahr, Geschlecht und Kohorte

Jahr		Frauen						Männer					
		1972–1983	1962–1971	1952–1961	1942–1951	1932–1941	1922–1931	1972–1983	1962–1971	1952–1961	1942–1951	1932–1941	1922–1931
2001	$R^2_{Adj.}$	0,19	0,20	0,30	0,35	0,32	0,35	0,12	0,18	0,25	0,30	0,33	0,32
	n	9.204	11.073	12.180	9.526	7.453	6.822	8.712	10.299	11.941	9.106	6.351	4.793
2009	$R^2_{Adj.}$	0,21	0,26	0,34	0,38	0,32	0,28	0,18	0,21	0,31	0,30	0,26	0,25
	n	4.818	4.036	5.129	5.310	3.761	2.468	4.339	3.894	4.509	4.530	2.783	1.472
2010	$R^2_{Adj.}$	0,22	0,32	0,38	0,37	0,35	0,30	0,21	0,19	0,35	0,34	0,26	0,33
	n	4.994	3.909	5.166	5.471	3.950	2.459	4.242	3.846	4.559	4.479	2.942	1.390
2013	$R^2_{Adj.}$	0,22	0,29	0,36	0,37	0,35	0,29	0,18	0,25	0,33	0,32	0,30	0,20
	n	4.545	3.679	6.005	6.043	3.910	1.896	4.030	3.344	4.945	4.949	2.794	1.050
2014	$R^2_{Adj.}$	0,28	0,34	0,37	0,36	0,36	0,27	0,26	0,27	0,33	0,33	0,28	0,30
	n	4.358	3.535	6.253	6.325	3.916	1.708	3.732	3.135	5.102	5.176	2.664	885

Tabelle 8.3 bietet schlussendlich einen Überblick über die gesamte Erklärungskraft $R^2_{Adj.}$ und die Fallzahlen der zuvor beschriebenen Analysen getrennt nach Geschlecht, Geburtskohorten und Befragungsjahr. Wie in diesem Überblick generell zu sehen ist, gab es aufseiten der Frauen insbesondere eine Diskrepanz in der Erklärungskraft des GI-Modells zwischen den beiden jüngsten sowie (in geringerem Ausmaß) der ältesten Kohorte und den restlichen Geburtskohorten, da in den zuerst genannten generell weniger Varianz durch die verwendeten GI erklärt werden konnte. Eine kleinere Ausnahme von dieser Regel bildete die zweitjüngste Kohorte in den Jahren 2010 und 2014 sowie die älteste Kohorte im Jahr 2001, wo in dieser Kohorte etwas mehr Varianz durch die unabhängigen Variablen erklärt werden konnte. Ähnliches traf auch auf die kanadischen Männer in den Analysen zu, wobei die erklärte Varianz zudem generell geringer war. Diese Befunde lassen darauf schließen, dass das hier verwendete GI-Modell tendenziell weniger gut geeignet ist, um die selbst eingeschätzte Gesundheit jüngerer Menschen zu erklären, wobei dasselbe in geringerem Ausmaß auch auf besonders alte Menschen zutraf.

Um diesen Befund zu illustrieren, ist die erklärte Varianz durch die GI-Modelle in Abbildung 8.9 nach Geschlecht, Kohorte und Befragungsjahr abgetragen. Wie in dieser Abbildung zu sehen ist, stieg $R^2_{Adj.}$ durch das GI-Modell für die drei jüngsten Geburtskohorten nahezu stetig im Verlauf der 14 untersuchten Jahre, während es für die beiden dritt- und viertälteste Kohorte eher konstant war bzw. leicht abfallend für der viertältesten Kohorte der Männer. Bezüglich der ältesten Geburtskohorte ließ sich schließlich ein eher abfallender Trend ausmachen, welcher für Frauen stärker und konsistenter verlief. Dies verdeutlicht, dass dieses GI-Modell augenscheinlich besser die Gesundheit von Menschen im mittleren und höheren Alter erklären konnte.

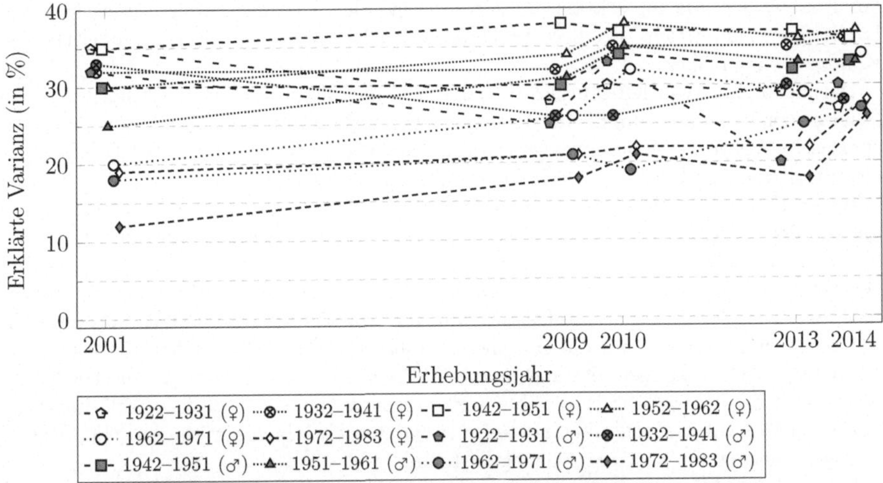

Datenbasis: CCHS-Erhebungen 2001, 2009, 2010, 2013 und 2014; gewichtete Daten, eigene Berechnungen

Abb. 8.9: $R^2_{Adj.}$ des GI-Modells nach Geschlecht und Geburtskohorte über den Untersuchungszeitraum (95%-Konfidenzintervalle; wiederholte Querschnittsanalysen)

8.3 Zusammenfassung und Zwischenfazit

Die Analysen dieses Kapitels dienten der Replikation und Vertiefung der Analysen in Kapitel 6 anhand der kanadischen Daten des CCHS der Jahre 2001, 2009, 2010, 2013 und 2014. In einem ersten Schritt wurde hierzu untersucht, wie die vier verfügbaren Gesundheitsdimensionen bzw. GI mit SRH zusammenhängen. Dabei wurde neben den Regressionsmodellen auch die erklärte Varianz durch die Gesundheitsdimensionen und einzelnen Variablen verglichen, um ihre jeweilige Relevanz für SRH zu betrachten. Dieser Teil der Analyse ging also Forschungsfrage 1 nach, d.h. der Frage nach der gesundheitsbezogenen Basis von SRH.

Um erste Hinweise auf mögliche Altersunterschiede zu gewinnen, die im Zusammenhang mit der 3. Forschungsfrage von Interesse sind, habe ich diese Analysen anschließend getrennt nach Befragungsjahr repliziert. Da bei diesen Analysen immer dieselbe Population zugrunde lag, nämlich KanadierInnen, die 2001 18-jährig oder älter waren, waren mögliche Unterschiede dieses Analyseschritts folglich primär dem steigenden Alter der Population zuzuordnen.

In einem nächsten Schritt wurde im Schwerpunkt dieses Kapitels anhand von replizierten Querschnittanalysen dieser Population über den Zeitraum von 14 Jahren getrennt nach Kohorten untersucht, ob und inwieweit Altersunterschiede im Bewertungsverhalten auf Alters- oder Kohorteneffekte zurückgingen. Dieser Teil der Untersuchung entspricht also einer eingehenderen Verfolgung der Forschungsfrage 3, da in diesem Fall tatsächliche Entwicklungen über die Zeit in den Gruppen beobachtet und so zwischen Alters- und Kohortenunterschieden getrennt werden konnte. Anders ausgedrückt wurde in diesem Teil der Analyse also die Interaktion der Alterung mit der jeweiligen Altersgruppe bzw. Geburtskohorte untersucht, da diese Verläufe in den Kohorten der Alterung innerhalb der Kohorten entsprechen.

Darüber hinaus wurden sämtliche Analysen in diesem Kapitel getrennt nach dem Geschlecht der Befragten durchgeführt, sodass das für Forschungsfrage 5 relevante gruppenspezifische Antwortverhalten wenigstens bezüglich von Unterschieden in der Gesundheitsbewertung aufgrund des Geschlechts untersucht werden konnte.

In der direkten Replikation der Ergebnisse des Kapitels 6 hinsichtlich Forschungsfrage 1 anhand der gepoolten Daten des CCHS zeigte sich, dass bei den KanadierInnen in diesem Survey Krankheiten die größte Relevanz für SRH hatten. Die Relevanz der Funktionsfähigkeit lag dabei in etwa auf einem Level mit der erklärten Varianz von SRH durch Schmerzen bzw. deren Intensität, während das Gesundheitsverhalten die wenigste Varianz zu erklären vermochte. Bezogen auf die einzelnen Variablen wiesen insbesondere die Anzahl an Aktivitätseinschränkungen, das allgemeine Vorliegen sowie die Anzahl chronischer Krankheiten und die beiden stärkeren Schmerzintensitätsvariablen die größte Erklärungskraft bezüglich SRH auf, während die anderen verwendeten Variablen nur einen vergleichsweise geringen Beitrag zur Varianzerklärung leisteten.

Im zweiten Schritt der Untersuchung, also der Analyse der CCHS-Daten getrennt nach Befragungsjahren, welche auf eine Ermittlung von Altersunterschieden im Bewertungsverhalten (also Forschungsfrage 3) in der allgemeinen Bevölkerung abzielte, zeigten sich augenscheinlich größtenteils unsystematische Unterschiede zwischen den fünf genutzten Erhebungszeitpunkten dieses Surveys. Bei dieser Betrachtung der erklärten Varianz durch die vier Gesundheitsdimensionen über den Untersuchungszeitraum von 14 Jahren fand sich also zwar einige Varianz, jedoch war die Relevanz der meisten Gesundheitsdimensionen über die Zeit hinweg weitgehend konstant.

Einzig für die Dimension der funktionalen Gesundheit deutete sich im Zeitraum 2009–2014 (für beide Geschlechter) ein leichter Aufwärtstrend in der Varianzaufklärung von SRH – und damit dem Gewicht dieser Dimension in der Gesundheitsbewertung – an. Allerdings sollte dieser Trend aufgrund der überlappenden Konfidenzintervalle nicht überbewertet werden. Gleichfalls fand sich in diesen allgemeinen Analysen über die Untersuchungszeit kein systematischer Unterschied in der gesamten Erklärungskraft der GI-Modelle, also $R^2_{Adj.}$. Auf Basis dieser Ergebnisse kann folglich für die Gesamtpopulation im Zeitraum von 14 Jahren eher nicht von einem starken Einfluss des Alters auf das Bewertungsverhalten bezüglich der subjektiven Gesundheit gesprochen werden.

Bei der separaten Betrachtung von Alters- und Kohorteneffekten aufgrund der Trennung nach Geburtskohorten ließ sich für die Gesundheitsdimensionen der *Funktionsfähigkeit und Krankheiten* zuerst feststellen, dass 2001 merkliche Gruppenunterschiede in deren Relevanz bestanden, da diese Dimensionen in jüngeren Kohorten deutlich weniger Varianz von SRH erklären konnten als in den älteren. Diese Unterschiede glichen sich allerdings bis zum Jahr 2014 weitgehend aus, sodass die Erklärungskraft bezüglich dieser Dimensionen in der letzten verfügbaren Befragung in den meisten Kohorten sehr ähnlich war. Hinsichtlich der erklärten Varianz durch *Schmerzen* zeigten sich ähnliche Ergebnisse, wobei hier die Gruppenunterschiede bereits im Jahr 2001 vergleichsweise gering waren. Für diese drei Gesundheitsdimensionen liegt entsprechend der Schluss nahe, dass die ursprünglich feststellbaren Unterschiede weitgehend auf Altersunterschiede zurückgingen, da Kohortenunterschiede sich in eher konstanten Differenzen zwischen den Kohorten äußern sollten (Renn 1987: 278–279).

Einzig die Gesundheitsdimension des *Verhaltens* wich, bei generell geringeren Unterschieden als bei den anderen Gesundheitsdimensionen im Jahr 2001, etwas von diesem Muster ab. In diesem Fall war es so, dass in den älteren Kohorten weniger Varianz von SRH durch die Verhaltensvariablen erklärt werden konnte. Diese Unterschiede verstärkten im Zeitverlauf sogar, insbesondere bei Frauen, was ebenfalls von dem beschriebenen Muster der anderen Gesundheitsdimensionen abwich. Obschon dieser Befund aufgrund des generell geringen Ausmaßes der Unterschiede und den teilweise recht großen Konfidenzintervallen nicht überinterpretiert werden sollte, deuten sie im Falle des Gesundheitsverhaltens auf ein mögliches Zusammenspiel von Alters- und Kohorteneffekten hin. Dieser Interpretation zufolge bestünden also einerseits allgemeine Kohortenunterschiede in der Wichtigkeit dieser Dimension, die sich jedoch im Zeitverlauf, d.h. durch die Alterung in den Kohorten, verstärkten. Andererseits ließ sich jedoch wenigstens für die ältesten Frauen feststellen, dass die ohnehin geringe erklärte Varianz durch diesen Gesundheitsaspekt über den Zeitverlauf für diese Gruppe abnahm (während sie in den anderen Kohorten tendenziell zunahm). Dies könnte auch als kurvilinearer Zusammenhang zwischen dem Gesundheitsverhalten und der Gesundheitsbewertung gedeutet werden, dass der Zusammenhang also zuerst im Lebensverlauf stärker wird und im höheren Alter wieder abnimmt.

Insgesamt betrachtet kann also als Beitrag dieses Kapitels zur Beantwortung von Forschungsfrage 3 festgehalten werden, dass die Analysen gezeigt haben, dass die Gruppenunterschiede und zeitlichen Veränderungen in der Erklärungskraft der vier im CCHS verfügbaren Gesundheitsdimensionen des theoretischen Modells eher auf die Alterung der Befragten statt auf Kohortenunterschiede zurückgehen. Über den Betrachtungszeitraum von 14 Jahren ließen sich eher konsistente Veränderungen mit steigendem Alter der Befragten finden als konsistente Unterschiede zwischen den Kohorten. Diese Befunde sind also eher kompatibel mit den theoretischen Annahmen der Reprioritization, also einer sich wandelnden Gewichtung verschiedener GE aufgrund der Alterung (Sprangers & Schwartz 1999; Schwartz & Sprangers 1999), anstatt mit Kohortenunterschieden.

In einem letzten Schritt der Analysen dieses Kapitels wurden dann wieder die Modelle insgesamt bzw. die durch sie erklärte Varianz in den Blick genommen. Dies diente der Untersuchung, inwieweit SRH in den unterschiedlichen Kohorten durch die verfügbaren GI über den Zeitverlauf unterschiedlich gut erklärt werden konnte. Im Rahmen dieser Betrachtung ließ sich ein mehr oder weniger kurvilinearer Zusammenhang zwischen der 'Erklärbarkeit' von SRH durch das Modell und dem Alter der Befragten feststellen: Während $R^2_{Adj.}$ zu Beginn des Untersuchungszeitraums vor allem in den beiden jüngsten Altersgruppen geringer war als in den restlichen Kohorten, nahm $R^2_{Adj.}$ vor allem für die beiden jüngsten Kohorten (unabhängig vom Geschlecht) über die Zeit zu, während diese Maßzahl vor allem in den ältesten beiden Kohorten der Männer und in der ältesten Kohorte der Frauen eher abnahm. Diese Ergebnisse legen folglich den Schluss nahe, dass das hier verwendete GI-Modell die Varianz von SRH vor allem im mittleren und höheren Alter relativ gut erklären konnte, während dasselbe nicht im gleichen Ausmaß für junge und sehr alte Menschen der Fall war.

Aufgrund des einheitlichen Untersuchungszeitraums dieser Analysen kann allerdings nicht ausgeschlossen werden, dass es sich bei den Veränderungen im Zeitverlauf um Periodeneffekte handelt, also alle Kohorten in ähnlicher Weise von Veränderungen über die Zeit beeinflusst werden (Renn 1987). Dies würde jedoch bedeuten, dass Periodeneffekte in den untersuchten 14 Jahren bewirkt hätten, dass sich die Gewichtung der Gesundheitsdimensionen der funktionalen Gesundheit, der Krankheiten und der Schmerzen und damit auch die allgemeine Erklärungskraft der GI bezüglich SRH in den jüngeren Kohorten der Gewichtung der älteren Kohorten angeglichen hat, was weniger plausibel ist.

Im Rahmen von Forschungsfrage 5 ließ sich insbesondere feststellen, dass das verwendete GI-Modell mehr Varianz von SRH bei Frauen erklären konnte als bei Männern. Diese Unterschiede gingen, wie in den Analysen ebenfalls gezeigt werden konnte, insbesondere darauf zurück, dass die Dimensionen der Funktionsfähigkeit und Schmerzen im Falle der Männer merklich weniger Varianz erklären konnten als bei Frauen. Diese Gesundheitsdimensionen hatten also, im Rahmen der hier möglichen Operationalisierung, weniger Einfluss auf die Gesundheitsbewertung der Männer. In den detaillierten Analysen bezogen auf die einzelnen Variablen zeigte sich, dass die höhere Relevanz der funktionalen Gesundheit aufseiten der Frauen in einer größeren Erklärungskraft der Anzahl eingeschränkter Funktionsbereiche (basierend auf dem HUI-3) begründet lag, während sämtliche (und insbesondere die höheren beiden) Schmerzintensitätsstufen im Falle von Frauen mehr Varianz erklären konnten als bei Männern.

9 Die Messung des Gesundheitsstatus und von Gesundheitsveränderungen und die Rolle von Geschlecht und Alter

Das analytische Modell dieser letzten empirischen Teiluntersuchung ist in Abbildung 9.1 dargestellt. Dabei sind in dieser Abbildung parallel zwei verschiedene Modelle dargestellt, die den unterschiedlichen Aspekten dieser Untersuchung entsprechen:

Einerseits handelt es sich (ohne die Δ-Zeichen) weitgehend um das gleiche analytische Modell wie in Kapitel 6. Im Rahmen dieses Modells gehen die Analysen in diesem Kapitel folglich gleichfalls Forschungsfrage 1 nach, nämlich der gesundheitsbezogenen Basis von SRH. Zudem ermitteln sie entsprechend der Forschungsfragen 3 und 5, inwieweit diese Einflüsse auf die selbst eingeschätzte Gesundheit durch das Alter (Frage 3) oder das Geschlecht (Frage 5) moderiert werden. Dieser Teil der folgenden Analysen dient demgemäß

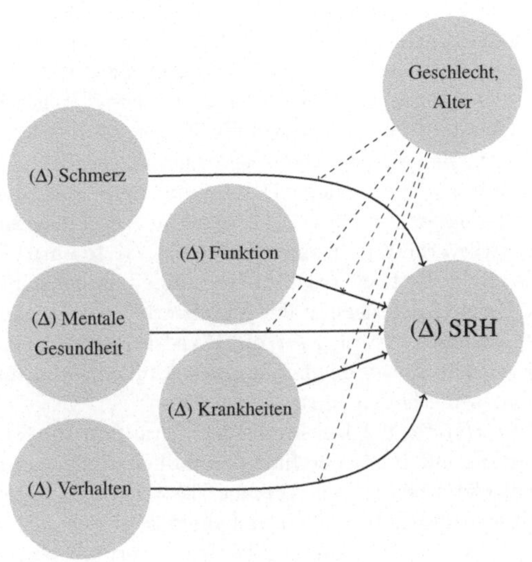

Abb. 9.1: Analytisches Modell zur Erklärung von Veränderungen von SRH durch Gesundheitsveränderungen

der Replikation der Analysen in Kapitel 6 in einem anderen Länderkontext und bezogen auf die allgemeine Bevölkerung anstelle älterer Menschen.

Andererseits sollen die Analysen in diesem Kapitel ebenfalls Forschungsfrage 4 nachgehen, also inwieweit gesundheitsbezogene Veränderungen über die Zeit einen Einfluss auf Veränderungen von SRH zwischen den Erhebungswellen haben bzw. wie dieser aussieht. Dies wird in Abbildung 9.1 durch die Δ-Zeichen als mathematische Symbole für Differenzen oder Veränderungen verdeutlicht. Auch hier soll entsprechend der Fragen 3 und 5, wie die Abbildung zeigt, zudem in den Blick genommen werden, inwieweit der Einfluss von Gesundheitsveränderungen durch das Alter oder das Geschlecht der Befragten moderiert wird. Durch die Umsetzung dieses Teil des Modells sollen die Ergebnisse der vorherigen Kapitel also inhaltlich wie methodisch erweitert werden, indem nicht nur die spontane

© Springer Fachmedien Wiesbaden GmbH, ein Teil von Springer Nature 2019
P. Lazarevič, *Was misst Self-Rated Health?*,
https://doi.org/10.1007/978-3-658-28026-0_9

Bewertung im Moment der Befragung betrachtet wird, sondern auch die intraindividuelle Entwicklung der Gesundheitsbewertung bzw. deren gesundheitsbezogene Grundlage.

Auf Basis der Verknüpfung dieser beiden Teile bzw. Modelle der Untersuchung lässt sich zudem betrachten, ob und in welchem Ausmaß beide Arten der Bewertung – also im Moment der Befragung und zwischen den verschiedenen Befragungen – auf den gleichen Gesundheitsdimensionen bzw. -informationen beruhen. Mit anderen Worten erlaubt ein entsprechender Vergleich eine Einschätzung, inwieweit die Befragten die gleichen Arten von Informationen zur Bewertung ihres Gesundheitsstatus wie für die (implizite) Bewertung von Gesundheitsveränderungen heranziehen.

Die Umsetzung beider Teilmodelle der Abbildung geschieht dabei so, dass in Kapitel 9.1 die Ergebnisse beider Modelle nur getrennt nach Geschlecht gezeigt werden. Um den Vergleich beider methodischer Ansätze bzw. Betrachtungsweisen bestmöglich nachvollziehbar zu machen, sind die einzelnen Untersuchungsschritte der beiden Modelle immer direkt aufeinander folgend dargestellt. Zuerst werden also in diesem Kapitel die Ergebnisse des allgemeinen linearen Regressionsmodells der NPHS-Daten von 1994 im Detail beschrieben, woraufhin eine analoge Darstellung der Ergebnisse der Fixed-Effects-Regressionen der NPHS-Daten von 1994–2011 folgt. Im Anschluss vergleiche ich kurz die Ergebnisse beider Analyseverfahren. In einem zweiten Analyseschritt folgt darauf im gleichen Kapitel ein Vergleich der Beiträge der fünf Gesundheitsdimensionen und der einzelnen Variablen zu SRH in Form der Zerlegung der jeweils erklärten Varianz sowohl für die linearen Querschnittregressionen als auch für die Fixed-Effects-Regressionen. Auch hier findet anschließend eine kurze Zusammenfassung der Ähnlichkeiten und Unterschiede der Ergebnisse beider Analysemethoden statt.

In Kapitel 9.2 beschreibe ich daraufhin die Ergebnisse der Zerlegung der erklärten Varianz auf Basis der fünf Gesundheitsdimensionen getrennt nach Geschlecht und den fünf Geburtskohorten. Hieraus lässt sich entsprechend ablesen, ob und wie sich die fünf Altersgruppen bzw. Geburtskohorten in der Art und Weise unterscheiden, wie sie ihre Gesundheitsbewertung auf Basis der verfügbaren GI sowohl in der einmaligen Bewertung gestalten als auch wie sie Gesundheitsveränderungen in ihre neuerlichen Bewertungen integrieren. Die Darstellung der Ergebnisse dieses Kapitels endet dann mit einem kurzen Vergleich der Ergebnisse beider Analysemethoden, also Querschnitt- und Längsschnittregressionen.

9.1 Darstellung und Vergleich der Basis von Gesundheitseinschätzungen nach Geschlecht

In Tabelle 9.1 sind die Ergebnisse des linearen Regressionsmodells, welches die Einflüsse der GI auf SRH anhand der 1994er Erhebung des NPHS modellierte, getrennt nach Frauen und Männern dargestellt. Bei der Betrachtung der insgesamt erklärten Varianz zeigt sich, dass durch das GI-Modell mit diesen Daten etwa ein Drittel der Varianz erklärt werden konnte, wobei $R^2_{Adj.}$ bei Frauen mit 0,33 wieder etwas höher ausfiel als bei den Männern mit 0,28. Auch hier ließ sich also ein substanzieller Anteil an den Gesundheitsbewertungen durch die verfügbaren GI erklären, wobei umgekehrt der größere Teil der Varianz durch die GI in den Modellen nicht erklärt werden konnte.

Tabelle 9.1: Ergebnisse der linearen Regressionsmodelle zur Erklärung der selbst eingeschätzten Gesundheit (unstandardisierte Koeffizienten und Standardfehler, Querschnittanalysen der ersten NPHS-Welle (1994))

	Frauen		Männer	
	Koef.	SF	Koef.	SF
Funktion (erklärte Varianz)	10,61%		10,74%	
Aktivitätseinschränkung (RK: keine)	−0,33***	0,05	−0,40***	0,07
Anzahl Einschränkungen[a]	−0,16***	0,02	−0,23***	0,03
Anzahl Aktivitäten Hilfe benötigt[a]	−0,19***	0,04	−0,29***	0,05
Krankheiten (erklärte Varianz)	9,55%		7,36%	
Chronisches Gesundheitsproblem (RK: keins)	−0,22***	0,05	−0,13*	0,05
Anzahl Gesundheitsprobleme[a]	−0,31***	0,03	−0,32***	0,04
Schmerzen (erklärte Varianz)	8,97%		6,71%	
Gering	−0,31***	0,06	−0,28***	0,06
Mäßig	−0,53**	0,05	−0,52***	0,06
Stark	−0,80***	0,09	−0,67***	0,11
Mentale Gesundheit (erklärte Varianz)	1,92%		1,12%	
Medikamente gegen Depression (RK: nein)	−0,32***	0,06	−0,33**	0,09
Anzahl depressiver Symptome[a]	−0,07***	0,02	−0,07***	0,02
Verhalten (erklärte Varianz)	2,20%		2,01%	
BMI (RK: normal (18.5 ≤ BMI ≤ 25))				
Untergewicht (BMI < 18.5)	−0,16*	0,07	−0,21	0,12
Übergewicht (25 ≤ BMI < 30)	−0,18***	0,03	−0,01	0,03
Adipositas (BMI ≥ 30)	−0,26***	0,04	−0,26***	0,04
Aktuell Raucher (RK: nein)	−0,14***	0,03	−0,19***	0,03
$R^2_{Adj.}$	0,33		0,28	
n	8.346		6.832	

Datenbasis: NPHS-Erhebung 1994; gewichtete Daten, eigene Berechnungen
[a] IHS-transformiert
SF = Standardfehler; RK = Referenzkategorie
*$p \leq ,05$ **$p \leq ,01$ ***$p \leq ,001$

Bezüglich der Einflüsse[34] der Gesundheitsdimension der *funktionalen Gesundheit* zeigte sich für beide Geschlechter ein höchst signifikant negativer Effekt globaler Aktivitäts-

---

[34] Auch in diesem Kapitel verwende ich aufgrund der theoretischen Erwägungen wieder teilweise kausale Begriffe für diese auf Korrelationen basierenden Analysen.

einschränkungen, welcher für Männer signifikant höher ausfiel als für Frauen. Der selbe Befund galt auch für die Anzahl verschiedener Einschränkungen bzw. der eingeschränkten Funktionsbereiche (basierend auf dem HUI-3), sowie die Anzahl alltäglichen Aktivitäten, bei denen die kanadischen Befragten von gesundheitsbedingten Einschränkungen betroffen waren. In beiden Fällen zeigte sich also ein höchst signifikanter negativer Zusammenhang zwischen SRH und den IHS-transformierten Zählvariablen, welcher für Männer jeweils signifikant stärker ausfiel als für Frauen. Für die Befragten des NPHS zeigte sich also bei der eigenen Bewertung der Gesundheit im Jahr 1994, dass sie im Falle allgemeiner Einschränkungen ihre Gesundheit negativer bewerteten und dass dies umso mehr der Fall war, je stärker bzw. vielfältiger sie eingeschränkt waren. Insgesamt konnten durch diese Aspekte 10,61% der Varianz von SRH der Frauen erklärt werden, während es für Männer 10,74% waren.

Für die Gesundheitsdimension der *Krankheiten* zeigten sich in diesen Querschnittanalysen die erwarteten Ergebnisse in dem Sinne, dass sich sowohl das allgemeine Vorliegen eines Gesundheitsproblems oder einer Krankheit aus Sicht der Befragten genau wie die IHS-transformierte Anzahl an chronischen Krankheiten und Gesundheitsproblemen signifikant negativ auf deren Gesundheitseinschätzung der Befragten auswirkten. Wenn also Krankheiten vorlagen und je mehr Krankheiten dies individuell waren, desto schlechter empfanden die Befragten ihre Gesundheit zum Zeitpunkt der Befragung. Hierbei fiel allerdings auf, dass das allgemeine Vorliegen mindestens einer chronischen Krankheit bei Frauen auf dem 0,1%-Niveau signifikant war, während dies für Männer nur auf dem 5%-Niveau der Fall war (ein Signifikanztest verriet allerdings, dass sich die beiden Koeffizienten nicht signifikant voneinander unterschieden). Zusammengenommen konnten diese beiden Variablen 9,55% aufseiten der Frauen bzw. 7,36% der Varianz der Gesundheitsbewertungen der Männer erklären.

Im Falle der *Schmerzen* fand sich für beide Geschlechter ein jeweils ein signifikanter Effekt sämtlicher Schmerzintensitäten auf SRH. Befragte des NPHS, die von Schmerzen betroffen waren, bewerteten ihre Gesundheit also generell schlechter als Befragte, für die dies nicht der Fall war. Weiter ließ sich feststellen, dass eine höhere Schmerzintensität für beide Geschlechter mit einer signifikant schlechteren Gesundheitsbewertung einherging. Befragte mit geringen Schmerzen bewerteten ihre Gesundheit also weniger negativ im Vergleich zu Personen ohne Schmerzen als Personen mit mäßigen oder starken Schmerzen. Zuletzt ließ sich feststellen, dass die Gesundheitsbewertung von Frauen auf jeder Intensitätsstufe stärker von Schmerzen beeinflusst wurde als dies für Männer der Fall war. Insgesamt konnten diese Variablen 8,97% der Varianz von SRH im Falle der Frauen erklären, während es für Männer 6,71% waren.

Im Rahmen der Gesundheitsdimension der *mentalen Gesundheit* ließ sich sowohl für aktuell eingenommene Medikamente gegen Depression als auch für die depressiven Symptome für beide Geschlechter ein höchst signifikanter Zusammenhang mit SRH feststellen. Personen, die Antidepressiva einnehmen, bewerteten also ihre Gesundheit schlechter als Personen, die dies nicht taten, während eine größere IHS-transformierte Anzahl depressiver Symptome mit einer negativeren selbst eingeschätzten Gesundheit einherging. Zusammen erklärten diese beiden Variablen bei Frauen 1,92% und bei Männern 1,12% der gesamten Varianz ihrer Gesundheitseinschätzungen.

Bei der fünften Gesundheitsdimension des *Gesundheitsverhaltens* zeigte sich nur für Frauen ein – auf dem 5%-Niveau – signifikanter negativer Einfluss des Untergewicht auf SRH. Dies zeigt also, dass untergewichtige Frauen im NPHS des Jahres 1994 ihre Gesundheit signifikant negativer bewerteten als normalgewichtige Frauen, während dasselbe nicht für Männer galt (obwohl deren Koeffizient dieses Zusammenhangs nominell größer war als derjenige der Frauen). Bei einem Blick auf den relativ großen Standardfehler des Koeffizienten der Männer lässt sich allerdings vermuten, dass dieser Befund nicht zuletzt dadurch bedingt ist, dass es nur eine geringe Anzahl untergewichtiger Männer im Datensatz gab. Ein Signifikanztest zeigte ebenfalls, dass es keinen signifikanten Unterschied bezüglich dieses Einflusses auf SRH zwischen den Geschlechtern gab.

Eine Betrachtung der weiteren Koeffizienten dieser Gesundheitsdimension zeigte zudem, dass Übergewicht nur die Gesundheitseinschätzung der Frauen negativ beeinflusste, während Angehörige beiden Geschlechts eine negativere Gesundheit berichteten, wenn sie adipös anstatt normalgewichtig waren. Ebenso ließ sich für beide Geschlechter feststellen, dass RaucherInnen auch bei Kontrolle der anderen GI eine negativere Gesundheitseinschätzung berichteten als NichtraucherInnen. Die vier Variablen dieser Gesundheitsdimension konnten in den Querschnittsregressionen des NPHS insgesamt 2,20% der Varianz von SRH bei Frauen erklären, während es im Falle der Männer 2,01% waren.

Die Regressionskoeffizienten der Fixed-Effects-Modelle, welche auf den Daten aller neun NPHS-Wellen der Jahre 1994–2011 beruhen, finden sich in Tabelle 9.2. In einer Gesamtbetrachtung der beiden Modelle anhand von R^2_{Within}, also dem Anteil intraindividueller Varianz zwischen den Befragungen, der sich auf die verwendeten GI zurückführen ließ, wird deutlich, dass knapp über zehn Prozent dieser Varianz durch die Modelle erklärt werden konnten. Dabei fiel die erklärte Varianz von etwa zwölf Prozent bei Frauen minimal höher aus als im Falle der Männer mit ca. elf Prozent. Damit zeigte sich an dieser Stelle, dass Veränderungen der GI durchaus einen Einfluss auf Veränderungen von SRH hatten, jedoch auch hier ein großer Teil der (Within-)Varianz nicht durch die verfügbaren GI erklärt werden konnte.

Bezüglich der GI, die der Gesundheitsdimension der *funktionalen Gesundheit* zugeordnet wurden, fanden sich für beide Geschlechter höchst signifikant negative Koeffizienten für das allgemeine Vorliegen von Aktivitätseinschränkungen. Das bedeutet also, dass Befragte, die im Zeitverlauf in mindestens einem der abgefragten Lebensbereiche (zu Hause, in der Schule, bei der Arbeit oder in anderen Lebensbereichen) aus eigener Sicht eine gesundheitliche Einschränkung erfuhren, ihre Gesundheit zu diesem Zeitpunkt negativer bewerteten als Personen, für die dies nicht der Fall war.

Ebenso ließ sich für beide Geschlechter feststellen, dass sowohl weitere Einschränkungen der sechs Funktionsbereiche (Sehen, Hören, Sprechen, Fortbewegung, Fingerfertigkeit und Kognition) als auch zusätzliche Einschränkungen alltäglicher Aktivitäten über die Zeit hinweg zu einer negativeren Gesundheitseinschätzung führten. Dies bedeutet also, dass sich sowohl das erstmalige Erleben von Aktivitätseinschränkungen als auch die Ausweitung entsprechender Einschränkungen negativ auf die gesundheitlichen Selbsteinschätzungen der Befragten wirkten. Zusammen konnten diese drei Variablen bei Frauen 4,68% der Varianz von SRH zwischen den Erhebungszeitpunkten erklären, während es 3,70% aufseiten der Männer waren.

Tabelle 9.2: Ergebnisse der Fixed-Effects-Regression zur Erklärung der selbst eingeschätzten Gesundheit (unstandardisierte Koeffizienten und Standardfehler, Längsschnittanalysen aller neun NPHS-Wellen (1994–2011))

	Frauen		Männer	
	Koef.	SF	Koef.	SF
Funktion (erklärte Varianz)	4,68%		3,70%	
Aktivitätseinschränkung (RK: keine)	−0,20***	0,02	−0,20***	0,02
Anzahl Einschränkungen[a]	−0,09***	0,01	−0,09***	0,01
Anzahl Aktivitäten Hilfe benötigt[a]	−0,19***	0,02	−0,20***	0,02
Krankheiten (erklärte Varianz)	3,22%		3,62%	
Chronisches Gesundheitsproblem (RK: keins)	−0,10***	0,02	−0,10***	0,02
Anzahl Gesundheitsprobleme[a]	−0,16***	0,01	−0,19***	0,01
Schmerzen (erklärte Varianz)	2,78%		2,55%	
Gering	−0,15***	0,02	−0,16***	0,02
Mäßig	−0,30***	0,02	−0,33***	0,03
Stark	−0,47***	0,04	−0,56***	0,05
Mentale Gesundheit (erklärte Varianz)	0,79%		0,67%	
Medikamente gegen Depression (RK: nein)	−0,12***	0,02	−0,16***	0,04
Anzahl depressiver Symptome[a]	−0,07***	0,01	−0,08***	0,01
Verhalten (erklärte Varianz)	0,30%		0,50%	
BMI (RK: normal (18.5 $\leq$ BMI $\leq$ 25))				
Untergewicht (BMI < 18.5)	−0,11**	0,04	−0,10	0,08
Übergewicht (25 $\leq$ BMI < 30)	−0,06***	0,02	−0,10***	0,02
Adipositas (BMI $\geq$ 30)	−0,13***	0,03	−0,22***	0,03
Aktuell Raucher (RK: nein)	0,01	0,02	0,00	0,02
R^2_{Within}	0,12		0,11	
$\bar{T}$	6,09		6,00	
Personenjahre	46.799		38.517	
n	7.680		6.416	

Datenbasis: NPHS-Erhebungen 1994–2011; gewichtete Daten, eigene Berechnungen
[a] IHS-transformiert
SF = Standardfehler; RK = Referenzkategorie
*$p \leq ,05$ **$p \leq ,01$ ***$p \leq ,001$

Im Falle der *Krankheiten* ließen sich für beide Geschlechter höchst signifikante Regressionskoeffizienten sowohl für das allgemeine (selbst berichtete) Vorliegen einer chronischen Krankheit sowie für deren IHS-transformierte Anzahl feststellen. Dies lässt sich also so interpretieren, dass sowohl die erstmalige Betroffenheit von einer chronischen Krankheit oder einem Gesundheitsproblem als auch das Hinzukommen zusätzlicher Gesundheitsprobleme im Zeitverlauf negative Auswirkungen bezüglich der selbst eingeschätzten Gesundheit bei den Befragten des NPHS mit sich brachten. Gemeinsam konnten diese Variablen 3,22% der Within-Varianz von SRH von Frauen bzw. 3,62% im Falle der Männer erklären.

Im Zusammenhang mit dem Gesundheitsaspekt der *Schmerzen* zeigten sich für beide Geschlechter höchst signifikant negative Koeffizienten für sämtliche Dummy-Variablen, wobei wieder in beiden Befragtengruppen signifikante Unterschiede zwischen den einzelnen subjektiven Schmerzintensitäten bestanden. Hier zeigte sich also, dass sich das erstmalige Auftreten von Schmerzen genau wie deren Intensivierung negativ auf die subjektive Gesundheit sowohl bei Frauen als auch bei Männern auswirkte. Dabei waren die Koeffizienten der Männer in jedem einzelnen Fall signifikant größer als die der Frauen. Aufgrund dieser mit Schmerzen zusammenhängenden Variablen konnten 2,78% der intraindividuellen Varianz der Frauen und 2,55% derselben der Männer erklärt werden.

Für die Variablen der *mentalen Gesundheit* ließen sich für beide Geschlechter ebenfalls höchst signifikante Einflüsse auf SRH im Zeitverlauf finden. So schätzten Befragte, die anfingen, Medikamente gegen Depressionen zu nehmen, sowie Personen, die über die Zeit von mehr Symptomen einer schweren depressiven Episode betroffen waren, ihre Gesundheit negativer ein als Personen, für die dies nicht der Fall war. Zusammen konnten durch diese beiden Variablen der mentalen Gesundheit 0,79% im Falle von Frauen bzw. 0,67% der Varianz der Veränderungen der Gesundheitsbewertungen im Zeitverlauf aufseiten der Männer erklärt werden.

Im Rahmen der letzten Gesundheitsdimension dieses GI-Modells, also des *Gesundheitsverhaltens*, zeigte sich, dass nur Frauen ihre Gesundheit signifikant negativer bewerteten, wenn sie untergewichtig wurden. Befragte beiden Geschlechts bewerteten ihre Gesundheit hingegen schlechter, wenn ihr BMI in den Bereich des Übergewichts wechselte, was ebenfalls auf Adipositas zutraf.

Weitere Signifikanztests offenbarten dabei, dass der Wechsel in das Übergewicht mit einem signifikant geringeren Einfluss auf SRH zusammenhing als der Wechsel in die Adipositas. Befragte beiderlei Geschlechts, die adipös wurden, berichteten also insgesamt stärkere negative Gesundheitsveränderungen als Befragte, die übergewichtig wurden. Zusätzlich ließ sich im Geschlechtervergleich feststellen, dass diese beiden Koeffizienten im Falle der Männer signifikant größer waren als aufseiten der Frauen. Hieraus folgt also, dass sich diese (relativ groben) Veränderungen des BMI stärker auf die Gesundheitseinschätzungen der Männer auswirkten als auf die der Frauen.

Mit dem Rauchen anzufangen wirkte sich in diesen Längsschnittanalysen nicht signifikant auf die erhobenen Bewertungen der Gesundheit aus. Auf Basis der vier Variablen dieser Gesundheitsdimension ließen sich 0,30% der Within-Varianz von SRH aufseiten der Frauen erklären, während es für Männer 0,5% waren.

Betrachtet man die Ergebnisse dieser Querschnitt- und Längsschnittregressionen im Vergleich, also die Bewertung der Gesundheitsstatus zum Zeitpunkt der ersten Befragung und die (implizite) Bewertung von Gesundheitsveränderungen im Zeitverlauf, zeigten sich überwiegend Ähnlichkeiten. So fanden sich etwa für die Gesundheitsdimensionen der Funktionsfähigkeit, Krankheiten, Schmerzen und der mentalen Gesundheit nahezu die gleichen inhaltlichen Befunde. Die wenigen inhaltlichen Unterschiede waren in diesen Gesundheitsdimensionen vor allem die Geschlechterunterschiede im Falle der Schmerzintensität, die in den Querschnittregressionen für Frauen (signifikant) größer waren, während es in den Längsschnittregressionen (ebenfalls signifikant) umgekehrt war.

Im Rahmen des Gesundheitsverhaltens wies die Variable des Übergewichts nur im Falle der Fixed-Effects-Modelle für Männer einen signifikant negativen Koeffizienten auf. Hier zeigte sich also, dass übergewichtige Männer allgemein zwar keine schlechtere Gesundheit berichteten als normalgewichtige Männer, sich die Gesundheitsbewertung von Männern allerdings verschlechterte, wenn sie im Zeitverlauf übergewichtig wurden. Im Falle beider Geschlechter ließ sich nur in den Querschnittregressionen ein signifikanter Effekt des Rauchens auf SRH ausmachen. Das Anfangen mit dem Rauchen hatte also selbst keinen (direkten) negativen Einfluss auf die Gesundheitseinschätzung, allerdings waren RaucherInnen in den Querschnittanalysen allgemein in einem subjektiv schlechteren Gesundheitszustand als NichtraucherInnen. Insgesamt betrachtet waren also die Ergebnisse beider methodischer Ansätze sehr ähnlich, auch wenn es kleinere Unterschiede gab.

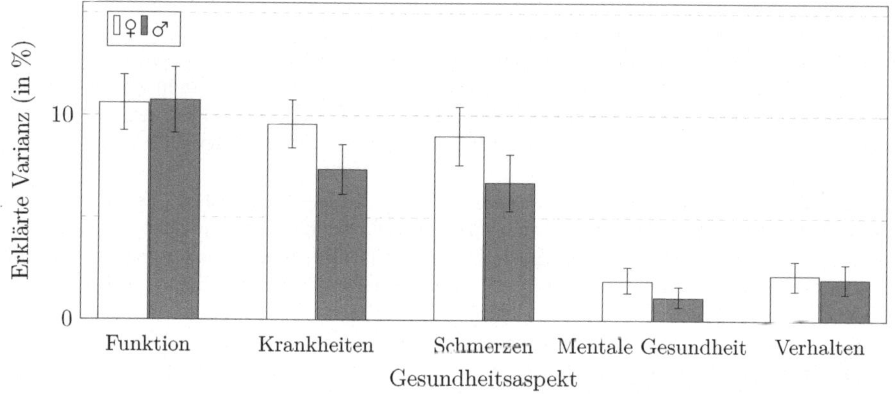

Datenbasis: NPHS-Erhebung 1994; gewichtete Daten, eigene Berechnungen

Abb. 9.2: Ausmaß erklärter Varianz durch Gesundheitsaspekte nach Geschlecht (95%-Konfidenzintervalle, Querschnittanalysen der ersten NPHS-Welle (1994))

Die Beiträge der fünf Gesundheitsdimensionen zur Erklärung der Varianz von SRH im Querschnitt bzw. dessen Veränderungen im Längsschnitt finden sich in den Abbildungen 9.2 und 9.3. Im Falle der Querschnittsregressionen der Daten von 1994 (Abbildung 9.2) zeigte sich, dass die funktionale Gesundheit bei beiden Geschlechtern fast den gleichen Anteil der Varianz von SRH erklärte, womit diese Dimension insgesamt die höchste Relevanz für die Gesundheitsbewertung hatte. Darauf folgten die beiden Dimensionen der Krankheiten und Schmerzen, wobei auffällig ist, dass beide Dimensionen im Falle der Frauen mehr Varianz von SRH erklären konnten. Entsprechend ließ sich, wenn wie in den vorherigen Analysen die Konfidenzintervalle als Kriterium für Unterschiede hinsichtlich der Gewichtung der Dimensionen in SRH herangezogen werden, nur für Männer eine geringere Relevanz dieser beiden Dimensionen für die Gesundheitsbewertung im Vergleich zur funktionalen Gesundheit feststellen. Darüber hinaus erklärten die psychische Gesundheit sowie das Gesundheitsverhalten nur einen eher geringen Anteil der Varianz von SRH, welcher sich nur in geringem Ausmaß zwischen den Geschlechtern unterschied.

Wie in den Kapiteln 6 und 8 habe ich auch die Analysen, deren Ergebnisse in Abbildung 9.2 dargestellt sind, anhand von generalisierten Ordered Logit Modellen repliziert. Dies diente wieder dem Zweck, zu überprüfen, ob anhand dieser anderen statistischen Modellierung, welche SRH nicht als metrische Variable behandelt, inhaltlich andere Ergebnisse erzielt würden. Wie Abbildung C.13 in Anhang C.4.1 zeigt, war dies jedoch nicht der Fall. Im Gegenteil waren die jeweiligen Beiträge der Gesundheitsdimensionen zum Pseudo-R^2 nach McFadden in Relation zueinander sogar nahezu identisch. Die getrennten Analysen nach Kohorten bzw. Altersgruppen ließen sich allerdings nicht mit dieser Methode reproduzieren, da die Algorithmen wieder nicht konvergierten und die üblichen Lösungsansätze dieses Problem nicht beheben konnten.

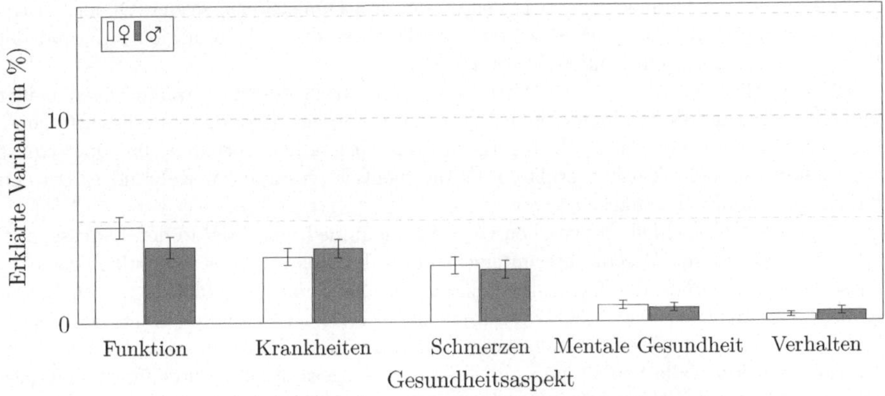

Datenbasis: NPHS-Erhebungen 1994–2011; gewichtete Daten, eigene Berechnungen

Abb. 9.3: Ausmaß erklärter Varianz durch Gesundheitsaspekte nach Geschlecht (95%-Konfidenzintervalle, Längsschnittanalysen aller neun NPHS-Wellen (1994–2011))

Im Falle der Fixed-Effects-Modelle fand sich ein relativ ähnliches Bild wie bei den Querschnittanalysen, wie Abbildung 9.3 zeigt. Auch in diesem Fall ließ sich durch die Funktionsfähigkeit der Befragten wenigstens nominell die meiste intraindividuelle Varianz erklären. Dabei deuteten sich für diese Gesundheitsdimension leichte Geschlechterunterschiede an in dem Sinne, dass sie aufseiten der Frauen mehr Varianz erklärte (allerdings mit gerade eben überlappenden Konfidenzintervallen). Für den Gesundheitsaspekt der Krankheiten zeigte sich für Frauen eine etwas niedrigere Erklärungskraft als im Falle der funktionalen Gesundheit, während die Relevanz dieser beiden Dimensionen für Männer im Längsschnitt fast identisch war. Somit zeigte sich für Krankheiten eine minimal höhere

Erklärungskraft der SRH-Veränderungen für Männer, wobei die Konfidenzintervalle stark überlappten. Schmerzen bzw. deren Intensität erklärten etwas weniger der Within-Varianz bei beiden Geschlechtern, sodass die Konfidenzintervalle im Falle der Männer (jedoch nicht der Frauen) nicht mit denen der funktionalen Gesundheit oder der Krankheiten überlappten. Gleichzeitig überlappten die Konfidenzintervalle der erklärten Within-Varianz durch Schmerzen für beide Geschlechter stark.

Die beiden Gesundheitsdimensionen der mentalen Gesundheit und des Gesundheitsverhaltens konnten im Vergleich deutlich weniger intraindividuelle Varianz von SRH als die anderen Gesundheitsdimensionen erklären, wobei die Unterschiede zwischen den Geschlechtern so gering waren, dass die Konfidenzintervalle beider Dimensionen zwischen den Gruppen überlappten.

Bei einem Vergleich dieser Gewichtungen der Gesundheitsdimensionen in SRH bzw. entsprechender Veränderungen zeigte sich, das die Dimensionen in beiden Analysen relativ gesehen ein ähnliches Gewicht hatten. Im Rahmen beider Modellierungen hatte die Funktionsfähigkeit das größte Gewicht sowohl hinsichtlich der Bewertung des Gesundheitsstatus in einer Befragung als auch hinsichtlich der Veränderungen zwischen den Wellen. Darauf folgten in beiden Modellen die Krankheiten und Schmerzen jeweils auf einem ähnlichen Niveau, wobei die Unterschiede zwischen diesen drei Dimensionen in den Querschnittregressionen minimal ausgeprägter waren (allerdings ist dieser Unterschied aufgrund der Konfidenzintervalle nicht sonderlich robust).

Schlussendlich war die erklärte Varianz von SRH bzw. dessen Veränderungen beider Modelle durch die Gesundheitsdimensionen der mentalen Gesundheit und des Gesundheitsverhaltens relativ gering. Dabei konnte das Gesundheitsverhalten im Querschnitt nominell etwas mehr Varianz erklären als die mentale Gesundheit, während es bei den Längsschnittanalysen umgekehrt war.

Der größte Unterschied – abgesehen vom allgemein niedrigeren R^2 in den Längsschnittanalysen – betraf die Geschlechterunterschiede in der Relevanz der Gesundheitsaspekte. Diese waren bezüglich der Gesundheitsdimension der Funktionsfähigkeit in den Längsschnittanalysen etwas ausgeprägter, während sie im Falle der Krankheiten und Schmerzen in den Querschnittanalysen deutlicher waren. In allen diesen Fällen überlappten allerdings die Konfidenzintervalle von Frauen und Männern. Insgesamt betrachtet überwogen also auch hinsichtlich der Gewichtung der Gesundheitsdimensionen in SRH die Ähnlichkeiten zwischen beiden Analysemethoden.

Die einzelnen Beiträge, welche die individuellen Variablen zur Erklärung von SRH im Querschnitt beitrugen und die möglicherweise Hinweise auf die Ursache dieser Unterschiede geben können, sind in Abbildung 9.4 dargestellt. Hier zeigt sich, dass insbesondere das allgemeine Vorliegen und die Anzahl funktionaler Einschränkungen und chronischer Krankheiten sowie die beiden höheren Schmerzintensitäten für die Erklärung von SRH von hoher Relevanz waren. Bezüglich der Unterschiede zwischen den Geschlechtern zeigte sich aufseiten der Frauen vor allem eine höhere Relevanz der (subjektiven) allgemeinen Aktivitätseinschränkungen, der Anzahl eingeschränkter Funktionsbereiche, dem allgemeinen Vorliegen und der Anzahl chronischer Krankheiten, dem Vorliegen mäßiger und starker Schmerzen sowie des Übergewichts. Im Falle der Männer zeigte sich nur eine etwas höhere Erklärungskraft bezüglich der Anzahl von IADL-Einschränkungen sowie einer leicht höhere Varianzaufklärung durch die Dummyvariable bezüglich des Rauchens.

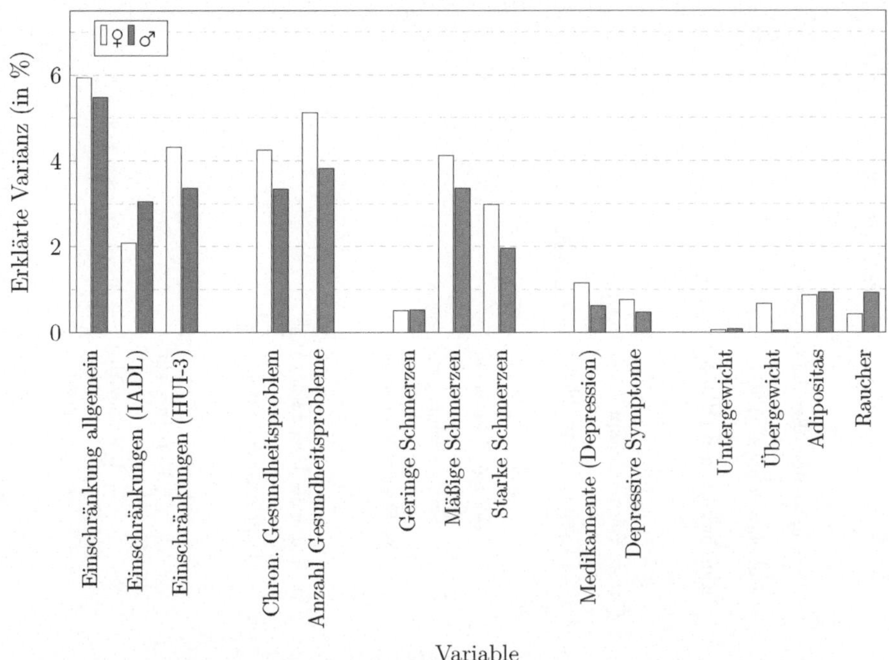

Datenbasis: NPHS-Erhebung 1994; gewichtete Daten, eigene Berechnungen

Abb. 9.4: Ausmaß erklärter Varianz durch Variablen nach Geschlecht (Querschnittanalysen der ersten NPHS-Welle (1994)

Die detaillierten Beiträge der Variablen zur Erklärung der intraindividuellen Veränderungen von SRH sind in Abbildung 9.5 zu sehen. In diesem Fall waren es insbesondere das allgemeine Vorliegen von Aktivitätseinschränkungen, die Anzahl eingeschränkter Funktionsbereiche, die Anzahl an Gesundheitsproblemen und die Dummyvariablen der höheren Schmerzintensitäten, deren Veränderung in einem Zusammenhang mit Veränderungen von SRH standen. Dabei waren die Unterschiede nach Geschlecht weniger ausgeprägt als im Falle der Querschnittanalysen, da sich nur für die Anzahl der Einschränkungen auf Basis des HUI-3 und der Anzahl an Gesundheitsproblemen merkliche Unterschiede in deren Relevanz nach Geschlecht feststellen ließen, wobei erstere für Frauen und letztere für Männer wichtiger waren.

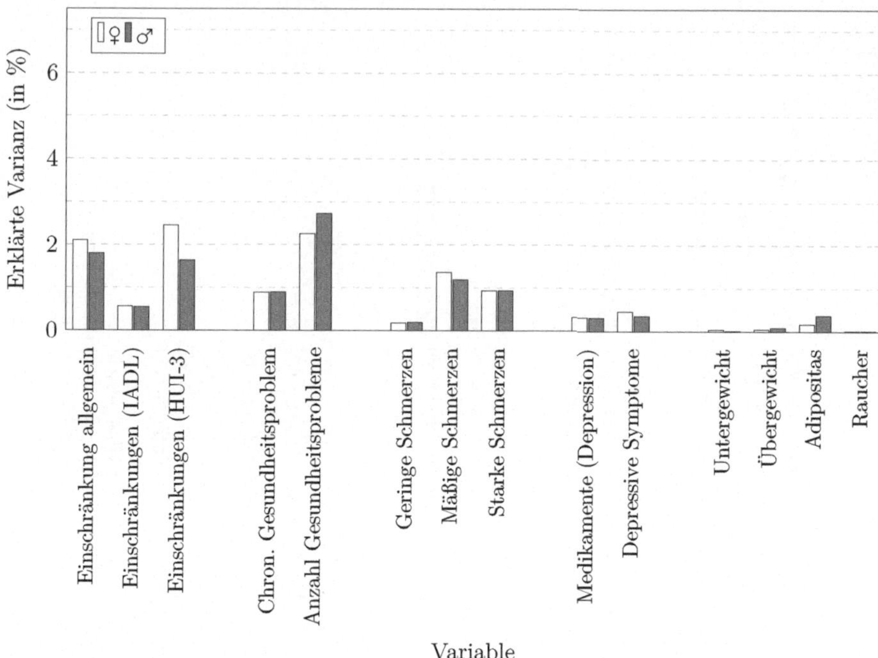

Datenbasis: NPHS-Erhebungen 1994–2011; gewichtete Daten, eigene Berechnungen

Abb. 9.5: Ausmaß erklärter Varianz durch Variablen nach Geschlecht (Längsschnittanalysen aller neun NPHS-Wellen (1994–2011))

9.2 Vergleich der Basis von Gesundheitseinschätzungen nach Geschlecht und Geburtskohorte

In diesem Kapitel wird das jeweilige Gewicht der fünf Gesundheitsdimensionen sowohl zwischen den beiden Analysemethoden (also Querschnitt- und Längsschnittregressionen) als auch zwischen Geschlechtern und Kohorten verglichen. Ziel ist also die Ermittlung von Kohorten- bzw. Altersunterschieden, in der Art, wie die Gesundheitsbewertung vonstattengeht bzw. welche Rolle Gesundheitsveränderungen bei Veränderungen der Bewertung der Gesundheit spielen.

Bei sämtlichen Analysen dieses zu bedenken, dass insbesondere die Geburtskohorte der in den Jahren 1892–1914 geborenen KanadierInnen mit einem Alter von 80–102 Jahren bei der Befragung des Jahres 1994 relativ alt waren. Dadurch lag den separaten Analysen dieser Kohorte eine vergleichsweise selektive Stichprobe zugrunde, nämlich Personen, die bis zu diesem Alter überlebten und gesund genug für eine Befragung im Rahmen des NPHS waren. Dies kann insbesondere für die Interpretation der Ergebnisse der Längsschnittanalysen problematisch sein, da die Befragten dort über den mehr Untersuchungszeitraum von fast zwanzig Jahren weiterhin von potenziell selektiver Mortalität betroffen waren. Dementsprechend sollten die Ergebnisse dieser Teilpopulation besonders vorsichtig interpretiert werden. Zudem handelte es sich aus den selben Gründen um eine vergleichsweise kleine Personengruppe (siehe Tabelle 9.3), weshalb die Konfidenzintervalle der Punktschätzungen weit größer waren als in anderen Geburtskohorten. Allgemein sollten die Ergebnisse dieser Altersgruppe bzw. Kohorte also nur zurückhaltend betrachtet werden, obwohl sie der Vollständigkeit halber ebenfalls aufgeführt sind.

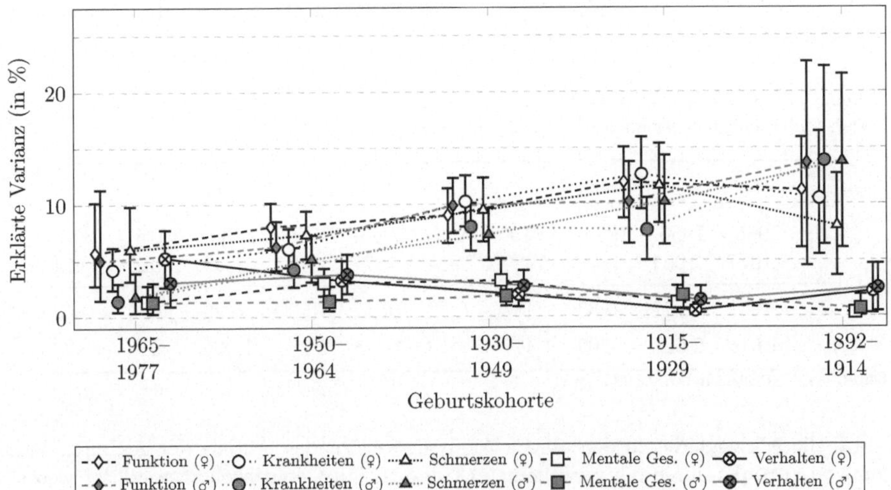

Datenbasis: NPHS-Erhebung 1994; gewichtete Daten, eigene Berechnungen

Abb. 9.6: Ausmaß erklärter Varianz durch Gesundheitsaspekte nach Geschlecht und Alter (95%-Konfidenzintervalle, Querschnittanalysen der ersten NPHS-Welle (1994))

Die Ergebnisse der Dekomposition der erklärten Varianz von SRH nach Gesundheitsdimension sind für die Querschnittregressionen getrennt nach Geschlecht und Geburtskohorte in Abbildung 9.6 dargestellt (die Analysen, die dieser Darstellung zugrunde liegen, stellen also eine Replikation der Analysen in Kapitel 6.2 dar). In dieser Abbildung ist zu sehen, dass die drei Gesundheitsdimensionen der Funktionsfähigkeit, Krankheiten und Schmerzen unabhängig vom Geschlecht mit zunehmendem Alter der Kohorten (und der Ausnahme der ältesten Männer) nahezu linear wichtiger für die Erklärung von SRH wurden. Dieser Eindruck wurde jedoch etwas durch die großen und häufig überlappenden Konfidenzintervalle getrübt.

Für die beiden Dimensionen der mentalen Gesundheit sowie des Gesundheitsverhaltens zeigte sich ein eher stagnierender Trend der Relevanz der mentalen Gesundheit sowie ein leicht abnehmender Trend (insbesondere für Frauen) für die erklärte Varianz des Gesundheitsverhaltens mit zunehmenden Alter der verglichenen Geburtskohorten.

Zusammengenommen ließ sich in diesen Querschnittanalysen also eine sich mit zunehmenden Alter intensivierende Spaltung der fünf Gesundheitsdimensionen in zwei Gruppen feststellen. Während in den jüngeren Geburtskohorten alle fünf Dimensionen ähnlich relevant waren, ließ sich eine immer weiter ansteigende Relevanz der Funktionsfähigkeit, Krankheiten und Schmerzen mit zunehmenden Alter der Kohorten feststellen. Diese Unterschiede waren in der mittleren Geburtskohorte so groß, dass die Konfidenzintervalle der beiden Dimensionsgruppen für beide Geschlechter nicht überlappten. Dies war erst wieder in der ältesten Kohorte der Fall, was einerseits an den großen Konfidenzintervallen lag und andererseits an der vergleichsweise großen Erklärungskraft durch das Gesundheitsverhalten in dieser Gruppe.

Tabelle 9.3: Angepasstes R^2 und Fallzahl für Modelle nach Geschlecht und Geburtskohorte (Querschnittanalysen der ersten NPHS-Welle (1994))

	Frauen					Männer				
	1965–1977	1950–1964	1930–1949	1915–1929	1892–1914	1965–1977	1950–1964	1930–1949	1915–1929	1892–1914
$R^2_{Adj.}$	0,22	0,27	0,33	0,37	0,30	0,12	0,20	0,29	0,30	0,40
n	1.618	2.627	2.269	1.417	415	1.468	2.288	1.939	945	192

Datenbasis: NPHS-Erhebung 1994; gewichtete Daten, eigene Berechnungen

Tabelle 9.3 zeigt die zu den obigen Analysen gehörenden Anteile der gesamten Varianz von SRH, die durch die verwendeten GI in den fünf Geburtskohorten erklärt werden konnten getrennt nach Männern und Frauen sowie die dazugehörigen Fallzahlen. Wie die Tabelle belegt, gab es deutliche Unterschiede in der erklärten Varianz zwischen den einzelnen Geburtskohorten. Während diese insbesondere für die jüngsten beiden Geburtskohorten eher niedrig ausfiel, war sie unabhängig vom Geschlecht mit steigendem Alter stark an (mit der Ausnahme der ältesten Frauen).

Gleichzeitig fanden sich auch starke Unterschiede zwischen Männern und Frauen, die in den beiden jüngsten Kohorten besonders ausgeprägt waren, wo die erklärte Varianz bei Frauen jeweils fast zehn Prozentpunkte höher war. Die älteste Geburtskohorte der Männer, die allerdings aus sehr wenigen Fällen bestand, war dabei die einzige Gruppe, in welcher in diesen Analysen die erklärte Varianz aufseiten der Männer höher war als im Falle der Frauen. Diese Ergebnisse zeigten also, dass die verwendeten GI insbesondere die Gesundheitsbewertungen von Menschen im mittleren und höheren Alter erklären konnten, während die Gesundheitseinschätzungen von jüngeren Menschen nicht so gut erklärt werden konnten. Zusätzlich konnten die Bewertungen der Gesundheit im Falle von Frauen allgemein besser erklärt werden als die der Männer.

In Abbildung 9.7 ist das nach Gesundheitsdimensionen zerlegte Ausmaß der erklärten intraindividuellen Varianz von SRH in den fünf Geburtskohorten nach Geschlecht getrennt dargestellt. Dabei zeigte sich ein ähnliches Bild wie im Rahmen der Querschnittanalysen. Auch in diesem Fall zeigte sich eine mit steigendem Alter der Geburtskohorten zunehmende Relevanz der Gesundheitsaspekte der Funktionsfähigkeit, Krankheiten und

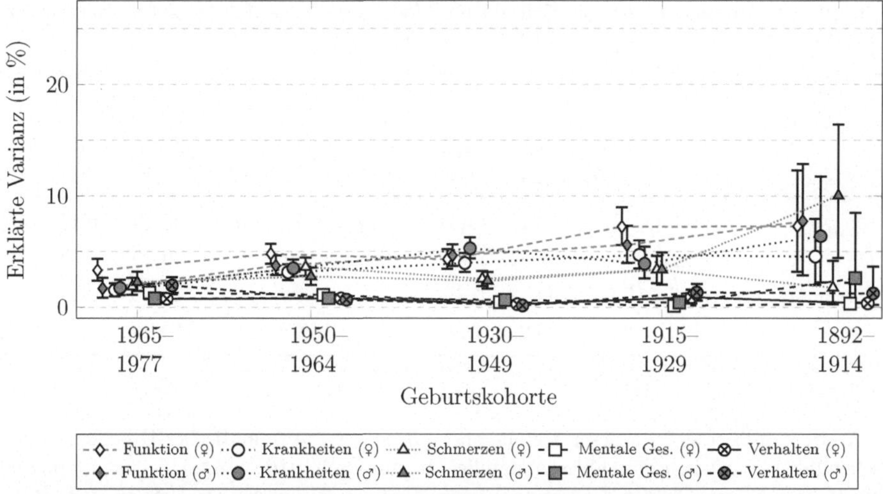

- ◇ - Funktion (♀) ··O·· Krankheiten (♀) ···△··· Schmerzen (♀) -□- Mentale Ges. (♀) —⊗— Verhalten (♀)
- ◆ - Funktion (♂) ··●·· Krankheiten (♂) ···▲··· Schmerzen (♂) -■- Mentale Ges. (♂) -⊗- Verhalten (♂)

Datenbasis: NPHS-Erhebungen 1994–2011; gewichtete Daten, eigene Berechnungen

Abb. 9.7: Ausmaß erklärter Varianz durch Gesundheitsaspekte nach Geschlecht und Alter (95%-Konfidenzintervalle, Längsschnittanalysen aller neun NPHS-Wellen (1994–2011))

Schmerzen, während die Relevanz der mentalen Gesundheit und des Gesundheitsverhaltens mit steigendem Alter der Vergleichsgruppen stagnierte oder gar abnahm. Einzig die älteste Geburtskohorte wich etwas von diesem Muster ab, da in dieser Gruppe die mentale Gesundheit der Männer (nominell) relativ viel Varianz erklären konnte, während das Gegenteil für die Gesundheitsdimension der Schmerzen im Fall der Frauen zutraf (wobei diese Gruppe wie gesagt gerade in diesen Längsschnittanalysen zurückhaltend betrachtet werden sollte).

Analog zu den Ergebnissen im Querschnitt zeigte sich also, dass die jüngste Kohorte eine größere Bandbreite an Gesundheitsdimensionen zur Bewertung von Gesundheitsveränderungen heranzog, während Personen höheren Alters stärker und stärker Aspekte aus dem Bereich der funktionalen Gesundheit, Krankheiten und Schmerzen für Änderungen ihrer Selbsteinschätzungen nutzten.

In Tabelle 9.4 sind die Within-R^2-Werte für die obenstehenden Längsschnittanalysen nach Geschlecht und Geburtskohorte, die durchschnittliche Anzahl an Wellen pro Person für die in den jeweiligen Gruppen Daten vorhanden waren ($\bar{T}$), sowie die jeweiligen Personenjahre (also Beobachtungen pro Gruppe insgesamt über alle neun Wellen hinweg) und die allgemeine Fallzahl dargestellt. Auch hier zeigte sich insgesamt eine etwas zunehmende Erklärungskraft der Varianz von SRH zwischen den Wellen mit zunehmenden Alter der Geburtskohorten, die in der ältesten Kohorte der Männer (auf Basis sehr weniger Fälle) im Vergleich besonders hoch war. Abgesehen von dieser ältesten Geburtskohorte war die insgesamt erklärte Varianz in diesen Analysen zwischen Männern und Frauen relativ ähnlich.

Tabelle 9.4: Angepasstes R^2 und Fallzahl für Modelle nach Geschlecht und Geburtskohorte (Längsschnittanalysen aller neun NPHS-Wellen (1994–2011))

	Frauen					Männer				
	1965–1977	1950–1964	1930–1949	1915–1929	1892–1914	1965–1977	1950–1964	1930–1949	1915–1929	1892–1914
R^2_{Within}	0,09	0,13	0,11	0,16	0,14	0,08	0,11	0,13	0,15	0,28
$\bar{T}$	6,16	6,59	6,72	5,05	2,82	6,17	6,61	6,29	4,38	2,41
Personenjahre	10.175	15.558	13.612	6.351	1.103	9.066	13.817	11.388	3.812	434
n	1.652	2.360	2.022	1.255	391	1.468	2.090	1.809	869	180

Datenbasis: NPHS-Erhebungen 1994–2011; gewichtete Daten, eigene Berechnungen

Weiterhin lässt sich in dieser Tabelle auch ein anderer systematischer Unterschied zwischen den Geburtskohorten ablesen, nämlich die durchschnittliche Anzahl an Befragungen, an denen die Angehörigen der Gruppen jeweils teilgenommen haben. Hier zeigte sich insbesondere ein gravierender Unterschied zwischen den ältesten beiden und den jüngeren drei Kohorten beider Geschlechter, da erstere im Vergleich an deutlich weniger Wellen teilgenommen haben als letztere. Dies lässt vermutlich insbesondere durch eine stärkere Mortalität bzw. Nichtbefragbarkeit der älteren Gruppen erklären.

Im Vergleich der Ergebnisse beider Analysemethoden fanden sich also in diesen kohortenspezifischen Analysen der Relevanz der Gesundheitsdimensionen wieder starke Ähnlichkeiten. Sowohl bei der Bewertung der Gesundheit zum Zeitpunkt der Befragung als auch für Gesundheitsveränderungen nahm die Relevanz der Gesundheitsdimensionen der Funktionsfähigkeit, Krankheiten und Schmerzen zu, während dasselbe nicht auf die mentale Gesundheit oder das Gesundheitsverhalten zutraf. Weiterhin zeigte sich, dass im Rahmen beider Analysemethoden die jeweilige Varianz in älteren Geburtskohorten besser erklärt werden konnte als in den beiden jüngeren und insbesondere der jüngsten Geburtskohorte. Ein Unterschied zwischen den Ergebnissen beider Modelle war, dass die insgesamt erklärte Varianz sich in den Querschnittanalysen weit stärker zwischen den beiden Geschlechtern unterschied.

9.3 Zusammenfassung und Zwischenfazit

In diesem Kapitel wurden die Gesundheitsbewertungen in der allgemeinen Bevölkerung Kanadas anhand der Surveydaten des NPHS sowohl im Quer- als auch im Längsschnitt untersucht. Für ersteres wurden die Daten der ersten NPHS-Erhebung von 1994 genutzt, um eine Verfälschung der Ergebnisse durch Panelmortalität zu vermeiden. Zur Umsetzung der Längsschnittanalysen habe ich sämtliche neun Wellen des NPHS genutzt, damit diese Analysen auf einen möglichst langen Zeitraum von etwa 18 Jahren zurückgreifen konnten. Die beiden Teile dieser empirischen Analysen beschäftigten sich also ein einem ersten Schritt in Kapitel 9.1 primär mit den beiden Forschungsfragen 1 und 4, also der

Frage nach der gesundheitsbezogenen Basis von SRH sowie der Frage nach Auswirkungen gesundheitsbezogener Veränderungen auf Veränderungen von SRH im Zeitverlauf.

In einem zweiten Schritt wurden die Analysen getrennt nach Geburtskohorten bzw. Altersgruppen durchgeführt, sodass sich aus den Ergebnissen des Kapitels 9.2 für beide Arten der Bewertung auch Hinweise zur Beantwortung von Forschungsfrage 3 ableiten lassen, wobei auf Basis dieser Analysen keine Trennung von Kohorten oder Alterseffekten möglich ist. Diese Analysen bieten also einen Einblick in Alters- oder Kohortenunterschiede hinsichtlich der Bewertung der Gesundheit und bezüglich der Art, wie Gesundheitsveränderungen sich auf Veränderungen von SRH auswirken. Dabei waren sämtliche Analysen dieses Kapitels nach Geschlecht getrennt, weshalb die Ergebnisse auch für Forschungsfrage 5 relevant sind, welche Gruppenunterschiede bei der Gesundheitsbewertung fokussiert.

Im Rahmen von Forschungsfrage 1 konnten die Querschnittanalysen dabei zeigen, dass sich etwa ein Drittel der Varianz von SRH durch die verfügbaren Gesundheitsindikatoren erklären ließ. Diese Varianzaufklärung beruhte dabei zu einem Großteil auf den Gesundheitsdimensionen der Funktionsfähigkeit, Krankheiten und Schmerzen. Die mentale Gesundheit und das Gesundheitsverhalten waren entsprechend in diesen Analysen weniger wichtig für die Bewertung der Gesundheit. In den detaillierten Analysen zeigten sich dabei die erwarteten Einflüsse der verwendeten GI, mit Ausnahme des Unter- und Übergewichts, welches im Falle der Männer keinen Einfluss auf SRH hatte. Im Rahmen von detaillierten Analysen der erklärten Varianz nach einzelnen Variablen zeigte sich dann eine große Erklärungskraft des allgemeinen Vorliegens von Einschränkungen und chronischen Krankheiten, deren jeweilige Anzahl sowie des Vorliegens mäßiger und starker Schmerzen.

Bezüglich Forschungsfrage 4, also ob und inwieweit Gesundheitsveränderungen mit Veränderungen von SRH einhergehen, zeigte sich, dass etwas mehr als ein Zehntel der intraindividuellen Varianz durch die verwendeten GI-Modelle erklärt werden konnte. Dabei fanden sich auch hier die erwarteten Einflüsse der GI auf SRH. Die einzige Ausnahme davon war das Rauchen, welches im Längsschnitt keine merklichen Auswirkungen auf SRH hatte, was möglicherweise durch eine verzögerte Auswirkung des Rauchens auf die Gesundheit bzw. deren Wahrnehmung erklärt werden könnte. Dabei waren insgesamt betrachtet wieder die Dimensionen der Funktionsfähigkeit, Krankheiten und Schmerzen dominierend bei der Erklärung der Varianz von SRH zwischen den Wellen, während die mentale Gesundheit und die Verhaltensvariablen weniger Varianz erklären konnten. Bei einer detaillierten Analyse der Erklärungskraft einzelner Variablen fand sich vor allem für das allgemeine Vorliegen funktionaler Einschränkungen, der Anzahl eingeschränkter Funktionsbereiche und der Anzahl von Gesundheitsproblemen eine hohe Erklärungskraft bezüglich der Veränderungen von SRH.

Im Vergleich beider Methoden zeigte sich also, dass für die Bewertung der Gesundheit im Quer- als auch im Längsschnitt durch die untersuchten KanadierInnen überwiegend ähnliche GI bzw. Gesundheitsdimensionen herangezogen wurden. Sowohl in den Regressionskoeffizienten als auch bezüglich der jeweiligen Relevanz der fünf Gesundheitsdimensionen fanden sich nur kleinere Unterschiede zwischen den beiden Analyseverfahren. Auch die Beiträge der individuellen Variablen zur Erklärung der SRH-Veränderungen waren zwischen beiden Analysemethoden eher ähnlich als verschieden. Hieraus lässt sich ableiten, dass insbesondere die drei Gesundheitsdimensionen der Funktionsfähigkeit, Krankheiten und Schmerzen einen großen Einfluss auf die Bewertung der Gesundheit ausüben und dies in ähnlicher Weise bei der Bewertung zu einem bestimmten Zeitpunkt als auch bei der Integration von Gesundheitsveränderungen im Zeitverlauf. Weiterhin zeigten sich im Vergleich der beiden Methoden keine markanten Unterschiede zwischen dem ermittelten Einfluss von Schmerzen auf SRH, was die Vermutung nahe legt, dass trotz der groben Einteilung in nur drei Schmerzintensitäten (Mild, Moderate, Severe), die Sensitivität gegenüber Veränderungen im Längsschnitt zumindest nicht schlechter ist als in Querschnittanalysen.

In Zusammenhang mit der 3. Forschungsfrage bezüglich Alters- bzw. Kohortenunterschieden ließen sich im Rahmen der Analysen des NPHS für beide Analyseverfahren ebenfalls gleichartige Ergebnisse feststellen. Anhand beider Analysemethoden zeigte sich eine mit dem Alter der Geburtskohorten zunehmende Relevanz der Dimensionen der funktionalen Gesundheit, Krankheiten und Schmerzen, während die mentale Gesundheit und das Gesundheitsverhalten im Vergleich generell weniger wichtig waren und sich ihre Relevanz weniger zwischen den Vergleichsgruppen unterschied. Einzig die älteste Kohorte wich etwas von diesem Trend ab, wobei Ergebnisse für diese Kohorte aufgrund der geringen Fallzahlen eher kritisch zu betrachten sind. Diese Ergebnisse gingen auch mit dem Befund einher, dass die gesamte Erklärungskraft in den jüngeren Kohorten deutlich niedriger war als in den älteren Kohorten. Daraus lässt sich folglich schließen, dass die geringere Erklärungskraft der drei allgemein dominierenden Gesundheitsdimensionen in diesen Kohorten maßgeblich verantwortlich für die niedrigere gesamte Varianzerklärung in den jüngeren Kohorten war. Mit anderen Worten ließ sich die Varianz von (Veränderungen von) SRH aus dem Grund so schlecht in den jüngeren Kohorten erklären, weil sie die Dimensionen der funktionalen Gesundheit, Krankheiten und Schmerzen in einem weit geringeren Ausmaß nutzten als andere Geburtskohorten.

Geschlechterunterschiede in der Relevanz verschiedener Gesundheitsdimensionen, die einen Teilaspekt der Forschungsfrage 5 darstellen, ließen sich ebenfalls in den Analysen dieses Kapitels finden, allerdings nur in geringem Ausmaß und nicht einheitlich zwischen den Quer- und Längsschnittanalysen. Im Rahmen der Querschnittregressionen fand sich eine generell höhere Erklärungskraft aufseiten der Frauen, die zu großen Teilen auf eine höhere Relevanz von Krankheiten und Schmerzen im Vergleich zu Männern zurückging. Auf Basis der Längsschnittregressionen zeigten sich (abgesehen von der ältesten Geburtskohorte) keine großen Unterschiede in der insgesamt erklärten Varianz und nur eine leichte Tendenz zu einer höheren Erklärungskraft funktionaler Gesundheit im Falle der Frauen, welche hauptsächlich durch die Anzahl an eingeschränkten Funktionsbereichen bedingt war.

Ansonsten fanden sich nur im Rahmen der inhaltlichen Detailergebnisse einige wenige Geschlechterunterschiede. So waren die Effekte der einzelnen Schmerzintensitäten in den Querschnittanalysen im Falle der Frauen signifikant größer als bei Männern, während es im Falle der Längsschnittregressionen genau umgekehrt war (jedoch nicht bei der erklärten Varianz). Im Zusammenhang mit den Verhaltensvariablen zeigte sich nur im Längsschnitt für Männer ein signifikanter Effekt des Übergewichts auf SRH. Die jeweilige Relevanz der fünf Gesundheitsdimensionen bei der Erklärung von SRH war in den fünf Kohorten dafür zwischen den Geschlechtern eher ähnlich, da die Konfidenzintervalle der Dimensionen innerhalb der Kohorten fast immer überlappten (mit der einzigen Ausnahme der Schmerzen in der ältesten Kohorte).

10 Diskussion und Ausblick: Der Beitrag dieser Arbeit und weitere Anknüpfungspunkte

Ziel der empirischen Analysen dieser Arbeit war es, zu einem besseren Verständnis eines der am häufigsten genutzten Gesundheitsindikatoren in der empirischen Forschung beizutragen: der selbst eingeschätzten Gesundheit (SRH). Trotz seiner häufigen Verwendung in vor allem surveybasierter Forschung ist über die gesundheitsbezogene Basis dieses Messinstruments, mögliche Verzerrungen durch anderweitige Aspekte, systematische Gruppenunterschiede in der Bewertung und dessen Sensitivität in in Längsschnittanalysen bislang wenig bekannt. Erschwerend kommt hinzu, dass den vergleichsweise wenigen Studien zu dem Thema häufig keine theoretischen Modelle zugrunde liegen, weshalb die empirischen Einzelbefunde hochgradig fragmentiert sind.

Um vor diesem Hintergrund zum Kenntnisstand bezüglich SRH beizutragen, habe ich im Rahmen dieser Arbeit aus verschiedenen theoretischen Modellen zum kognitiven Prozess der Beantwortung von Surveyfragen und zur Bewertung der eigenen Gesundheit ein kognitives Modell des Antwortprozesses im Falle von SRH sowie ein Modell zur konkreten Bewertung der Gesundheit synthetisiert. Auf Basis dieses theoretischen Hintergrundes habe ich fünf Forschungsfragen aufgestellt und anhand dieser Fragen bisherige empirische Befunde gesichtet. Durch diesen Forschungsstand wurden sowohl Annahmen als auch Forschungslücken im Hinblick auf die Forschungsfragen offenbar, die zusammen mit dem theoretischen Hintergrund die Grundlage der empirischen Untersuchung dieser Arbeit waren. Darauf basierend habe ich anhand einer Beschreibung und Diskussion angemessener Methoden eine Analysestrategie entwickelt, welche ich anhand von drei dafür geeigneten Datensätze umgesetzt habe.

Die Ergebnisse dieser empirischen Untersuchung werden im folgenden Kapitel 10.1 anhand der fünf Forschungsfragen kurz zusammengefasst und zusammen mit möglichen Anknüpfungspunkten für über diese Arbeit hinausgehende Forschung diskutiert. Im Anschluss daran gehe ich in Kapitel 10.2 auf Implikationen der Erkenntnisse dieser Arbeit insbesondere für die Verwendung von SRH sowie empirische Anknüpfungspunkte ein, die über die Forschungsfragen und Analysen dieser Arbeit hinausgehen.

10.1 Was wir wissen und was wir nicht wissen

Forschungsfrage 1: Auf welchen gesundheitlichen Informationen basiert SRH?

Die erste Forschungsfrage zielte auf die gesundheitsbezogene Grundlage von SRH ab, d.h. was eigentlich gemessen wird, wenn ForscherInnen in Surveys nach der Gesundheit der TeilnehmerInnen fragen. Kenntnisse bezüglich der Grundlage eines Messinstruments sind nämlich zwingend notwendig, um zielführende empirische Forschung mit ihm betreiben

© Springer Fachmedien Wiesbaden GmbH, ein Teil von Springer Nature 2019
P. Lazarević, *Was misst Self-Rated Health?*,
https://doi.org/10.1007/978-3-658-28026-0_10

zu können. Die Untersuchung dieser Frage geschah anhand der querschnittlichen Untersuchung des jeweiligen Beitrags von fünf Gesundheitsdimensionen bzw. individuellen Variablen zur Erklärung der Varianz von SRH. Diese Beiträge lassen sich als das Gewicht interpretieren, mit dem die jeweiligen Aspekte in die Bewertung eingehen bzw. als deren Relevanz für die Gesundheitsbewertung.

In den Analysen des SHARE zeigte sich, dass für die untersuchten älteren Menschen aus 14 europäischen Ländern und Israel insbesondere die Funktionsfähigkeit und chronische Krankheiten und Gesundheitsprobleme eine wichtige Rolle zur Bewertung der Gesundheit spielten. Ebenfalls, aber in einem geringeren Ausmaß, war für diesen Personenkreis das Vorliegen bzw. die Intensität von Schmerzen sowie die mentale Gesundheit relevant, während das Gesundheitsverhalten nur eine geringe Rolle spielte. In detaillierteren Analysen zeigte sich dabei, dass für diese Population in erster Linie das allgemeine Vorliegen von Aktivitätseinschränkungen, die Anzahl an Einschränkungen der Mobilität, das Vorliegen und die Anzahl chronischer Krankheiten, die Betroffenheit von mäßigen und starken Schmerzen sowie die Anzahl depressiver Symptome relevant für die Gesundheitsbewertung waren. Insgesamt konnte so etwa die Hälfte der Varianz der Gesundheitsbewertungen erklärt werden.

Bei der anschließenden Analyse der Befragungsdaten der allgemeinen Bevölkerung Kanadas anhand des CCHS ließ sich feststellen, das dort Krankheiten die größte Relevanz für SRH hatten, während die Funktionsfähigkeit und Schmerzen eine etwas niedrigere aber trotzdem hohe Wichtigkeit für die Bewertung hatten. Das Gesundheitsverhalten hingegen standen in diesen Analysen in einem nur sehr geringen Zusammenhang mit SRH. Die wichtigsten einzelnen Indikatoren waren dabei die Anzahl funktionaler Einschränkungen, das Vorliegen und die Anzahl chronischer Krankheiten sowie das Vorliegen von mäßigen oder starken Schmerzen. Auf Basis sämtlicher verfügbarer Indikatoren ließ sich im Rahmen der CCHS-Daten etwa ein Drittel der Varianz von SRH erklären.

In der abschließenden Analyse der NPHS-Erhebung von 1994 zeigte sich eine Dominanz der Gesundheitsdimensionen der Funktionsfähigkeit, Krankheiten und Schmerzen (mit merklichen Unterschieden zwischen den Geschlechtern, die später diskutiert werden). Die mentale Gesundheit sowie das Gesundheitsverhalten hatten in diesen Analysen hingegen nur eine geringe Relevanz für die Gesundheitsbewertung. Dabei hatten in diesen Querschnittanalysen insbesondere das Vorliegen und die Anzahl funktionaler Einschränkungen und chronischer Krankheiten sowie die Betroffenheit von mäßigen oder starken Schmerzen einen bedeutenden Einfluss auf SRH, wodurch insgesamt ca. ein Drittel der Varianz von SRH erklärt werden konnte.

Zusammengenommen ließ sich also durch die verwendeten GI-Modelle in allen drei Teiluntersuchungen dieser Forschungsfrage ein substanzieller Anteil der Varianz der selbst eingeschätzten Gesundheit erklären. Daraus lässt sich ableiten, dass die Antwort auf die Frage nach der allgemeinen Gesundheit tatsächlich zu einem großen Teil und in systematischer Weise auf gesundheitsbezogenen Informationen basiert. Übergreifend betrachtet waren dabei vor allem die Funktionsfähigkeit, diagnostizierte Krankheiten und (die Intensität von) Schmerzen wichtig für diese Bewertung. Die wichtigsten Gesundheitsindikatoren zur Erklärung waren sowohl das allgemeine Vorliegen als auch die Anzahl funktionaler Einschränkungen und chronischer Krankheiten sowie die Betroffenheit von mäßigen oder starken Schmerzen.

Deutliche Unterschiede in den Analysen fanden sich insbesondere in der insgesamt erklärten Varianz von SRH, die in den Analysen des SHARE weit höher war als in den Untersuchungen der kanadischen Daten. Ein Teil dieser Diskrepanz ist sicherlich auf die unterschiedliche Relevanz der mentalen Gesundheit in den Samples zurückzuführen. Leistete diese Gesundheitsdimension in den europäischen und israelischen Daten einen merklichen Beitrag zur Erklärung von SRH, war sie in den kanadischen Analysen des NPHS beinahe bedeutungslos.

Die direkte Vergleichbarkeit der Ergebnisse ist jedoch dadurch eingeschränkt, dass in den drei Befragungen nicht die identischen GI zur Verfügung standen (siehe Tabelle 5.1 in Kapitel 5). Im Rahmen des CCHS betraf dies nicht zuletzt die Gesundheitsdimension der mentalen Gesundheit, da deren Operationalisierung nicht möglich war. Im NPHS war die Operationalisierung dieser Dimension zwar möglich, allerdings nur anhand einer anderen Skala. Die niedrige Erklärungskraft dieser Dimension im NPHS lässt sich entsprechend womöglich dadurch erklären, dass die Operationalisierung in diesem Survey auf den Merkmalen einer schweren depressiven Episode beruhte und in der Erhebung auch entsprechend gefiltert wurde. Personen, die die Hauptkriterien dieser Diagnose – eine zweiwöchige nahezu durchgehende depressive Verstimmung oder Verlust an Interessen – nicht erfüllten, wurden also zu anderen Merkmalen gar nicht erst befragt, während im SHARE auch leichtere Probleme der mentalen Gesundheit durch die Verwendung der EURO-D-Skala abgebildet wurden. Die eingeschränkte Vergleichbarkeit traf auch auf die Anzahl funktionaler Einschränkungen in den drei Surveys zu, da hier jeweils andere Skalen vorlagen. Diese Einschränkung der Vergleichbarkeit ist umso problematischer, als dadurch die gegenseitige Kontrolle der Dimensionen in den Teiluntersuchungen nicht in gleicher Weise umgesetzt werden konnte.

Folglich wäre es wünschenswert, die Untersuchung dieser Forschungsfrage mit anderen Daten und vorzugsweise anhand derselben Fragebögen in den gleichen oder anderen Kontexten zu replizieren. um robustere Ergebnisse zu erhalten. Vor dem Hintergrund dieser Einschränkungen sind die festgestellten Ähnlichkeiten zwischen den drei Surveys jedoch umso bemerkenswerter.

Forschungsfrage 2: Welche nicht gesundheitsbezogenen Einflüsse auf SRH lassen sich in welchem Ausmaß feststellen?

Im Rahmen dieser Frage wanderte der Fokus von der Untersuchung der gesundheitsbezogenen Basis zu potenziellen anderweitigen Einflüssen auf die Bewertung der Gesundheit. Aufgrund der großen Offenheit der Frage nach der allgemeinen Gesundheit ließ sich annehmen, dass es zu systematischen Verzerrungen durch Aspekte kommen könnte, die nicht zum zu messenden Konzept – der latenten Gesundheit – gehören. Die Analyse dieser nicht gesundheitsbasierten Einflüsse ließ sich in dieser Arbeit dadurch umsetzen, dass die Residuen der GI-Modelle des SHARE durch nicht gesundheitsbezogene Aspekte erklärt wurden, die sich grob zu den drei Quellen der InterviewerInnen, Befragten sowie des Länderkontextes zusammenfassen lassen. Durch die vorherige Kontrolle der GI lassen sich signifikante Zusammenhänge dieser Aspekte mit den Residuen als systematische Unterschiede in der

Bewertung gleicher bzw. ähnlicher Gesundheitszustände interpretieren (in dem Ausmaß, in dem die verwendeten GI die Gesundheit der Befragten abbildeten).[35]

Allgemein ließ sich mit etwa sieben Prozent der gesamten Varianz der Residuen ein substanzieller Anteil von SRH auf nicht gesundheitsbezogene Aspekte zurückführen, was auf deutliche und systematische Verzerrungen hinweist. Im Zusammenhang mit Einflüssen der InterviewerInnen sind dabei insbesondere deren eigene Gesundheit zu nennen, der sich die Befragten teilweise anpassten. Dies deutet möglicherweise auf soziale Erwünschtheit hin, z.B. dass Befragte mit einer schlechten Gesundheit dies nur gegenüber ebenfalls weniger gesunden Personen preisgeben. Ähnliches wurde bereits in anderen Studien bei der Offenbarung sensibler Informationen im Zusammenhang mit der Hautfarbe oder dem Geschlecht von Befragten und InterviewerInnen vermutet (z.B. Livert et al. 1998; Lipps & Lutz 2017). Die Interaktion der Geschlechter von Befragten und InterviewerInnen spielte hingegen in dieser Untersuchung keine Rolle.

Im Zusammenhang mit den Befragteneigenschaften waren vor allem die Lebenszufriedenheit sowie die Diversität der sozialen Partizipation der Befragten relevant für deren Gesundheitsbewertung. Dies lässt sich möglicherweise so deuten, dass zufriedenere und sozial vielfältig eingebundene Befragte entweder den gleichen Gesundheitszustand besser bewerten oder aber ein allgemein positives Antwortverhalten an den Tag legen. Dies passt zu Befunden, dass ein genereller Optimismus deutlich mit SRH korreliert (Lazarevič et al. 2018).

Eigenschaften der Befragungssituation, nämlich die Verwendung von Proxyinterviews oder die Anwesenheit dritter hatten hingegen keinen Einfluss auf die Residuen, obwohl dies aufgrund des Forschungsstandes zu erwarten gewesen wäre. Dieser Befund bestärkt die Verwendung von Proxyangaben, zumindest wenn sie die einzig mögliche Informationsquelle über die Befragten sind. Andere Studien konnten in diesem Zusammenhang nämlich zeigen, dass z.B. soziale Ungleichheiten unterschätzt werden, wenn Personen aufgrund von Proxyinformationen von der Analyse ausgeschlossen werden (z.B. Kelfve 2017).

Systematische Unterschiede aufgrund des Landes zeigten sich insbesondere darin, dass BelgierInnen und SchwedInnen den gleichen Gesundheitszustand positiver als deutsche Befragte bewerteten, was weitgehend übereinstimmend mit den Ergebnissen von Jürges (2007) ist.

Bei einem Vergleich der erklärten Varianz durch die drei Einflussquellen zeigte sich eine starke Dominanz der Befragteneigenschaften. Bei einem Vergleich dieser Einflüsse nach Altersgruppe zeigten sich nur geringe Unterschiede, wobei sich andeutete, dass die Befragteneigenschaften im höheren Alter eine leicht geringere Relevanz hatten während das Gegenteil auf die Einflüsse von InterviewerInnen zutraf. Bezüglich des Geschlechts fanden sich leichte Unterschiede in den einzelnen Koeffizienten, da das Alter und die Bildung der InterviewerInnen nur im Falle von Frauen signifikante Einflüsse aufwiesen, während nur im Falle der Männer die eigene Bildung einen merklichen Einfluss auf die Residuen hatte und der Einfluss des Befragungslandes bei ihnen stärker war. Im Rahmen der Befragteneigenschaften zeigte sich eine größere Relevanz der Lebenszufriedenheit und

---

[35] Da die Analyse nicht gesundheitsbezogener Einflüsse auf SRH nur mit dem SHARE möglich waren, findet die Diskussion von Geschlechter- und Altersunterschieden bereits im Rahmen dieser Forschungsfrage statt. Dasselbe gilt auch für die Diskussion der Ergebnisse bezüglich der Gesundheitsveränderungen im Rahmen von Forschungsfrage 4, die nur im Rahmen der NPHS-Analysen durchgeführt wurden.

Bildung aufseiten der Männer und im Falle der Frauen eine größere Erklärungskraft der sozialen Partizipation. Bei einem Vergleich der Länder zeigte sich ein kleinerer Einfluss von InterviewerInneneigenschaften in Belgien und Deutschland.

Bei allen diesen Ergebnissen ist natürlich zu bedenken, dass diese nur in dem Ausmaß echte Verzerrungen darstellen, in dem die latente Gesundheit durch die GI-Modelle abgebildet wurde. Nur insofern ist auch gegeben, dass die Koeffizienten tatsächlich Unterschiede in der Bewertung desselben latenten Gesundheitszustandes widerspiegeln. Dies betrifft insbesondere die Befragteneigenschaften, wie z.B. den identifizierten Zusammenhang der Residuen mit der Lebenszufriedenheit, da diese auch auf nicht berücksichtigte Gesundheitsaspekte zurückgehen könnten. So wäre es naheliegend, dass Personen mit einer guten Gesundheit auch zufriedener mit ihrem Leben sind als Menschen mit einer schlechteren Gesundheit (z.B. Palmore & Luikart 1972; Strine et al. 2008). Entsprechend kann auf Basis der Koeffizienten bzw. der Erklärungskraft dieser Proxyvariablen für positives Antwortverhalten nicht abschließend geklärt werden, ob der ermittelte Zusammenhang tatsächlich als Verzerrung zu deuten ist.

Dasselbe gilt auch insofern für das Ausmaß bzw. die Diversität der sozialen Partizipation, als nicht vollständig auszuschließen ist, dass nicht erfasste Einschränkungen die Möglichkeiten zur Teilnahme an sozialen Aktivitäten beschränken (obwohl Aktivitätseinschränkungen bzw. deren Ausmaß explizit in den Modellen erfasst wurden). In diesem Sinne wäre es wünschenswert, die hier unternommene Untersuchung anhand weiterer Wellen des SHARE zu replizieren, um Veränderungen von Befragteneigenschaften im Längsschnitt zu betrachten, sodass zeitkonstante Eigenschaften herausgerechnet werden können. Da der InterviewerInnensurvey im SHARE in erweiterter Form fortgeführt wird, sollte dies in naher Zukunft möglich sein.

Eine andere Einschränkung dieser Teiluntersuchung war die Notwendigkeit der Sekundäranalyse eines Datensatzes mit möglichst weitgehenden Möglichkeiten zur Kontrolle der latenten Gesundheit. Durch die Verwendung dieses nicht auf die Analyse der interessierenden Einflüsse auf SRH ausgelegten Surveys, konnten einige wichtige Aspekte, wie z.B. sozial erwünschtes oder optimistisches Antwortverhalten sowie hypochondrische Tendenzen nicht direkt operationalisiert werden, wodurch die Ergebnisse nicht eindeutig interpretierbar waren. Auch hier ist weitergehende Forschung, die den Einfluss dieser Faktoren direkt misst und gleichzeitig die latente Gesundheit weitreichend kontrolliert, wünschenswert, um genauer auf das Ausmaß und die Ursachen dieser Einflüsse zu fokussieren.

Forschungsfrage 3: (Wie) Verändert sich die Art, wie Befragte ihre Gesundheit bewerten?

Diese Frage nach Altersunterschieden in der Bewertung der Gesundheit stellte einen großen Schwerpunkt dieser Arbeit dar, da der theoretische Hintergrund und der Forschungsstand darauf hindeuteten, dass gerade dieser Aspekt für deutliche Unterschiede dessen sorgen könnte, was durch SRH gemessen wird. Dieses Fehlen von Messinvarianz zwischen den Altersgruppen hätte zur Folge, dass Gruppenvergleiche, die auf diesem Indikatoren beruhen, in Frage gestellt würden. Die Untersuchung dieser Fragestellung ließ sich in den Analysen jeweils dadurch umsetzen, dass die erklärte Varianz, welche auf die fünf bzw. vier Gesundheitsdimensionen zurückging, zwischen verschiedenen Altersgruppen bzw. Kohorten verglichen wurde, wobei in den Analysen des CCHS auch die Entwicklung dieser

Relevanzsetzungen in verschiedenen Geburtskohorten über die Zeit hinweg beobachtet werden konnte.

Während es in den Querschnittanalysen des SHARE keine merklichen Altersunterschiede in der 'Erklärbarkeit', d.h. der insgesamt erklärten Varianz von SRH durch die GI, finden ließen, gab es konsistente Unterschiede in der Relevanz der Gesundheitsdimensionen zwischen den verschiedenen Altersgruppen. So stieg das Gewicht der Dimensionen der funktionalen und mentalen Gesundheit mit steigendem Alter der Gruppen an, während das Gegenteil für die Krankheiten und das Gesundheitsverhalten der Fall war.

In den Analysen des CCHS ließ sich aufgrund des Trenddesigns eine gleichzeitige Betrachtung von Alters- und Kohortenunterschieden umsetzen und zudem jüngere Kohorten in die Analysen miteinbeziehen. Hinsichtlich der allgemeinen Erklärungskraft der GI zeigten sich dabei vor allem zu Beginn des Untersuchungszeitraums deutliche Unterschiede zwischen den Geburtskohorten, da die erklärte Varianz bei den später geborenen bzw. jüngeren Befragten deutlich niedriger war als in den anderen Gruppen. Diese Unterschiede glichen sich jedoch in den späteren Jahrgängen dieses Surveys zu einem großen Teil aus, sodass anzunehmen ist, dass diese Unterschiede primär durch das Alter bedingt waren. Dies deutet folglich darauf hin, dass die Gesundheitseinschätzungen von jungen Menschen allgemein schlechter durch die verwendeten GI erklärt werden konnten als die von älteren.

Bei der Analyse der Relevanz der vier verfügbaren Gesundheitsdimensionen zeigte sich, dass die Funktionsfähigkeit, Krankheiten und Schmerzen in den ersten Jahren des Surveys in den älteren Kohorten mehr Varianz erklären konnten. Da die erklärte Varianz dieser Dimensionen in den jüngeren Kohorten jedoch überwiegend zunahm, glichen sich diese Unterschiede im Verlauf der 14 untersuchten Jahre weitgehend aus. Aus diesem Grund liegt der Schluss nahe, dass bezüglich dieser Gesundheitsdimensionen vornehmlich Altersunterschiede für die feststellbaren Diskrepanzen zwischen den Gruppen verantwortlich waren. Bei der Dimension des Verhaltens gab es hingegen allgemein nur geringe Unterschiede zwischen den Kohorten, nämlich eine höhere Erklärungskraft in den jüngeren Kohorten, die sich im Zeitverlauf leicht verstärkte. Dies könnte möglicherweise auf ein Zusammenspiel von Alters- und Kohorteneffekten für diese Dimension hindeuten.

Auch in den Analysen des NPHS konnte bestätigt werden, dass die gesamte Erklärungskraft der GI im Falle der jüngeren Geburtskohorten deutlich niedriger war als im Falle der älteren. Diese Querschnittanalysen bestätigten zudem den Befund des CCHS, dass die Wichtigkeit der drei Gesundheitsdimensionen der Funktionsfähigkeit, Krankheiten und Schmerzen nahezu linear mit dem Alter der Vergleichsgruppen anstieg. Die Unterschiede in der Erklärungskraft dieser Dimensionen waren dabei maßgeblich für die Differenz in der insgesamt erklärten Varianz verantwortlich. Für das Gesundheitsverhalten und die mentale Gesundheit zeigten sich im Vergleich der Altersgruppen eine stagnierende bzw. abnehmende Relevanz, die sich insgesamt nur wenig zwischen den Altersgruppen unterschied.

In einer übergreifenden Betrachtung dieser Befunde lässt sich also trotz der unterschiedlichen Länderkontexte und Fragebögen der verwendeten Surveys feststellen, dass Menschen in einem unterschiedlichen Alter ihre Gesundheit auf eine unterschiedliche Art bewerten. Dabei fanden sich vor allem in den kanadischen Surveys, in denen auch jüngere Geburtskohorten untersucht werden können, konsistente Unterschiede in der gesamten Erklärungskraft bezüglich SRH, die primär auf das unterschiedliche Gewicht der Dimensionen der funktionalen Gesundheit, Krankheiten und Schmerzen zurückgingen – diese spielten für jüngere Menschen nur eine geringe Rolle. Der Hauptunterschied in den Ergebnissen der verschiedenen Untersuchungen bestand darin, dass in Analysen des SHARE die Relevanz der Gesundheitsdimensionen der Krankheiten im höheren Alter geringer und die der Schmerzen konstant war anstelle einer höheren Relevanz beider Dimensionen in den älteren Vergleichsgruppen.

Über die genaue Ursache für die festgestellten Alterseffekte auf die Gewichtung und Unterschiede zwischen den Untersuchungen kann an dieser Stelle jedoch nur spekuliert werden. Eine mögliche Erklärung für die Altersunterschiede liegt darin, dass Menschen unterschiedlichen Alters jeweils vor anderen gesundheitlichen Herausforderungen stehen, die dann ihre Gesundheitsbewertung dominieren. Demgemäß werden in verschiedenen Lebensabschnitten jeweils für das eigene Alter typische Aspekte und Gesundheitsprobleme zur Bewertung herangezogen. So ist z.B. anzunehmen, dass jüngere Menschen weniger stark von funktionalen Einschränkungen, chronischen Krankheiten oder Schmerzen betroffen sind (Crimmins & Beltrán-Sánchez 2010), sodass die verwendeten GI in diesen Kohorten nicht explizit (im Sinne eines Fehlens dieser Gesundheitsprobleme) in die Gesundheitsbewertung aufgenommen werden. Da also objektive Maßstäbe für die Bewertung der Gesundheit fehlen, werden – wie in Kapitel 2 angenommen – anscheinend nur diejenigen Aspekte in die Bewertung angenommen, die dem persönlichen Erfahrungshorizont entsprechen.

Ebenfalls ist es jedoch möglich, dass die GI mancher Dimensionen in den unterschiedlichen Kohorten bzw. Altersgruppen unterschiedliche Sachverhalte widerspiegeln. So ist z.B. bekannt, dass vornehmlich ältere Menschen von lebensbedrohlichen Krankheiten wie Krebs, Herzerkrankungen oder Schlaganfällen betroffen sind (Crimmins & Beltrán-Sánchez 2010) bzw. an ihnen versterben (Siegel et al. 2018). Entsprechend ließe sich annehmen, dass die höhere Erklärungskraft von Krankheiten im höheren Alter auch mit der Komposition der verwendeten Zählvariablen zu tun haben könnte.

Diese Annahme widerspricht allerdings nicht der Tatsache, dass andere Transformationen der Zählvariablen bzw. die Inklusion von Dummyvariablen für sämtliche Krankheiten nicht mehr Varianz von SRH erklären konnten. Vielmehr ist zu vermuten, dass Krankheiten mit weniger ernsten Auswirkungen in den jüngeren Kohorten einen größeren Einfluss auf die selbst eingeschätzte Gesundheit haben als in älteren, da die Erfahrung mit ernsteren Krankheiten fehlt. Bei der Analyse der erklärten Varianz bzw. Gewichtung der Aspekte in SRH würden diese Effekte verdeckt. In diesem Zusammenhang wäre es folglich wünschenswert, den genaueren Einfluss einzelner Krankheiten über den Lebensverlauf empirisch zu untersuchen bzw. den Einfluss verschiedener Krankheiten auf SRH detailliert zu betrachten. Im Rahmen dieser Arbeit war dies allerdings aufgrund des Umfangs dieser zusätzlichen Analysen nicht mehr möglich.

Weiterhin ist denkbar, dass eher subjektive Bewertungen wie die Schmerzintensität als 'gering' oder 'stark' von Befragten unterschiedlichen Alters unterschiedlich interpretiert werden können (Ohnhaus & Adler 1975; Jensen & Karoly 2001) oder sogar aufgrund von Gewöhnungseffekten faktisch ein anderes Schmerzempfinden haben (Dar et al. 1995). Insbesondere Gewöhnungseffekte – auch hinsichtlich anderer Gesundheitsdimensionen – stellen in diesem Zusammenhang einen bislang untererforschten Aspekt bezüglich der Einflüsse auf SRH dar. Zudem ist unklar, inwieweit der Einfluss von Schmerzen (oder auch

Krankheiten) auf SRH durch entsprechende Medikation moderiert werden kann. Hier stellt sich also die Frage, ob das tatsächliche Empfinden von Schmerzen oder das Bewusstsein um (behandelte) chronische Schmerzen den Einfluss auf SRH ausübt. Auch hier wäre es wünschenswert, genauere Untersuchungen anzustellen, die den Einfluss von Schmerzen auf SRH mit anderen Messmethoden und in Zusammenhang mit anderen relevanten Faktoren genauer zu untersuchen.

Aus der geringeren allgemeinen Erklärungskraft der Regressionsmodelle durch die verwendeten GI bei jüngeren Menschen lässt sich eine allgemeine Herausforderung der Messung der latenten Gesundheit im Falle jüngerer Befragter ableiten. Wie die Analysen nahelegen, beruht die subjektive Gesundheit jüngerer Menschen auf anderen Gesundheitsdimensionen bzw. GE als dies für ältere Befragte der Fall ist. Allgemein ließ sich die Varianz von SRH, wie eine Betrachtung der Tabellen 8.3 und 9.3 zeigt, erst ab einem Alter von ca. 40–50 Jahren der jüngeren Geburtskohorten ähnlich gut erklären. Dies passt zu dem bereits erwähnten Befund, dass ab diesem Alter eine allgemeine Verschlechterung der Gesundheit beginnt (McCullough & Laurenceau 2004) und dass diese Unterschiede im SHARE auf Basis dessen älterer Untersuchungspopulation nicht zu finden waren. Das in dieser Arbeit verwendete Modell zur Erklärung von SRH ist also vor allem adäquat für diese Lebensphase.

Bei jüngeren Personen kann dieses Gesundheitsmodell allerdings offenbar nicht im gleichen Ausmaß zugrunde gelegt werden, da die dominanten Dimensionen, nämlich die Funktionsfähigkeit, Krankheiten und Schmerzen in den jüngeren Kohorten eine geringe Rolle spielten. Worauf die Gesundheitseinschätzungen jüngerer Menschen stattdessen basieren, ließ sich im Rahmen dieser Arbeit nicht abschließend klären. Hinweise darauf könnten allerdings explorative Untersuchungen anhand von eigens dafür erhobenen – qualitativen oder quantitativen – Daten bringen, die dieser Frage nachgehen.

Dieser Befund verdeutlicht gleichzeitig im Zusammenhang mit den obenstehenden Überlegungen sowohl eine Stärke als auch eine (mögliche) Schwäche von SRH: Einerseits ist es positiv zu bewerten, dass die Befragten anhand dieses Indikators selbstständig Kriterien und Relevanzsetzungen zur Bewertung ihrer Gesundheit nutzen können. Dies ermöglicht es entsprechend auch jüngeren Befragten, die möglicherweise weniger stark von schwerwiegenden oder konkret diagnostizierbaren gesundheitlichen Problemen betroffen sind, ihre Gesundheit nach eigenen Kriterien zu bewerten. Andererseits zeigen diese Befunde, dass es systematische Unterschiede in eben diesen Kriterien und Relevanzsetzungen gibt. Dies hat zur Folge, dass ein direkter Vergleich dieser subjektiven Bewertungen potenziell in Frage gestellt wird, da SRH in verschiedenen Altersgruppen von unterschiedlichen Sachverhalten determiniert wird.

Ein generelles Problem dieser Altersvergleiche sowohl im Quer- als auch im Längsschnitt stellt die potenziell systematische Mortalität insbesondere in den ältesten Kohorten dar. Trotz der Tatsache, dass sämtliche verwendeten Surveys aufgrund des jeweiligen Stichprobendesigns und der Gewichtungen den Anspruch haben, repräsentativ für die jeweilige Population zu sein, ist das Überleben bis in ein hohes Lebensalter – und damit die Selektion in höhere Altersgruppen – nicht zufällig. Da immer nur die Daten derjenigen Personen miteinander verglichen werden können, die bis zu einem bestimmten Alter überlebt haben, war die Betrachtung der „Entwicklung" der Gewichtung der Gesundheitsdimensionen selbst in den Längsschnittanalysen immer in dem Maße eingeschränkt, in dem die Mortalität der Befragten systematisch war.

Dies könnte möglicherweise auch erklären, warum die Erklärungskraft der Krankheiten in den älteren Altersgruppen des SHARE abnahm. Eventuell handelte es sich bei den Angehörigen dieser Altersgruppen um eine selektive Auswahl der Population, die eine geringere Tendenz zu lebensbedrohlichen Krankheiten wie Krebs oder Herzinfarkten hatte, weshalb im Vergleich der Gruppen die Anzahl der Krankheiten einen geringen Einfluss auf ihre Gesundheit hatte. Allerdings trifft dasselbe auch auf alle anderen empirischen Untersuchungen der allgemeinen Bevölkerung in diesem Alter zu, da auch diese auf den jeweiligen 'Überlebenden' jeder Kohorte bzw. jedes Alters basieren. Entsprechend geben die Ergebnisse dieser Vergleiche zwar nicht zwangsläufig die Entwicklung der Basis der Gesundheitsbewertungen in der Ausgangspopulation wider, sondern die Entwicklung im Rahmen der befragbaren Bevölkerung.

Dabei konnte diese Entwicklung nur anhand der CCHS-Daten auch im Längsschnitt nachvollzogen werden, da es sich bei den anderen beiden Surveys um Panelstudien handelt, in denen neben der eben beschriebenen allgemeinen selektiven Mortalität in späteren Erhebungen das Problem der Panelattrition hinzukommt, wodurch Vergleiche über die Zeit zusätzlich erschwert würden. Im Falle des CCHS ließ sich jedoch die mentale Gesundheit nicht operationalisieren, weswegen die Relevanz dieser Gesundheitsdimension nicht im Zeitverlauf betrachtet werden konnte (und auch die ermittelte Relevanz der anderen Dimensionen potenziell verfälscht wurde). In diesem Sinne lässt sich ein Anknüpfungspunkt für weitere Analysen darin sehen, auch diese Gesundheitsdimension anhand anderer Daten im Längsschnitt zu betrachten.

Eine andere Einschränkung der Analysen des CCHS bestand im eingeschränkten Zeitraum von 14 Jahren, der für die Analysen zur Verfügung stand. Auch wenn es sich dabei um eine relativ lange Zeitspanne handelt, ist diese natürlich unzureichend, um die Entwicklung der Grundlage von Gesundheitsbewertungen der untersuchten Kohorten vollständig nachzuvollziehen. Entsprechend konnten diese Analysen nur ein unvollständiges bzw. zensiertes Bild der Entwicklung der Relevanz der Gesundheitsdimensionen und -indikatoren über die Zeit liefern. Um dieses Problem anzugehen, besteht allerdings, da der CCHS weiterhin erhoben wird, die Möglichkeit, die Analysen dieser Arbeit auf Basis weiterer Erhebungen dieses Surveys zu replizieren und dabei gegebenenfalls auch zusätzliche (jüngere) Kohorten in die Analyse einzuschließen.

Forschungsfrage 4: Wie wirken sich Veränderungen des Gesundheitsstatus auf SRH aus?

Neben dem Zustandekommen der einmaligen subjektiven Gesundheitsbewertungen war im Rahmen der Analysen dieser Arbeit ebenfalls von Interesse, wie sich Gesundheitsveränderungen auf die Einschätzung der Gesundheit im Zeitverlauf auswirken. Die Untersuchung dieser Frage ist insbesondere für die längsschnittliche Verwendung von SRH relevant, da z.B. aufgrund von potenziell sinkenden Ansprüchen an eine „gute" Gesundheit nicht vorausgesetzt werden kann, dass diese Frage eine ausreichende Sensitivität für diese Art von Analysen hat. Um diese Forschungsfrage anzugehen, habe ich anhand der Daten des NPHS analog zu Forschungsfrage 1 untersucht, (a) inwieweit sich die *Veränderungen* von SRH durch Gesundheitsveränderungen erklären lassen, (b) welche Gesundheitsdimensionen und -indikatoren dafür maßgeblich verantwortlich sind und (c) ob bzw. inwieweit der Bewertungsgrundlage einmaliger Bewertung des Gesundheitsstatus und der (impliziten) Bewertung von Gesundheitsveränderungen die gleichen Gesundheitsaspekte zugrunde liegen. Entsprechend des Vorgehens in den anderen Teilen der Untersuchung habe ich auch hier überprüft, inwieweit bei diesen drei Fragen das Geschlecht oder Alter eine moderierende Rolle spielt.

Anhand dieser Analysen konnte ich feststellen, dass es generell eine große Ähnlichkeit zwischen den Ergebnissen der Quer- und Längsschnittanalysen gab. In beiden Fällen ging die erklärte Varianz zu ähnlichen Anteilen auf die untersuchten Gesundheitsdimensionen – also primär die Funktionsfähigkeit, Krankheiten und Schmerzen – zurück. Dabei konnte insgesamt etwa ein Zehntel der Varianz von SRH zwischen den Wellen durch die verwendeten GI erklärt werden.

Die durch Veränderungen erklärte Varianz unterschied sich nur in einem geringen Ausmaß zwischen den beiden Geschlechtern, was primär auf eine größere Relevanz von Veränderungen der funktionalen Gesundheit aufseiten der Frauen zurückzuführen war. Da die Konfidenzintervalle von Männern und Frauen hierbei überlappten, sollte dieser Befund jedoch nicht überinterpretiert werden.

Bei einem Vergleich des Gewichts der Gesundheitsdimensionen zwischen den verschiedenen Kohorten bzw. Altersgruppen konnten ähnliche Gruppenunterschiede wie im Falle der oben diskutieren Querschnittanalysen gefunden werden: Auch im Falle der Längsschnittanalysen war die erklärte Varianz durch die drei allgemein dominierenden Gesundheitsdimensionen (Funktion, Krankheiten und Schmerzen) umso höher, je älter die jeweils betrachtete Kohorte war. Entsprechend konnte hier ebenfalls insbesondere in der jüngsten Kohorte ein geringerer Anteil der gesamten Varianz erklärt werden. Dabei waren diese Ergebnisse jedoch aufgrund etwas geringerer Unterschiede und oftmals überlappender Konfidenzintervalle nicht ganz so eindeutig wie im Falle der Querschnittanalysen.

Aus diesen Ergebnissen lässt sich also ableiten, dass die Befragten (des NPHS) für beide Arten der Bewertung ähnliche Gesundheitsinformationen nutzen und dass auch die Einflüsse von Veränderungen der GI auf SRH von einer ähnlichen Moderation durch das Alter betroffen sind. Entsprechend lässt sich die obige Diskussion der problematischen Vergleichbarkeit zwischen verschiedenen Altersgruppen im Falle von SRH analog auch für die längsschnittliche Verwendung dieses Messinstruments übertragen. Zugleich kann jedoch auch positiv festgehalten werden, dass SRH durchaus in der Lage war, Gesundheitsveränderungen im Längsschnitt abzubilden. Dabei zeigte sich jedoch wieder, dass sich die diesbezügliche Erklärungskraft zwischen den untersuchten Altersgruppen unterschied.

Im Fall der längsschnittlichen Verwendung von SRH kommt allgemein erschwerend hinzu, dass die oben diskutierten Ergebnisse im Rahmen von Forschungsfrage 3 gezeigt haben, dass sich die Grundlage der einzelnen Bewertungen mit steigendem Alter verändert. Dadurch wird die Verwendung von SRH zum Vergleich von Altersgruppen im Längsschnitt zusätzlich verkompliziert, da bei der impliziten Bewertung von Gesundheitsveränderungen durch SRH unterschiedliche Gesundheitskonzepte in den Kohorten zugrunde liegen, sondern dass sich diese auch im Lauf der Zeit graduell verändern.

Forschungsfrage 5: Inwieweit unterscheidet sich die Gewichtung von Informationen in der Gesundheitsbewertung nach Geschlecht und Länderkontext?

Da nicht nur plausibel ist, dass Menschen verschiedenen Alters bei der Beantwortung von Fragen zur allgemeinen Gesundheit unterschiedliche Bewertungsschemata verwenden, wurde in dieser Arbeit auch untersucht, inwieweit sich Befragte unterschiedlichen Geschlechts oder aus unterschiedlichen Länderkontexten bezüglich der allgemeinen Bewertung ihrer Gesundheit unterscheiden. Dazu wurden sämtliche Analysen getrennt nach Geschlechtern durchgeführt, sodass anhand jedes Analyseschritts betrachtet werden konnte, welche Unterschiede in den Bewertungen sich aufgrund des Geschlechts finden ließen. Zusätzlich wurden in den Analysen des SHARE auch die 14 europäischen Länder und Israel separat analysiert, sodass hier auch zwischen den jeweiligen den Gewichtungen in den Befragungsländern verglichen werden konnte.[36]

Bei den allgemeinen Analysen des SHARE zeigten sich dabei nur eher geringe Unterschiede zwischen den Geschlechtern, die sich etwa in einer leicht höheren allgemeinen Erklärungskraft im Falle der Frauen äußerten. Dies ging auch mit einer etwas höheren Erklärungskraft durch die Dimension der Schmerzen einher, die bei Frauen ein größeres Gewicht für die Bewertung hatte als bei Männern. Bei einem Vergleich der einzelnen GI zeigte sich dabei eine etwas höhere Erklärungskraft durch starke Schmerzen sowie gesundheitliche Aktivitätseinschränkungen aufseiten der Frauen, wobei für das allgemeine Vorliegen funktionaler Einschränkungen oder chronischer Krankheiten das Gegenteil galt, diese Aspekte also eine höhere Relevanz für Männer hatten.

Im Vergleich der einzelnen Befragungsländer ließen sich einige Unterschiede feststellen – insbesondere die hohe Relevanz von Krankheiten in Israel und die niedrige Relevanz der Funktionsfähigkeit und Krankheiten im Falle niederländischer Männer. Jedoch waren diese Unterschiede überwiegend eher unsystematisch in dem Sinne, dass sich z.B. keine klaren regionalen Muster erkennen ließen und die Gewichtung in allen Ländern weitestgehend ähnlich war, was sich auch in größtenteils überlappenden Konfidenzintervallen der Dimensionen im Ländervergleich äußerte.

In den Analysen des CCHS war ein größerer Unterschied zwischen den Geschlechtern in der insgesamt erklärten Varianz evident, der primär auf die höhere Erklärungskraft der Dimensionen der funktionalen Gesundheit und Schmerzen zurückging. Eine genauere Analyse der Unterschiede in den einzelnen Indikatoren konnte dabei aufdecken, dass diese Geschlechterunterschiede insbesondere auf die Erklärungskraft der Anzahl eingeschränkter Funktionsbereiche sowie das Vorliegen von mäßigen und starken Schmerzen zurückzuführen war. Weiterhin zeigte sich hier eine Interaktion aus dem Alter und Geschlecht der Befragten bei der insgesamt erklärten Varianz durch die GI-Modelle: Während sich die Altersunterschiede zwischen den älteren und der zweitjüngsten Kohorte im Falle der Frauen innerhalb der 14 Jahre weitgehend ausglichen, war dies für Männer nur in einem geringerem Ausmaß der Fall. Dies deutet also darauf hin, dass Frauen ihre Gesundheit schon früher als Männer in einer ähnlichen Weise gewichten wie ältere Personen.

---

[36] Gleichsam kann auch der Vergleich der unterschiedlichen Surveys als Möglichkeit für Vergleiche bezüglich des Länderkontextes gesehen werden. Auf einen diesbezüglichen Vergleich wird im Folgenden allerdings verzichtet, da jeweils unterschiedliche Fragebögen (und Alterskompositionen) zugrunde lagen und deshalb nicht bewertet werden kann, auf welchen dieser Aspekte die Unterschiede zurückgingen.

Die nach Geschlecht getrennte Untersuchung der Daten des NPHS zeigte schlussendlich ebenfalls eine größere erklärte Varianz aufseiten der Frauen im Querschnitt. Dementsprechend ließ sich für Frauen in den Querschnittregressionen auch eine merklich höhere Erklärungskraft bei den beiden Dimensionen der Krankheiten und Schmerzen finden. Detailanalysen der erklärten Varianz nach GI zeigten anschließend, dass diese Unterschiede durch eine höhere Erklärungskraft des Vorliegens und der Anzahl chronischer Krankheiten sowie mäßiger und starker Schmerzen im Falle von Frauen bedingt waren.

Die größte Gemeinsamkeit dieser gruppenspezifischen Analysen ist, dass die Gesundheitsbewertungen von Frauen durch die GI-Modelle besser erklärt werden konnten als von Männern, was allerdings teilweise auf unterschiedliche Gesundheitsdimensionen zurückzuführen war. Einzig im Falle der Schmerzen zeigte sich konsistent über die drei Untersuchungen eine höhere Erklärungskraft aufseiten der Frauen. Diese Befunde passen folglich zu dem allgemeinen Befund, dass Frauen ihre Gesundheitsbewertungen stärker auf nicht lebensbedrohlichen Gesundheitsaspekten basieren (Gonzalez et al. 2002; Idler 2003). Analog zu den Altersunterschieden ließ sich demgemäß feststellen, dass das verwendete GI-Modell besser zur Erklärung der Gesundheitsbewertung der Frauen geeignet war, weshalb sich entsprechend die Frage stellt, welche (Gesundheits-)Informationen Männer stattdessen zur Bewertung ihrer Gesundheit nutzen. Weitere Forschungsaktivitäten bezüglich der Grundlage der Gesundheitsbewertung aufseiten der Männer wäre folglich wünschenswert.

Der Befund eher unsystematischer Unterschiede in der Grundlage der Gesundheitsbewertungen in den Ländern des SHARE spricht für eine Robustheit der Gesundheitsmessung im internationalen Vergleich. Dies ist insbesondere aus dem Grund bemerkenswert, da sich die untersuchten Länder hinsichtlich vieler Eigenschaften wie etwa der Ausgestaltung des Gesundheitssystems, der jeweiligen Kultur und selbstverständlich der Sprache (auch in der Erhebung von SRH) unterschieden. Das trotzdem nur vereinzelte Unterschiede in der Gewichtung der Gesundheitsdimensionen gefunden werden konnten, spricht im Großen und Ganzen für eine Verwendung von SRH in transnationaler Forschung. Durch zusätzliche Analysen auf Basis weiterer Länder vorzugsweise mit dem jeweils gleichen Fragebogen könnte und sollte dieser Befund jedoch auf seine Robustheit geprüft werden.

Da im Rahmen dieser Arbeit nur eine Moderation der Determinanten von SRH durch die fundamentalen soziodemographischen Aspekte des Geschlechts, Alters und des Länderkontextes betrachtet wurden, bleibt natürlich viel Spielraum für die Untersuchung anderer möglicherweise moderierender Aspekte. Hier wäre allen voran die Bildung bzw. der sozioökonomische Status der Befragten zu nennen, der offensichtlich einen Einfluss auf die Gesundheit hat (z.B. Deaton 2003) und möglicherweise auch die Art beeinflusst, wie ein gegebener Gesundheitsstatus bewertet wird (Bago d'Uva et al. 2008; Rossouw et al. 2018). Durch das Zusammenspiel dieser beiden Aspekte ist es dabei unerlässlich, den Gesundheitszustand der Befragten in den Analysen möglichst gut zu kontrollieren, um indirekte Effekte der Bildung auf die Gesundheitsbewertung (d.h. vermittelt über die GE der Befragten; siehe Kapitel 2.3) auszuschließen.

10.2 Implikationen und Ausblick: Wie geht es weiter?

In aller Kürze haben die Analysen also gezeigt, dass SRH zu einem großen Teil und systematisch auf feststellbaren Gesundheitsinformationen, nämlich sowohl im Quer- als auch im Längsschnitt vor allem auf der Funktionsfähigkeit, den Krankheiten und der Betroffenheit von Schmerzen (und möglicherweise der mentalen Gesundheit) der Befragten beruht und zwar umso stärker je älter die Befragten sind. Dabei werden die Bewertungen deutlich von nicht gesundheitsbezogenen Aspekten beeinflusst und lassen sich allgemein im Falle von Männern und jüngeren Menschen schlechter durch die hier verwendeten Gesundheitsaspekte erklären als aufseiten von Frauen und älteren Menschen.

Gerade die Geschlechter- und Altersunterschiede in der Bewertung haben dabei unter anderem Konsequenzen für die Schlussfolgerungen, die aus inhaltlicher Forschung mit diesem Indikatoren gezogen werden können. Stehen z.B. gesundheitlichen Auswirkungen einer sozialpolitischen Maßnahme im Mittelpunkt einer empirischen Untersuchung, besteht die Gefahr, dass Unterschiede der Gesundheit(sbewertung) in der Evaluation dieser Maßnahme wenigstens zum Teil auf ein unterschiedliches Bewertungsverhalten zurückgehen können. Zielt diese Maßnahme zusätzlich auf die Förderung einer bestimmten Gesundheitsdimension ab, die in einer Gruppe besonders stark bzw. nur in geringem Ausmaß in SRH eingeht, werden die gesundheitlichen Auswirkungen dieser Maßnahme in dieser Gruppe über- bzw. unterschätzt. Darüber hinaus lässt die Unklarheit bezüglich der Determinanten der Gesundheit jüngerer Menschen allgemeine Fragen an der Verwendbarkeit dieses Gesundheitsmaßes in dieser Gruppe aufkommen.

Bewertungen der Gesundheit durch die Befragten haben allerdings auch ein großes Potenzial und einige positiven Eigenschaften für die Messung der Gesundheit, die bei aller Diskussion ihrer Einschränkungen und möglichen Probleme nicht vergessen werden sollten. Wie bereits in der Einleitung dieser Arbeit beschrieben, sind diese Bewertungen nämlich (unter anderem) inklusiv und dynamisch, was sich nicht zuletzt in den vielfältigen Zusammenhängen von SRH mit den GI der Befragten und dessen Sensitivität gegenüber Gesundheitsveränderungen bestätigte. Zudem ist gerade die Kürze dieses Messinstruments eine großer Vorteil für eine kurze generische Messung von Gesundheit, die insbesondere in multithematischen Surveys ein gutes Argument für seine Verwendung darstellt.

Zukünftige Forschung kann an genau diesem Punkt ansetzen und untersuchen, wie sich die Schwächen von SRH ausgleichen und gleichzeitig dessen Stärken zur Messung der latenten Gesundheit nutzen lassen. Um dies zu erreichen, gibt es verschiedene Möglichkeiten, die sich potenziell auch miteinander verknüpfen lassen. Eine Möglichkeit besteht etwa darin, SRH nicht als erste Frage in der Gesundheitsmessung zu stellen und die Bewertung vollkommen offen zu lassen, sondern durch „Priming" das Konzept von Gesundheit in gewisser Weise vorzugeben (Strack et al. 1988; Lee & Schwarz 2014; Garbarski 2016) und so die Messwerte vergleichbarer zu machen. Eine andere Option besteht darin, SRH mit Faktenfragen zur Gesundheit der Befragten zu komplementieren und so die subjektive Sichtweise der Befragten mithilfe objektiver Informationen zu ergänzen. Die Ergebnisse dieser Arbeit können dabei als Orientierung dienen, welche Gesundheitsaspekte eine hohe Relevanz für das Konzept der Gesundheit aus Sicht der Befragten haben.

Einen Anknüpfungspunkt in diesem Zusammenhang könnte das Minimum European Health Module (MEHM) sein, welches 2003 von der Euro-REVES Forschungsgruppe primär zur Ermittlung der gesunden Lebenserwartung in Europa konzipiert wurde (Robine & Jagger 2003). Dieses Befragungsmodul, welches auch in großen europäischen Befragungen der amtlichen Statistik wie dem European Health Interview Survey (EHIS) und den European Union Statistics on Income and Living Conditions (EU-SILC) erhoben wird, besteht neben SRH aus zwei weiteren Fragen, nämlich dem Global Activity Limitation Indicator (GALI) und einer allgemeinen Frage nach dem Vorliegen einer chronischen Krankheiten oder eines Gesundheitsproblems (beide Fragen wurden in dieser Arbeit zur Erklärung von SRH in Kapitel 6 verwendet).

Somit bildet dieses sehr kurze Befragungsmodul neben der allgemeinen Frage bezüglich der Gesundheit zwei der drei wichtigsten (physischen) Gesundheitsdimensionen dieser Arbeit ab, nämlich gesundheitsbedingte Aktivitätseinschränkungen (und deren grobes Ausmaß) sowie chronische Krankheiten. Darüber hinaus und aufgrund der hohen Erklärungskraft chronischer Schmerzen, die sich konsistent durch die Analysen dieser Arbeit zeigte, spräche einiges dafür, zu prüfen, inwieweit die Aufnahme dieser verbalen Rating-Skala in das Modul dessen Nützlichkeit zur Messung der generischen Gesundheit weiter verbessern kann. In ähnlicher Weise würde eine Nachfrage bezüglich des Vorliegens von Multimorbidität im Anschluss an die Frage nach chronischen Krankheiten – analog zum GALI – die Möglichkeit einer Einschätzung des Ausmaßes chronischer Krankheiten bieten. Dies könnte ebenfalls die generische Gesundheitsmessung durch dieses Modul verbessern, da die Anzahl der chronischen Krankheiten in sämtlichen Analysen dieser Arbeit einen erheblichen Anteil der Varianz von SRH erklären konnte.

Erste Versuche, die drei bislang verwendeten Fragen des MEHM mittels Faktorenanalysen für eine kurze generische Gesundheitsmessung nutzbar zu machen, lieferten bereits vielversprechende Ergebnisse (Lazarevič et al. 2018), wobei weitere Forschung dringend nötig ist. Dieser Ansatz hat zudem den Vorteil, dass auf diese Weise metrische Faktorscores produziert werden können, ohne, dass Annahmen über das Skalenniveau der Variablen getroffen werden müssen. Dadurch lässt sich die resultierende Messung der generischen Gesundheit vielfältig in empirischen Untersuchungen verwenden.

Literaturverzeichnis

Aarts, Nikkie, Raymond Noordam, Albert Hofman, Henning Tiemeier, Bruno H. Stricker & Loes E. Visser (2016): Self-Reported Indications for Antidepressant Use in a Population-Based Cohort of Middle-Aged and Elderly. International Journal of Clinical Pharmacy 71 (3): 1311–1317.

Adams, Swann Arp, Charles E. Matthews, Cara B. Ebbeling, Charity G. Moore, Joan E. Cunningham, Jeanette Fulton & James R. Hebert (2005): The Effect of Social Desirability and Social Approval on Self-Reports of Physical Activity. American Journal of Epidemiology 161 (4): 389–398.

Allan, G. J. Boris (1976): Ordinal-Scaled Variables and Multivariate Analysis: Comment on Hawkes. American Journal of Sociology 81 (6): 1498–1500.

Allison, Paul D. (2008): Convergence Failures in Logistic Regression. SAS Global Forum 2008 Paper 360-2008.

Allison, Paul D. (2013): What's the Best R-Squared for Logistic Regression? URL: https://statisticalhorizons.com/r2logistic (besucht am 20.08.2018).

Anderson, Norman H. (1971): Integration Theory and Attitude Change. Psychological Review 78 (3): 171–206.

Anderson, Norman H. (1974): Cognitive Algebra: Integration Theory Applied to Social Attribution. Advances in Experimental Social Psychology 7: 1–101.

Ayalon, Liat & Kenneth E. Covinsky (2009): Spouse- Versus Self-Rated Health as Predictors of Mortality. Archives of Internal Medicine 169 (22): 2156–2161.

Azen, Razia & David V. Budescu (2003): The Dominance Analysis Approach for Comparing Predictors in Multiple Regression. Psychological Methods 8 (2): 129–148.

Bago d'Uva, Teresa, Owen O'Donnell & Eddy van Doorslaer (2008): Differential Health Reporting by Education Level and Its Impact on the Measurement of Health Inequalities among Older Europeans. International Journal of Epidemiology 37 (6): 1375–1383.

Bardage, Carola, Saskia M. F. Pluijm, Nancy L. Pedersen, Dorly J. H. Deeg, Marja Jylhä, Marianna Noale & Tzvia Blumstein Angel Otero (2005): Self-Rated Health among Older Adults: A Cross-National Comparison. European Journal of Ageing 2 (2): 149–158.

Barsky, Arthur J., Paul D. Cleary & Gerald L. Klerman (1992): Determinants of Perceived Health Status of Medical Outpatients. Social Science & Medicine 34 (10): 1147–1154.

Benyamini, Yael (2011): Why Does Self-Rated Health Predict Mortality? An Update on Current Knowledge and a Research Agenda for Psychologists. Psychology & Health 26 (11): 1407–1413.

Benyamini, Yael, Elaine A. Leventhal & Howard Leventhal (1999): Self-Assessments of Health: What Do People Know That Predicts Their Mortality? Research on Aging 21 (3): 477–500.

Berger, Nicolas, Herman Van Oyen, Emmanuelle Cambois, Tony Fouweather, Carol Jagger, Wilma Nusselder & Jean-Marie Robine (2015): Assessing the Validity of the Global Activity Limitation Indicator in Fourteen European Countries. BMC Medical Research Methodology 15 (1).

Best, Henning & Christof Wolf (2010): Logistische Regression. S. 827–854 in: Wolf, Christof & Henning Best (Hrsg.), Handbuch der sozialwissenschaftlichen Datenanalyse. Wiesbaden: VS Verlag für Sozialwissenschaften.

© Springer Fachmedien Wiesbaden GmbH, ein Teil von Springer Nature 2019
P. Lazarevič, *Was misst Self-Rated Health?*,
https://doi.org/10.1007/978-3-658-28026-0

Binder, Arnold (1984): Restrictions on Statistics Imposed by Method of Measurement: Some Reality, Much Mythology. Journal of Criminal Justice 12 (5): 467–481.

Bloch, Frédéric & Nathalie Charasz (2014): Attitudes of Older Adults to Their Participation in Clinical Trials: A Pilot Study. Drugs & Aging 31 (5): 373–377.

Blom, Annelies G. & Julie M. Korbmacher (2011): Measuring Interviewer Effects in SHARE Germany. SHARE Working Paper Series 03-2011.

Blom, Annelies G. & Julie M. Korbmacher (2013): Measuring Interviewer Characteristics Pertinent to Social Surveys: A Conceptual Framework. Survey Methods: Insights from the Field. Retrieved from https://surveyinsights.org/?p=817.

Bohannon, Richard W. (2001): Dynamometer Measurements of Hand-Grip Strength Predict Multiple Outcomes. Perceptual and Motor Skills 93: 323–328.

Bohannon, Richard W., Deborah J. Bubela, Susan R. Magasi, Ying-Chih Wang & Richard C. Gershon (2010): Sit-to-Stand Test: Performance and Determinants across the Age-Span. Isokinetics and Exercise Science 18 (4): 235–240.

Borgatta, Edgar F. (1968): My Student, the Purist: A Lament. The Sociological Quarterly 9 (1): 29–34.

Börsch-Supan, Axel, Martina Brandt, Christian Hunkler, Thorsten Kneip, Julie Korbmacher, Frederic Malter, Barbara Schaan, Stephanie Stuck & Sabrina Zuber (2013): Data Resource Profile: The Survey of Health, Ageing and Retirement in Europe (SHARE). International Journal of Epidemiology 42 (4): 992–1001.

Bradburn, Norman (1979): Resondent Burden. S. 49–53 in: Reeder, Leo G. (Hrsg.), Health Survey Research Methods: Second Biennial Conference. Williamsburg: U.S. Department of Health, Education, und Welfare.

Bradburn, Norman M. & Seymour Sudman (1979): Improving Interview Method and Questionnaire Design. San Francisco: Jossey-Bass Publishers.

Brandt, Martina, Christian Deindl & Karsten Hank (2012): Tracing the Origins of Successful Aging: The Role of Childhood Conditions and Social Inequality in Later Life Health. Social Science & Medicine 74 (9): 1418–1425.

Brandt, Martina, Judith Kaschowitz & Patrick Lazarevič (2016): Gesundheit im Alter: Ein Überblick über den Stand der sozialwissenschaftlichen Forschung. In: Jungbauer-Gans, Monika & Peter Kriwy (Hrsg.), Handbuch Gesundheitssoziologie. Wiesbaden: Springer.

Brenner, Philip S. & John D. DeLamater (2014): Social Desirability Bias in Self-Reports of Physical Activity: Is an Exercise Identity the Culprit? Social Indicators Research 117 (2): 489–504.

Bronshtein, Ilja Nikolaevich, Konstantin A. Semendyayev, Gerhard Musiol & Heiner Muehlig (2007): Handbook of Mathematics. Berlin: Springer.

Brüderl, Josef (2010): Kausalanalyse mit Paneldaten. S. 963–994 in: Wolf, Christof & Henning Best (Hrsg.), Handbuch der sozialwissenschaftlichen Datenanalyse. Wiesbaden: VS Verlag für Sozialwissenschaften.

Budescu, David V. (1993): Dominance Analysis: A New Approach to the Problem of Relative Importance of Predictors in Multiple Regression. Psychological Bulletin 114 (3): 542–551.

Bulmer, Michael G. (1967): Principles of Statistics. Edinburgh: Oliver & Boyd.

Burbidge, John B., Lonnie Magee & A. Leslie Robb (1988): Alternative Transformations to Handle Extreme Values of the Dependent Variable. Journal of the American Statistical Association 83 (401): 123–127.

Castro-Costa, Erico, Michael Dewey, Robert Stewart, Sube Banerjee, Felicia Huppert, Carlos Mendonca-Lima, Christophe Bula, Friedel Reisches, Johannes Wancata, Karen Ritchie, Magda Tsolaki, Raimundo Mateos & Martin Prince (2007): Prevalence of Depressive Symptoms and Syndromes in Later Life in Ten European Countries: The SHARE Study. British Journal of Psychiatry 191 (5): 393–401.

Cesari, Matteo, Stephen B. Kritchevsky, Anne B. Newman, Eleanor M. Simonsick, Tamara B. Harris, Brenda W. Penninx, Jennifer S. Brach, Frances A. Tylavsky, Suzanne Satterfield, Doug C. Bauer, Susan M. Rubin, Marjolein Visser & Marco Pahor (2009): Added Value of Physical Performance Measures in Predicting Adverse Health-Related Events: Results from the Health, Aging and Body Composition Study. Journal of the American Geriatrics Society 57 (2): 251–259.

Chandola, Tarani & Susan O'Shea (2013): Innovative Approaches to Methodological Challenges Facing Ageing Cohort Studies: Policy Briefing Note. National Centre for Research Methods Methodological Review Paper.

Cheng, Sheung-Tak, Helene Fung & Alfred Chan (2007): Maintaining Self-Rated Health Through Social Comparison in Old Age. The Journals of Gerontology. Series B, Psychological Sciences and Social Sciences 62 (5): P277–P285.

Cohen, Jacob (1988): Statistical Power Analysis for the Behavioral Sciences. Hillsdale: Lawrance Erlbaum Associates.

Cooper, Rachel, Diana Kuh, Cyrus Cooper, Catharine R. Gale, Debbie A. Lawlor, Fiona Matthews, Rebecca Hardy & The Falcon and Halcyon Study Teams (2011): Objective Measures of Physical Capability and Subsequent Health: A Systematic Review. Age and Ageing 40 (1): 14–23.

Cott, Cheryl A., Monique A. Gignac & Elizabeth M. Badley (1999): Determinants of Self Rated Health for Canadians with Chronic Disease and Disability. Journal of Epidemiology and Community Health 53 (11): 731–736.

Cotter, Kelly A. & Margie E. Lachman (2010): Psychosocial and Behavioural Contributors to Health: Age-Related Increases in Physical Disability Are Reduced by Physical Fitness. Psychology & Health 25 (7): 805–820.

Cox, Nicholas J. (2014): Re: st: About Taking Log on Zero Values. URL: https://www.stata.com/statalist/archive/2014-02/msg00790.html (besucht am 20. 08. 2018).

Crimmins, Eileen & Hiram Beltrán-Sánchez (2010): Mortality and Morbidity Trends: Is There Compression of Morbidity? Journal of Gerontology B: Social Sciences 66 (1): 75–86.

Dar, Reuven, Dan Ariely & Hanan Frenk (1995): The Effect of Past-Injury on Pain Threshold and Tolerance. Pain 60 (2): 189–193.

Das, Marcel, Corrie Vis & Bas Weerman (2005): Developing the Survey Instruments for SHARE. S. 12–23 in: Börsch-Supan, Axel & Hendrik Jürges (Hrsg.), The Survey of Health, Aging, and Retirement in Europe – Methodology. Mannheim: Mannheim Research Institute for the Economics of Aging (MEA).

Davis, Christopher G., Jennifer Thake & Natalie Vilhena (2010a): Social Desirability Biases in Self-reported Alcohol Consumption and Harms. Addictive Behaviors 35 (4): 302–311.

Davis, Rachel E., Mick P. Couper, Nancy K. Janz, Cleopatra H. Caldwell & Ken Resnicow (2010b): Interviewer Effects in Public Health Surveys. Health Education Research 25 (1): 14–26.

de Bruin, Agnes, H. Susan J. Picavet & Nossikov Anatoly (1996): Health Survey Interviews: Toward International Harmonization of Methods and Instruments. Copenhagen: World Health Organization.

Deaton, Angus (2003): Health, Income, and Inequality. NBER Reporter: Research Summary Spring 2003.

Deindl, Christian, Martina Brandt & Karsten Hank (2016): Social Networks, Social Cohesion, and Later-Life Health. Social Indicators Research 126 (3): 1175–1187.

Deville, Jean-Claude & Carl-Erik Särndal (1992): Calibration Estimators in Survey Sampling. Journal of the American Statistical Association 87 (418): 376–382.

Diekmann, Andreas (1995): Empirische Sozialforschung: Grundlagen, Methoden, Anwendungen. Reinbek: Rowohlt.

Diener, Ed, Christie K. Napa Scollon, Shigehiro Oishi, Vivian Dzokoto & Eunkook Mark Suh (2000): Positivity and the Construction of Life Satisfaction Judgments: Global Happiness is not the Sum of its Parts. Journal of Happiness Studies 1 (2): 159–176.

Dijkstra, Wil, Johannes H. Smit & Hannie C. Comijs (2001): Using Social Desirability Scales in Research among the Elderly. Quality & Quantity 35 (1): 107–115.

Duffy, John C. & Jennifer J. Waterton (1984): Under-Reporting of Alcohol Consumption in Sample Surveys: The Effect of Computer Interviewing in Fieldwork. British Journal of Addiction 79 (3): 303–308.

Edgar, Fiona & Alan Geare (2005): HRM Practice and Employee Attitudes: Different Measures - Different Results. Personnel Review 34 (5): 534–549.

Ensminger, Margaret E., Hee-Soon Juon & Kerry M.Green (2007): Consistency Between Adolescent Reports and Adult Retrospective Reports of Adolescent Marijuana Use: Explanations of Inconsistent Reporting among an African American Population. Drug and Alcohol Dependence 89 (1): 13–23.

Fairbrother, Malcolm (2014): Two Multilevel Modeling Techniques for Analyzing Comparative Longitudinal Survey Datasets. Political Science and Research Methods 2 (1): 119–140.

Fastame, Maria C. & Maria P. Penna (2012): Does Social Desirability Confound the Assessment of Self-Reported Measures of Well-Being and Metacognitive Efficiency in Young and Older Adults? Clinical Gerontologist 35 (3): 239–256.

Feeny, David, William Furlong, Michael Boy & George W. Torrance (1995): Multi-Attribute Health Status Classification Systems: Health Utilities Index. Pharmacoeconomics 7 (6): 490–502.

Ferraro, Kenneth F. & Yan Yu (1995): Body Weight and Self-Ratings of Health. Journal of Health and Social Behavior 36 (3): 274–284.

Ferrer, Robert L. & Raymond F. Palmer (2004): Variations in Health Status Within and Between Socioeconomic Strata. Journal of Epidemiology and Community Health 58 (5): 381–387.

Fotiadou, Maria, Julie H. Barlow, Lesley A. Powell & Helen Elizabeth Langton (2008): Optimism and Psychological Well-Being Among Parents of Children with Cancer: An Exploratory Study. Psycho-Oncology 17 (4): 401–409.

French, Davina J., Kerry Sargent-Cox & Mary A. Luszcz (2012): Correlates of Subjective Health Across the Aging Lifespan: Understanding Self-Rated Health in the Oldest Old. Journal of Aging and Health 24 (8): 1449–1469.

Fylkesnes, Knut & Olav Helge Førde (1991): The Tromsø Study: Predictors of Self-Evaluated Health – Has Society Adopted the Expanded Health Concept? Social Science & Medicine 32 (2): 141–146.

Fylkesnes, Knut & Olav Helge Førde (1992): Determinants and Dimensions Involved in Self-Evaluation of Health. Social Science & Medicine 35 (3): 271–279.

Galenkamp, Henrike, Arjan W. Braam, Martijn Huisman & Dorly J. H. Deeg (2012a): Seventeen-Year Time Trend in Poor Self-Rated Health in Older Adults: Changing Contributions of Chronic Diseases and Disability. European Journal of Public Health 23 (3): 511–517.

Galenkamp, Henrike, Arjan W. Braam, Martijn Huisman & Dorly J.H. Deeg (2011): Somatic Multimorbidity and Self-Rated Health in the Older Population. The Journals of Gerontology, Series B: Psychological Sciences and Social Sciences 66 (3): 380–386.

Galenkamp, Henrike, Dorly J. H. Deeg, Martijn Huisman, Antti Hervonen, Arjan W. Braam & Marja Jylhä (2013): Is Self-Rated Health Still Sensitive for Changes in Disease and Functioning Among Nonagenarians? Journals of Gerontology, Series B: Psychological Sciences and Social Sciences 68 (5): 848–858.

Galenkamp, Henrike, Martijn Huisman, Arjan W. Braam & Dorly J.H. Deeg (2012b): Estimates of Prospective Change in Self-Rated Health in Older People Were Biased Owing to Potential Recalibration Response Shift. Journal of Clinical Epidemiology 65 (9): 978–988.

Garbarski, Dana (2016): Research in and Prospects for the Measurement of Health Using Self-Rated Health. Public Opinion Quarterly 80 (4): 977–997.

Garbarski, Dana, Nora Cate Schaeffer & Jennifer Dykema (2015): The Effects of Response Option Order and Question Order on Self-Rated Health. Quality of Life Research 24 (6): 1443–1453.

Gardarsdottir, Helga, Eibert R. Heerdink, Liset van Dijk & Antoine C.G. Egberts (2007): Indications for Antidepressant Drug Prescribing in General Practice in the Netherlands. Journal of Affective Disorders 98 (1–2): 109–115.

Gardette, Virginie, Nicola Coley, O. Toulza & S. Andrieu (2007): Attrition in Geriatric Research: How Important Is It and How Should It Be Dealt With? The Journal of Nutrition Health and Aging 11 (3): 265–271.

Genbäck, Minna, Nawi Ng, Elena Stanghellini & Xavier de Luna (2018): Predictors of Decline in Self-Reported Health: Addressing Non-Ignorable Dropout in Longitudinal Studies of Aging. European Journal of Ageing 15 (2): 211–220.

Giesselmann, Marco & Michael Windzio (2012): Regressionsmodelle zur Analyse von Paneldaten. Wiesbaden: VS Verlag für Sozialwissenschaften.

Glanville, Jennifer L. & William T. Story (2018): Social Capital and Self-rated Health: Clarifying the Role of Trust. Social Science Research 71: 98–108.

Goldberg, P., Alice Guéguen, A. Schmaus, J.-P. Nakache & Marcel Goldberg (2001): Longitudinal Study of Associations Between Perceived Health Status and Self Reported Diseases in the French Gazel Cohort. Journal of Epidemiology & Community Health 55 (4): 233–238.

Gonzalez, Jeffrey S., Gretchen B. Chapman & Howard Leventhal (2002): Gender Differences in the Factors that Affect Self-Assessments of Health. Journal of Applied Biobehavioral Research 7 (2): 133–155.

Groves, Robert M., Floyd J. Fowler, Mick P. Couper, James M. Lepkowski, Eleanor Singer & Roger Tourangeau (2009): Survey Methodology. Hoboken: John Wiley & Sons.

Groves, Robert M. & Lou J. Magilavy (1986): Measuring and Explaining Interviewer Effects in Centralized Telephone Surveys. Public Opinion Quarterly 50 (2): 251–266.

Groves, Robert M. & Nancy A. Mathiowetz (1984): Computer Assisted Telephone Interviewing: Effects on Interviewers and Respondents. Public Opinion Quarterly 48 (1): 356–369.

Hair, Joseph F., William C. Black, Barry J. Babin & Rolph E. Anderson (2010): Multivatiate Data Analysis: A Global Perspective. Upper Saddle River: Pearson.

Han, Beth & Marja Jylhä (2006): Improvement in Depressive Symptoms and Changes in Self-Rated Health among Community-Dwelling Disabled Older Adults. Aging & Mental Health 10 (6): 599–605.

Hank, Karsten & Martina Brandt (2016): Health, Families, and Work in Later Life: A Review of Current Research and Perspectives. Analyse & Kritik 35 (2): 303–320.

Hank, Karsten, Christian Deindl & Martina Brandt (2013): Changes in Older Europeans' Health Across Two Waves of SHARE: Life-course and Societal Determinants. Journal of Population Ageing 6 (1–2): 85–97.

Hank, Karsten, Hendrik Jürges, Jürgen Schupp & Gert G. Wagner (2009): Isometrische Greifkraft und sozialgerontologische Forschung: Ergebnisse und Analysepotentiale des SHARE und SOEP. Zeitschrift für Gerontologie und Geriatrie 42 (2): 117–126.

Heller, Debra A., Frank M. Ahern, Kristine E. Pringle & Theresa V. Brown (2009): Among Older Adults, the Responsiveness of Self-Rated Health to Changes in Charlson Comorbidity Was Moderated by Age and Baseline Comorbidity. Journal of Clinical Epidemiology 62 (2): 177–187.

Herzog, A. Regula & Willard L. Rodgers (1992): The Use of Survey Methods in Research on Older Americans. S. 60–90 in: Wallace, Robert B. & Robert F. Woolson (Hrsg.), The Epidemiologic Study of the Elderly. New York: Oxford University Press.

Hoetker, Glenn (2007): The Use of Logit and Probit Models in Strategic Management Research: Critical Issues. Strategic Management Journal 28 (4): 331–343.

Hooker, Karen, Deborah Monahan, Kim Shifren & Cheryl Hutchinson (1992): Mental and Physical Health of Spouse Caregivers: The Role of Personality. Psychology and Aging 7 (3): 367–375.

Idler, Ellen L. (1993a): Age Differences in Self-Assessments of Health: Age Changes, Cohort Differences, or Survivorship? Journal of Gerontology 48 (6): 289–300.

Idler, Ellen L. (1993b): Perceptions of Pain and Perceptions of Health. Motivation and Emotion 17 (3): 205–224.

Idler, Ellen L. (2003): Discussion: Gender Differences in Self-Rated Health, in Mortality, and in the Relationship Between the Two. The Gerontologist 43 (3): 372–375.

Idler, Ellen L. & Yael Benyamini (1997): Self-Rated Health and Mortality: A Review of Twenty-Seven Community Studies. Journal of Health and Social Behavior 38 (1): 21–37.

Imai, Kumiko, Edward W. Gregg, Yiling J. Chen, Ping Zhang, Nathalie de Rekeneire & David F. Williamson (2008): The Association of BMI With Functional Status and Self-Rated Health in US Adults. Obesity 16 (2): 402–408.

Jagger, Carol, Clare Gillies, Emmanuelle Cambois, Herman van Oyen, Wilma Nusselder, Jean-Marie Robine & the EHLEIS Team (2010): The Global Activity Limitation Index Measured Function and Disability Similarly Across European Countries. Journal of Clinical Epidemiology 63 (8): 892–899.

Jensen, Mark P. & Paul Karoly (2001): Self-Report Scales and Procedures for Assessing Pain in Adults. S. 15–34 in: Turk, Dennis C. & Ronald Melzack (Hrsg.), Handbook of Pain Assessment. New York: The Guilford Press.

Jensen, Mark P., Judith A. Turner & Joan M. Romano (1994): What is the Maximum Number of Levels Needed in Pain Intensity Measurement? Pain 58 (3): 387–392.

Johnson, Jeff W. (2000): A Heuristic Method for Estimating the Relative Weight of Predictor Variables in Multiple Regression. Multivariate Behavioral Research 35 (1): 1–19.

Jones, C. Jessie, Roberta E. Rikli & William C. Beam (1999): A 30-s Chair-Stand Test as a Measure of Lower Body Strength in Community-Residing Older Adults. Research Quarterly for Exercise and Sport 70 (2): 113–119.

Jürges, Hendrik (2007): True Health vs. Response Styles: Exploring Cross-Country Differences in Self-Reported Health. Health Economics 16 (2): 163–178.

Jürges, Hendrik, Mauricio Avendano & Johan P. Mackenbach (2008): Are Different Measures of Self-Rated Health Comparable? An Assessment in Five European Countries. European Journal of Epidemiology 23 (12): 773–781.

Jylhä, Marja (2009): What Is Self-Rated Health and Why Does It Predict Mortality? Towards a Unified Conceptual Model. Social Science & Medicine 69 (3): 307–316.

Jylhä, Marja, Jack M. Guralnik, Jennifer Balfour & Linda P. Fried (2001): Walking Difficulty, Walking Speed, and Age as Predictors of Self-Rated Health: The Women's Health and Aging Study. The Journals of Gerontology, Series A: Biological Sciences and Medical Sciences 56A (10): M609–M617.

Jylhä, Marja, Jack M. Guralnik, Luigi Ferrucci, Jukka Jokela & Eino Heikkinen (1998): Is Self-Rated Health Comparable Across Cultures and Genders? Journal of Gerontology 53B (3): S144–S152.

Jylhä, Marja, Esko Leskinen, Erkki Alanen, Anna-Liisa Leskinen & Eino Heikkinen (1986): Self-Rated Health and Associated Factors Among Men of Different Ages. Journal of Gerontology 41 (6): 710–717.

Kalwij, Adriaan & Frederic Vermeulen (2007): Health and Labour Force Participation of Older People in Europe: What Do Objective Health Indicators Add to the Analysis. Health Economics 17 (5): 619–638.

Kaschowitz, Judith & Martina Brandt (2017): Health Effects of Informal Caregiving Across Europe: A Longitudinal Approach. Social Science & Medicine 173: 72–80.

Katz, Sidney, Amasa B. Ford, Roland W. Moskowitz, Beverly A. Jackson & Marjorie W. Jaffe (1963): The Index of ADL: A Standardized Measure of Biological and Psychosocial Function. Journal of the American Medical Association 185 (12): 914–919.

Kelfve, Susanne (2017): Underestimated Health Inequalities Among Older People: A Consequence of Excluding the Most Disabled and Disadvantaged. Journals of Gerontology Series B: Social Sciences (online Publication).

Kelfve, Susanne, Mats Thorslund & Carin Lennartsson (2013): Sampling and Nonresponse Bias on Health-outcomes in Surveys Of the Oldest Old. European Journal of Ageing 10 (3): 237–245.

Kelly-Hayes, Margaret, Allen M Jette, Philip A Wolf, Ralph B. D'Agostino & Patricia M Odell (1992): Functional Limitations and Disability among Elders in the Framingham Study. American Journal of Public Health 82 (6): 841–845.

Kessler, Ronald C., Gavin Andrews, Daniel Mroczek, T. Bedirhan Üstün & Hans-Ulrich Wittchen (1998): The World Health Organization Composite International Diagnostic Interview Short-Form (CIDI-SF). International Journal of Methods in Psychiatric Research 7 (4): 171–185.

Kim, Jae-On (1975): Multivariate Analysis of Ordinal Variables. American Journal of Sociology 81 (2): 261–298.

Kim, Jae-On (1978): Multivariate Analysis of Ordinal Variables Revisited. American Journal of Sociology 83 (2): 448–456.

Kivinen, Paula, Pirjo Halonen, Minna Eronen & Aulikki Nissinen (1998): Self-Rated Health, Physician-Rated Health and Associated Factors Among Elderly Men: The Finnish Cohorts of The Seven Countries Study. Age and Ageing 27 (1): 41–47.

Knäuper, Bärbel (1999): The Impact of Age and Education on Response Order Effects in Attitude Measurement. Public Opinion Quarterly 63 (3): 347–370.

Knäuper, Bärbel, Norbert Schwarz, Denise Park & Andreas Fritsch (2007): The Perils of Interpreting Age Differences in Attitude Reports: Question Order Effects Decrease with Age. Journal of Official Statistics 23 (4): 515–528.

Knäuper, Bärbel & Patricia A. Turner (2003): Measuring Health: Improving the Validity of Health Assessments. Quality of Life Research 12 (Suppl. 1): 81–89.

Kohler, Ulrich & Frauke Kreuter (2017): Datenanalyse mit Stata: Allgemeine Konzepte der Datenanalyse und ihre praktische Anwendung. Berlin: Walter de Gruyter.

Korbmacher, Julie M., Sabine Friedel & Melanie Wagner (2015): Interviewing Interviewers: The SHARE Interviewer Survey. S. 67–74 in: Malter, Frederic & Axel Börsch-Supan (Hrsg.), SHARE Wave 5: Innovations & Methodology. München: Munich Center for the Economics of Ageing.

Krause, Neal M. & Gina M. Jay (1994): What Do Global Self-Rated Health Items Measure? Medical Care 32 (9): 930–942.

Krosnick, Jon A. (1991): Response Strategies for Coping with the Cognitive Demands of Attitude Measures in Surveys. Applied Cognitive Psychology 5 (3): 213–236.

Krumpal, Ivar (2013): Determinants of Social Desirability Bias in Sensitive Surveys: A Literature Review. Quality & Quantity 47 (4): 2025–2047.

Kümmerling, Angelika & Patrick Lazarevič (2016): Die Erhebungspraxis und Berechnung von Maßzahlen in der Arbeitszeitforschung: Über die Gefahr von Artefakten durch unterschiedliche Messkonzepte und Berechnungsmethoden. Zeitschrift für Arbeitswissenschaft 70 (1): 46–54.

Labovitz, Sanford (1967): Some Observations on Measurement and Statistics. Social Forces 46 (2): 151–160.

Laslett, Peter (1995): Das dritte Alter: Historische Soziologie des Alterns. München: Juventa.

Latkin, Carl A., Catie Edwards, Melissa A. Davey-Rothwell & Karin E. Tobin (2017): The Relationship Between Social Desirability Bias and Self-Reports of Health, Substance Use, and Social Network Factors Among Urban Substance Users in Baltimore, Maryland. Addictive Behaviors 73: 133–136.

Lawton, M. Powell & Elaine M. Brody (1969): Assessment of Older People: Self-Maintaining and Instrumental Activities of Daily Living. Gerontologist 9 (3): 179–186.

Layes, Audrey, Yukiko Asada & George Kephart (2012): Whiners and Deniers: What Does Self-Rated Health Measure. Social Science & Medicine 75 (1): 1–9.

Lazarevič, Patrick (2018): Ausgezeichnet, sehr gut, gut, mittelmäßig, schlecht: Theoretische Konzepte und empirische Befunde zur Erhebung des allgemeinen Gesundheitszustandes bei älteren und alten Menschen. S. 16–37 in: Brandt, Martina, Jennifer Fietz, Sarah Hampel, Judith Kaschowitz, Patrick Lazarevič, Monika Reichert & Veronique Wolter (Hrsg.), Methoden der empirischen Alter(n)sforschung. Weinheim: Beltz.

Lazarevič, Patrick & Martina Brandt (2018): Diverging Ideas of Health? Explanatory Factors for Self-Rated Health Across Gender, Age-Groups, and European Countries. In Begutachtung.

Lazarevič, Patrick, Martina Brandt, Marc Luy & Caroline Berghammer (2018): Non-Health Influences on Generic Health Ratings: Comparing the Susceptibility of Self-Rated Health (SRH) and the Minimum European Health Module (MEHM) to Biases Due to Optimism, Hypochondriasis, and Social Desirability. S. 5–8 in: PUMA (Hrsg.), PUMA Survey V.2: Ergebnisberichte der einzelnen PUMA-Befragungsmodule (https: //www.puma-plattform.at/fileadmin/user_upload/p_puma/Modulberichte_PUMA_ Survey_V.2_01.pdf). Vienna: Plattform für Umfragen, Methoden und empirische Analysen (PUMA).

Lee, Sunghee (2015): Self-Rated Health in Health Surveys. S. 193–216 in: Johnson, Timothy P. (Hrsg.), Handbook of Health Survey Methods. Hoboken: Wiley.

Lee, Sunghee & Norbert Schwarz (2014): Question Context and Priming Meaning of Health: Effect on Differences in Self-Rated Health Between Hispanics and Non-Hispanic Whites. American Journal of Public Health 104 (1): 179–185.

Lehr, Ursula (1982): Subjektiver und objektiver Gesundheitszustand im Lichte von Längsschnittstudien. Medizin, Mensch, Gesellschaft 7 (4): 242–248.

Leinonen, Raija (2002): Self-Rated Health in Old Age: A Follow-Up Study of Changes and Determinants. Jyväskylä: University of Jyväskylä.

Leinonen, Raija, Eino Heikkinen & Marja Jylhä (1999): A Path Analysis Model of Self-Rated Health Among Older People. Aging Clinical and Experimental Research 11 (4): 209–220.

Liang, Jersey, Benjamin A. Shaw, Joan M. Bennett, Neal Krause, Erika Kobayashi, Taro Fukaya & Yoko Sugihara (2007): Intertwining Courses of Functional Status and

Subjective Health Among Older Japanese. The Journals of Gerontology. Series B, Psychological Sciences and Social Sciences 62B (5): S340–348.

Lindeman, Richard H., Peter F. Merenda & Ruth Z. Gold (1980): Introduction to Bivariate and Multivariate Analysis. Glenview: Scott, Foresman & Company.

Lipps, Oliver & Georg Lutz (2017): Gender of Interviewer Effects in a Multitopic Centralized CATI Panel Survey. methods, data, analyses 11 (1): 67–86.

Livert, David, Charles Kadushin, Mark Schulman & Andy Weiss (1998): Do Interviewer-Respondent Race Effects Impact the Measurement of Illicit Substance Use and Related Attitudes? In: Proceedings of the Survey Research Methods Section, American Statistical Association (1998), S. 894–899.

Lohmann, Henning (2010): Nicht-Linearität und Nicht-Additivität in der multiplen Regression: Interaktionseffekte, Polynome und Splines. S. 677–706 in: Wolf, Christof & Henning Best (Hrsg.), Handbuch der sozialwissenschaftlichen Datenanalyse. Wiesbaden: VS Verlag für Sozialwissenschaften.

Long, J. Scott & Jeremy Freese (2001): Regression Models for Categorical Dependent Variables Using Stata. College Station: Stata Press.

Luca, Giuseppe de & Oliver Lipps (2005): Fieldwork and Survey Management in SHARE. S. 75–81 in: Börsch-Supan, Axel & Hendrik Jürges (Hrsg.), The Survey of Health, Aging, and Retirement in Europe: Methodology. Mannheim: Mannheim Research Institute for the Economics of Aging (MEA).

Luchman, Joseph N. (2014): Relative Importance Analysis With Multicategory Dependent Variables: An Extension and Review of Best Practices. Organizational Research Methods 17 (4): 452–471.

Lyons, Antonia & Kerry Chamberlain (1994): The Effects of Minor Events, Optimism and Self-Esteem on Health. British Journal of Clinical Pychology 33 (4): 559–570.

Maddox, George L. (1962): Some Correlates of Differences in Self-Assessment of Health Status Among the Elderly. Journal of Gerontology 17 (2): 180–185.

Magaziner, Jay, Susan Spear Bassett, J. Richard Hebel & Ann Gruber-Baldini (1996): Use of Proxies to Measure Health and Functional Status in Epidemiologic Studies of Community-dwelling Women Aged 65 Years and Older. American Journal of Epidemiology 143 (3): 283–292.

Manderbacka, Kristiina, Eero Lahelma & Pekka Martikainen (1998): Examining the Continuity of Self-Rated Health. International Journal of Epidemiology 27 (2): 208–213.

Manderbacka, Kristiina, Olle Lundberg & Pekka Martikainen (1999): Do Risk Factors and Health Behaviours Contribute to Self-Ratings of Health? Social Science & Medicine 48 (12): 1713–1720.

Manor, Orly, Sharon Matthews & Chris Power (2000): Dichotomous or Categorical Response? Analysing Self-rated Health and Lifetime Social Class. International Journal of Epidemiology 29 (1): 149–157.

Månsson, Nils-Ove & Juan Merlo (2001): The Relation between Self-Rated Health, Socioeconomic Status, Body Mass Index and Disability Pension among Middle-Aged Men. European Journal of Epidemiology 17 (1): 65–69.

Mayeux, Richard (2004): Biomarkers: Potential Uses and Limitations. NeuroRx 1 (2): 182–188.

McCullough, Michael E. & Jean-Philippe Laurenceau (2004): Gender and the Natural History of Self-Rated Health: A 59-Year Longitudinal Study. Health Psychology 23 (6): 651–655.

McDade, Thomas W., Sharon Williams & J. Josh Snodgrass (2007): What a Drop Can Do: Dried Blood Spots as a Minimally Invasive Method for Integrating Biomarkers into Population-Based Research. Demography 44 (4): 899–925.

Mehrbrodt, Tabea, Stefan Gruber & Melanie Wagner (2017): Scales and Multi-Item Indicators.

Mellner, Christin & Ulf Lundberg (2003): Self- and Physician-Rated General Health in Relation to Symptoms and Diseases Among Women. Psychology, Health & Medicine 8 (2): 123–134.

Mensch, Barbara S. & Denise B. Kandel (1988): Underreporting of Substance Use in a National Longitudinal Youth Cohort: Individual andInterviewer Effects. Public Opinion Quarterly 52 (1): 100–124.

Millsap, Roger E. (2011): Statistical Approaches to Measurement Invariance. New York: Routledge.

Min, Hosik (2013): Ordered Logit Regression Modeling of the Self-Rated Health in Hawai'i, With Comparisons to the OLS Model. Journal of Modern Applied Statistical Methods 12 (2): 371–380.

Mneimneh, Zeina M., Roger Tourangeau, Beth-Ellen Pennell, Steven G. Heeringa & Michael R. Elliott (2015): Cultural Variations in the Effect of Interview Privacy and the Need for Social Conformity on Reporting Sensitive Information. Journal of Official Statistics 31 (4): 673–697.

Molarius, Anu & Staffan Janson (2002): Self-Rated Health, Chronic Diseases, and Symptoms among Middle-Aged and Elderly Men and Women. Journal of Clinical Epidemiology 55 (4): 364–370.

Moriconi, Pascale Audrey & Louise Nadeau (2015): A Cross-Sectional Study of Self-Rated Health among Older Adults: Association with Drinking Profiles and Other Determinants of Health. Current Gerontology and Geriatrics Research: Article ID: 352947.

Motl, Robert W., Edward McAuley & Christine DiStefano (2005): Is Social Desirability Associated with Self-Reported Physical Activity? Preventive Medicine 40 (6): 735–739.

Nakano, Ai (2014): The Relationship between Mental Health and Self-Rated Health in Older Adults. Graduate School of Economics Kobe University: Discussion Paper No. 1423.

Noh, Jin-Won, Jinseok Kim, Youngmi Yang, Jumin Park, Jooyoung Cheon & Young Dae Kwon (2017): Body Mass Index and Self-Rated Health in East Asian Countries: Comparison among South Korea, China, Japan, and Taiwan. PLOS ONE 12 (8): 1–10.

O'Brien, Robert M. (1979): The Use of Pearson's R with Ordinal Data. American Sociological Review 44 (5): 851–857.

Ohnhaus, Edgar & Rolf Adler (1975): Methodological Problems in the Measurement of Pain: A Comparison Between the Verbal Rating Scale and the Visual Analogue Scale. Pain 1 (4): 379–384.

Okamoto, Kazushi, Keiko Ohsuka, Tomoko Shiraishi, Emi Hukazawa, Satomi Wakasugi & Kayoko Furuta (2002): Comparability of Epidemiological Information Between Self-

and Interviewer-Administered Questionnaires. Journal of Clinical Epidemiology 55 (5): 505–511.

Olson, Kristen & Ipek Bilgen (2011): The Role of Interviewer Experience on Acquiescence. Public Opinion Quarterly 75 (1): 99–114.

Osterlind, Steven J. & Howard T. Everson (2009): Differential Item Functioning. Thousand Oaks: SAGE Publications.

Palmore, Erdman & Clark Luikart (1972): Health and Social Factors Related to Life Satisfaction. Journal of Health and Social Behavior 13 (1): 68–80.

Park, Seon-Cheol, Jeongkyu Sakong, Bon Hoon Koo, Jae-Min Kim, Tae-Youn Jun, Min-Soo Lee, Jung-Bum Kim, Hyeon-Woo Yim & Yong Chon Park (2016): Clinical Significance of the Number of Depressive Symptoms in Major Depressive Disorder: Results from the CRESCEND Study. Journal of Korean Medical Science 31 (4): 671–622.

Paulhus, Delroy L. (1984): Two-Component Models of Socially Desirable Responding. Journal of Personality and Social Psychology 46 (3): 598–609.

Paulhus, Delroy L. (1991): Measurement and Control of Response Bias. S. 17–59 in: Robinson, John P., Phillip R. Shaver & Lawrence S. Wrightsman (Hrsg.), Measures of Personality and Social Psychological Attitudes. San Diego: Academic Press.

Pearson, Valinda I. (2000): Assessment of Function in Older Adults. S. 17–48 in: Kane, Robert L. & Rosalie A. Kane (Hrsg.), Assessment of Older Persons: Measures, Meaning, and Practical Applications. New York: Oxford University Press.

Peel, Godfrey (2005): Use and Misuse of Likert Scales. Medical Education 39 (9): 970.

Perenboom, Rom, Herman van Oyen & Loes van Herten (2002): Limitations in Usual Activities, a Global Approach. S. 67–79 in: Robine, Jean-Marie, Carol Jagger & Isabelle Romieu (Hrsg.), Selection of a Coherent Set of Health Indicators for the European Union. Montpellier: Euro-REVES.

Perinelli, Enrico & Paola Gremigni (2016): Use of Social Desirability Scales in Clinical Psychology: A Systematic Review. Journal of Clinical Psychology 72 (6): 534–551.

Perruccio, Anthony V., Jeffrey N. Katz & Elena Losina (2012): Health Burden in Chronic Disease: Multimorbidity Is Associated with Self-Rated Health More than Medical Comorbidity Alone. Journal of Clinical Epidemiology 65 (1): 100–106.

Phillips, Derek L. (1967): Social Participation and Happiness. American Journal of Sociology 72 (5): 479–488.

Pinquart, Martin (2001): Correlates of Subjective Health in Older Adults: A Meta-Analysis. Psychology and Aging 16 (3): 414–426.

Poikolainen, Kari, Erkki Vartiainen & Heikki J. Kortionen (1996): Alcohol Intake and Subjective Health. American Journal of Epidemiology 144 (4): 346–350.

Prahl, Hans-Werner & Klaus R. Schroeter (1996): Soziologie des Alterns: Eine Einführung. Paderborn: Schöningh.

Prince, Martin J., Friedel Reischies, A.T.F. Beekman, Rebecca Fuhrer, C. Jonker, Sirkka-Liisa Kivelä, Brian A. Lawlor, Antonio Lobo, H. Magnusson, M.M. Fichter, Herman van Oyen, Marc Roelands, Ingmar Skoog, Cesare Turrina & John R.M. Copeland (1999): Development of the EURO-D Scale: A European Union Initiative to Compare Symptoms of Depression in 14 European Centres. British Journal of Psychiatry 174 (4): 330–338.

Quinn, Mary Ellen, Mary Ann Johnson, Leonard W. Poon & Peter Martin (1999): Psychosocial Correlates of Subjective Health in Sexagenarians, Octogenarians, and Centenarians. Issues in Mental Health Nursing 20 (2): 151–171.

Rabe-Hesketh, Sophia & Andres Skrondal (2008): Multilevel and Longitudinal Modeling Using Stata. College Station: Stata Press.

Rasmussen, Heather N., Michael F. Scheier & Joel B. Greenhouse (2009): Optimism and Physical Health: A Meta-Analytic Review. Annals of Behavioral Medicine 37 (3): 239–256.

Reid, Jessica L., David Hammond, Vicki L. Rynard, Cheryl L. Madill & Robin Burkhalter (2017): Tobacco Use in Canada: Patterns and Trends.

Reinecke, Jost (1991): Interviewereffekte und soziale Erwünschtheit: Theorie, Modell und empirische Ergebnisse. Journal für Sozialforschung 31 (3): 293–320.

Renn, Heinz (1987): Lebenslauf – Lebenszeit –Kohortenanalyse: Möglichkeiten und Grenzen eines Forschungsansatzes. S. 261–298 in: Voges, Wolfgang (Hrsg.), Methoden der Biographie- und Lebenslaufforschung. Opladen: Leske + Budrich.

Roberts, Rosebud O., Erik J. Bergstralh, Luanne Schmidt & Steven J. Jacobsen (1996): Comparison of Self-Reported and Medical Record Health Care Utilization Measures. Journal of Clinical Epidemiology 49 (9): 989–995.

Robine, Jean-Marie & Carol Jagger (2003): Report to Eurostat on European Health Status Module.

Robins, Lee N., John Wing, Hans-Ulrich Wittchen, John E. Helzer, Thomas F. Babor, Jay Burke, Anne Farmer, Assen Jablenski, Roy Pickens, Darrel A. Regier, Norman Sartorius & Leland H. Towle (1988): The Composite International Diagnostic Interview: An Epidemiologic Instrument Suitable for Use in Conjunction With Different Diagnostic Systems and in Different Cultures. Archives Of General Psychiatry 45 (12): 1069–1077.

Rossouw, Laura, Teresa Bago d'Uva & Eddy van Doorslaer (2018): Poor Health Reporting? Using Anchoring Vignettes to Uncover Health Disparities by Wealth and Race. Demography 55 (5): 1935–1956.

Rothe, Günther (1986): Wie (un)wichtig sind Gewichtungen? Eine Untersuchung am ALL-BUS 1986. ZUMA Nachrichten 14 (26): 31–55.

Ruthig, Joelle C. & Judith G. Chipperfield (2006): Health Incongruence in Later Life: Implications for Subsequent Well-Being and Health Care. Health Psychology 26 (6): 753–761.

Ruthig, Joelle C., Judith G. Chipperfield, Nancy E. Newall, Raymond P. Perry & Nathan C. Hall (2007): Detrimental Effects of Falling on Health and Well-being in Later Life: The Mediating Roles of Perceived Control and Optimism. Journal of Health Psychology 12 (2): 231–248.

Salaske, Ingeborg (1997): Die Befragbarkeit von Bewohnern stationärer Alteneinrichtungen unter besonderer Berücksichtigung des Verweigerungsverhaltens: Eine Analyse mit den Daten des Altenheimsurvey. Kölner Zeitschrift für Soziologie und Sozialpsychologie 49 (2): 291–305.

Schaan, Barbara (2013): Collection of Biomarkers in the Survey of Health, Ageing and Retirement in Europea (SHARE). S. 38–46 in: Malter, Frederic & Axel Börsch-Supan (Hrsg.), SHARE Wave 4 Innovations & Methodology. München: Max Planck Institute for Social Law und Social Policy (MEA).

Schneider, Silke L. (2008): Applying the ISCED-97 to the German Educational Qualifications. S. 76–102 in: Schneider, Silke L. (Hrsg.), The International Standard Classification of Education: An Evaluation of Content and Criterion Validity for 15 European Countries. Mannheim: Mannheimer Zentrum für europäische Sozialforschung.

Schnittker, Jason (2005): When Mental Health Becomes Health: Age and the Shifting Meaning of Self-Evaluations of General Health. The Milbank Quarterly 83 (3): 397–423.

Schomerus, Georg, Anita Holzinger Christian Schwahn, Patrick W. Corrigan, Hans J. Grabe, Mauro G. Carta & Matthias C. Angermeyer (2012): Evolution of Public Attitudes about Mental Illness: A Systematic Review and Meta-Analysis. Acta Psychiatrica Scandinavica 125 (6): 440–452.

Schulz, Richard, Maurice Mittelmark, Richard Kronmal, Joseph F. Polak, Calvin H. Hirsch, Pearl German & Jamila Bookwala (1994): Predictors of Perceived Health Status in Elderly Men and Women. Journal of Aging and Health 6 (4): 419–447.

Schupp, Jürgen (2014): Greifkraftmessung im Sozio-oekonomischen Panel (SOEP). SOEP Survey Papers 226: Series C. Berlin: DIW/SOEP.

Schwartz, Carolyn E. & Mirjam A.G. Sprangers (1999): Methodological Approaches for Assessing Response Shift in Longitudinal Health-Related Quality-of-Life Research. Social Science & Medicine 48 (11): 1517–1530.

Schwarz, Norbert (1999a): Frequency Reports of Physical Symptoms and Health Behaviors: How the Questionnaire Determines the Results. S. 93–108 in: Park, Denise C., Roger W. Morrell Kim & Kim Shifren (Hrsg.), Processing of Medical Information in Aging Patients: Cognitive and Human Factors Perspectives. New York: Psychology Press.

Schwarz, Norbert (1999b): Self-Reports of Behaviors and Opinions: Cognitive and Communicative Processes. S. 17–43 in: Schwarz, Norbert, Denise C. Park, Bärbel Knäuper & Seymour Sudman (Hrsg.), Cognition, Aging, Self-Reports. Philadelphia: Psychology Press.

Schwarz, Norbert (1999c): Self-Reports: How Questions Shape the Answers. American Psychologist 54 (2): 93–105.

Segovia, Jorge, Roy F. Bartlett & Alison C. Edwards (1989): An Empirical Analysis of the Dimensions of Health Status Measures. Social Science & Medicine 29 (6): 761–768.

Seymour, Robin A. (1982): The Use of Pain Scales in Assessing the Efficacy of Analgesics in Post-Operative Dental Pain. European Journal of Clinical Pharmacology 23 (5): 441–444.

SHARE-Team (2018a): Release Guide 6.1.1.

SHARE-Team (2018b): Waves Overview. URL: http://www.share-project.org/data-documentation/waves-overview.html (besucht am 20. 08. 2018).

Sharp, Laure M. & Joanne Frankel (1983): Respondent Burden: A Test of Some Common Assumptions. Public Opinion Quarterly 47 (1): 36–53.

Shmueli, Amir (2003): Socio-Economic and Demographic Variation in Health and in Its Measures: The Issue of Reporting Heterogeneity. Social Science & Medicine 57 (1): 125–134.

Shooshtari, Shahin, Verena Menec & Robert Tate (2007): Comparing Predictors of Positive and Negative Self-Rated Health Between Younger (25-54) and Older (55+) Canadian Adults. Research on Aging 29 (6): 512–554.

Siegel, Rebecca L., Kimberly D. Miller & Ahmedin Jemal (2018): Cancer Statistics, 2018. CA: A Cancer Journal for Clinicials 68 (1): 7–30.

Silver, Brian D., Paul R. Abramson & Barbara A. Anderson (1986): The Presence of Others and Overreporting of Voting in American National Elections. Public Opinion Quarterly 50 (2): 228–239.

Simon, Jeanette G., Josien B. De Boer, Inez M.A. Joung, Hans Bosma & Johan P. Mackenbach (2005): How Is Your Health in General? A Qualitative Study on Self-Assessed Health. European Journal of Public Health 15 (2): 200–208.

Singer, Eleanor, Martin R. Frankel & Marc B. Glassman (1983): The Effect of Interviewer Characteristics and Expectations on Response. Public Opinion Quarterly 47 (1): 68–83.

Singh-Manoux, Archana, Pekka Martikainen, Jane Ferrie, Marie Zins, Michael Marmot & Marcel Goldberg (2006): What Does Self Rated Health Measure? Results from the British Whitehall II and French Gazel Cohort Studies. Journal of Epidemiology and Community Health 60 (4): 364–372.

Smith, Thomas J. & Cornelius M. McKenna (2013): A Comparison of Logistic Regression Pseudo R^2 Indices. Multiple Linear Regression Viewpoints 39 (2): 17–26.

Smith, Tom W. (1995): The Impact of the Presence of Others on a Respondent's Answers to Questions. GSS Methodological Report No. 86.

Sneeuw, Kommer C.A., Mirjam A.G. Sprangers & Neil K. Aaronson (2002): The Role of Health Care Providers and Significant Others in Evaluating the Quality of Life of Patients with Chronic Disease. Journal of Clinical Epidemiology 55 (11): 1130–1143.

Song, Xingyue, Jing Wu, Canqing Yu, Wenhong Dong, Jun Lv, Yu Guo, Zheng Bian, Ling Yang, Yiping Chen, Zhengming Chen, An Pan, Liming Li & the China Kadoorie Biobank Collaborative Group (2018): Association Between Multiple Comorbidities and Self-Rated Health Status in Middle-Aged and Elderly Chinese: The China Kadoorie Biobank Study. BMC Public Health 18 (1): 744.

Soubelet, Andrea & Timothy A. Salthouse (2011): Influence of Social Desirability on Age Differences in Self-Reports of Mood and Personality. Journal of Personality 79 (4): 741–762.

Spector, William D. & John A. Fleishman (1998): Combining Activities of Daily Living With Instrumental Activities of Daily Living to Measure Functional Disability. Journal of Gerontology, Series B: Social Sciences 53B (1): S46–S57.

Sprangers, Mirjam A.G. & Neil K. Aaronson (1992): The Role of Health Care Providers and Significant Others in Evaluating the Quality of Life of Patients with Chronic Disease: A Review. Journal of Clinical Epidemiology 45 (7): 743–760.

Sprangers, Mirjam A.G. & Carolyn E. Schwartz (1999): Integrating Response Shift into Health-Related Quality of Life Research: A Theoretical Model. Social Science & Medicine 48 (11): 1507–1515.

Spuling, Svenja M., Julia K. Wolff & Susanne Wurm (2017): Response Shift in Self-Rated Health after Serious Health Events in Old Age. Social Science & Medicine 192: 85–93.

Spuling, Svenja M., Susanne Wurm, Clemens Tesch-Römer & Oliver Huxhold (2015): Changing Predictors of Self-Rated Health: Disentangling Age and Cohort Effects. Psychology and Aging 30 (2): 462–474.

Statistics Canada (2012): National Population Health Survey: Household Component Cycles 1 to 9 1994/1995 to 2010/2011 Longitudinal Documentation.

Statistics Canada (2018): Canadian Community Health Survey - Annual Component (CCHS). URL: http://www23.statcan.gc.ca/imdb/p2SV.pl?Function=getSurvey& Id=329241 (besucht am 26. 10. 2018).

Steel, Nicholas, Felicia A. Huppert, Brenda McWilliams & David Melzer (2003): Physical and Cognitive Function. S. 249–271 in: Marmot, Michael, James Banks, Richard Blundell, Carli Lessof & James Nazroo (Hrsg.), Health, Wealth and Lifestyles of the Older Population in England: ELSA 2002. London: Institute for Fiscal Studies.

Strack, Fritz & Leonard L. Martin (1987): Thinking, Judging, Communicating: A Process Account of Context Effects in Attitude Surveys. S. 123–148 in: Hippler, Hans-J., Norbert Schwarz & Seymour Sudman (Hrsg.), Social Information Processing and Survey Methodology. New York: Springer.

Strack, Fritz, Leonard L. Martin & Norbert Schwarz (1988): Priming and Communication: Social Determinants of Information Use in Judgments of Life Satisfaction. European Journal of Social Psychology 18 (5): 429–442.

Stranges, Saverio, James Notaro, Jo L. Freudenheim, Rachel M. Calogero, Paola Muti, Eduardo Farinaro, Marcia Russell, Thomas H. Nochajski & Maurizio Trevisan (2006): Alcohol Drinking Pattern and Subjective Health in a Population-Based Study. Addiction 101 (9): 1265–1276.

Strine, Tara W., Daniel P. Chapman, Lina S. Balluz, David G. Moriarty & Ali H. Mokdad (2008): The Associations Between Life Satisfaction and Health-Related Quality of Life, Chronic Illness, and Health Behaviors among U.S. Community-Dwelling Adults. Journal of Community Health 33 (1): 40–50.

Suchman, Edward A., Bernard S. Phillips & Gordon F. Streib (1958): An Analysis of the Validity of Health Questionnaires. Social Forces 36 (3): 223–232.

Tang, Kun, Yingxi Zhao & Chunyan Li (2017): The Association Between Self-Rated Health and Different Anthropometric and Body Composition Measures in the Chinese Population. BMC Public Health 17 (317): 1–9.

The Staff of the Benjamin Rose Hospital (1959): A New Classification of Functional Status in Activities of Daily Living. Journal of Chronic Diseases 9 (1): 55–62.

Tornstam, Lars (1975): Health and Self-Perception: A Systems Theoretical Approach. The Gerontologist 15 (3): 264–270.

Tourangeau, Roger (1984): Cognitive Sciences and Survey Methods. S. 73–100 in: Jabine, Thomas B., Miron L. Straf, Judith M. Tanur & Roger Tourangeau (Hrsg.), Cognitive Aspects of Survey Methodology: Building a Bridge Between Disciplines. Washington: National Academy Press.

Tourangeau, Roger, Kenneth A. Rasinski & Norman Bradburn (1991): Measuring Happiness in Surveys: A Test of the Subtraction Hypothesis. Public Opinion Quarterly 55 (2): 255–266.

Tourangeau, Roger, Lance J. Rips & Kenneth Rasinski (2012): The Psychology of Survey Response. Cambridge: Cambridge University Press.

Tourangeau, Roger & Ting Yan (2007): Sensitive Questions in Surveys. Psychological Bulletin 133 (5): 859–883.

Tversky, Amos & Daniel Kahneman (1973): Availability: A Heuristic for Judging Frequency and Probability. Cognitive Psychology 5 (2): 207–232.

Urban, Dieter & Jochen Mayerl (2011): Regressionsanalyse: Theorie, Technik und Anwendung. Wiesbaden: VS Verlag.

van Oyen, Herman, Johan van der Heyden, Rom Perenboom & Carol Jagger (2006): Monitoring Population Disability: Evaluation of a New Global Activity Limitation Indicator (GALI). International Journal of Public Health 51 (3): 153–161.

Verhaest, Dieter & Eddy Omey (2010): The Determinants of Overeducation: Different Measures Different Outcomes? International Journal of Manpower 31 (6): 608–625.

Verropoulou, Georgia (2009): Key Elements Composing Self-rated Health in Older Adults: A Comparative Study of 11 European Countries. European Journal of Ageing 6 (3): 213–226.

Viruell-Fuentes, Edna A., Jeffrey D. Morenoff, David R. Williams & James S. House (2011): Language of Interview, Self-Rated Health, and the Other Latino Health Puzzle. Research and Practice 101 (7): 1306–1313.

Vuorisalmi, Merja, Tomi Lintonen & Marja Jylhä (2006): Comparative Vs Global Self-Rated Health: Associations with Age and Functional Ability. Aging Clinical and Experimental Research 18 (3): 211–217.

Vuorisalmi, Merja, Ilkka Pietilä, Pertti Pohjolainen & Marja Jylhä (2008): Comparison of Self-Rated Health in Older People of St. Petersburg, Russia, and Tampere, Finland: How Sensitive Is SRH to Cross-cultural Factors? European Journal of Ageing 5 (4): 327–334.

Vuorisalmi, Merja, Tytti Sarkeala, Antti Hervonen & Marja Jylhä (2012): Among Nonagenarians, Congruence Between Self-Rated and Proxy-Rated Health Was Low but Both Predicted Mortality. Journal of Clinical Epidemiology 65 (5): 553–559.

Wang, Aolin & Onyebuchi A. Arah (2015): Body Mass Index and Poor Self-Rated Health in 49 Low-Income and Middle-Income Countries, By Sex, 2002–2004. Preventing Chronic Disease 12 (E133): 1–4.

Wang, Man Ping, Sai Yin Ho, Wing Sze Lo, Man Kin Lai & Tai Hing Lam (2012): Smoking Is Associated with Poor Self-Rated Health among Adolescents in Hong Kong. Nicotine & Tobacco Research 14 (6): 682–687.

Ware, John E. (1993): SF-36 Health Survey: Manual and Interpretation Guide. Boston: The Health Institute.

Warner, Lisa M., Ralf Schwarzer, Benjamin Schüz, Susanne Wurm & Clemens Tesch-Römer (2012): Health-Specific Optimism Mediates Between Objective and Perceived Physical Functioning in Older Adults. Journal of Behavioral Medicine 35 (4): 400–406.

Willebrand, Mimmie, Björn Wikehult & Lisa Ekselius (2005): Social Desirability, Psychological Symptoms, and Perceived Health in Burn Injured Patients. The Journal of Nervous and Mental Disease 193 (12): 820–824.

Williams, Richard (2018): gologit2/oglm Troubleshooting. URL: https://www3.nd.edu/~rwilliam/gologit2/tsfaq.html (besucht am 16.12.2018).

Williams, Richard A. (2006): Generalized Ordered Logit/Partial Proportional Odds Models for Ordinal Dependent Variables. Stata Journal 6 (1): 58–82.

Williamson, Amelia & Barbara Hoggart (2005): Pain: A Review of Three Commonly Used Pain Rating Scales. Journal of Clinical Nursing 14 (7): 798–804.

Wittchen, Hans-Ulrich, Henning Saß, Michael Zaudig & Karl Koehler (1991): Diagnostisches und Statistisches Manual Psychischer Störungen DSM-III-R. Weinheim: Beltz.

Wolf, Christof & Henning Best (2010): Lineare Regressionsanalyse. S. 607–638 in: Wolf, Christof & Henning Best (Hrsg.), Handbuch der sozialwissenschaftlichen Datenanalyse. Wiesbaden: VS Verlag für Sozialwissenschaften.

World Health Organization (2000): Obesity: Preventing and Managing the Global Epidemic. Genf: World Health Organization.

World Health Organization (2006): Constitution of the World Health Organization.

Zajacova, Anna & Sarah A. Burgard (2010): Body Weight and Health from Early to Mid-Adulthood: A Longitudinal Analysis. Journal of Health and Social Behavior 51 (1): 92–107.

Zajacova, Anna, Snehalata Huzurbazar & Megan Todd (2017): Gender and the Structure of Self-Rated Health Across the Adult Life Span. Social Science & Medicine 187: 58–66.

Zhang, Mingliang, John C. Fortney, John M. Tilford & Kathryn M. Rost (2000): An Application of the Inverse Hyperbolic Sine Transformation: A Note. Health Services & Outcomes Research Methodology 1 (2): 165–171.

Anhang A: Deskriptive Statistiken der verwendeten Variablen

Für einen groben Überblick über die für die Analysen dieser Arbeit verwendeten Daten sind in den folgenden Tabellen die deskriptiven Statistiken der untersuchten Stichproben – jeweils für den gesamten verwendeten Datensatz – zu finden.

Tabelle A.1: Fallzahlen, Arithmetisches Mittel, Median, Standardabweichung und Schiefe von SRH im Kapitel 6 nach Befragungsland

	n	Arithmetisches Mittel	Median	Standard-abweichung	Schiefe
Dänemark	3.877	3,49	4,00	1,16	−0,37
Österreich	3.955	3,03	3,00	1,04	−0,01
Estland	5.284	2,18	2,00	0,86	0,70
Schweden	4.342	3,37	3,00	1,14	−0,16
Deutschland	5.451	2,71	3,00	1,02	0,30
Frankreich	4.296	2,82	3,00	1,04	0,13
Luxemburg	1.536	2,93	3,00	1,09	0,14
Israel	2.112	3,10	3,00	1,12	−0,16
Niederlande	4.008	3,01	3,00	1,06	0,30
Italien	4.450	2,73	3,00	1,11	0,30
Spanien	5.785	2,76	3,00	1,03	0,13
Tschechische Republik	5.252	2,67	3,00	1,02	0,14
Belgien	5.265	3,06	3,00	0,96	0,05
Schweiz	2.939	3,32	3,00	0,96	−0,08
Slowenien	2.750	2,80	3,00	1,02	0,13

Datenbasis: SHARE, Release 6.1.1; gewichtete Daten, eigene Berechnungen; Angaben in Variableneinheiten

Tabelle A.2: Arithmetisches Mittel, Median, Standardabweichung und Schiefe der verwendeten Variablen im Kapitel 6

	Arithmetisches Mittel	Median	Standardabweichung	Schiefe
SRH	2,82	3,00	1,06	0,20
Frau (RK: Mann)	0,54	1,00	0,50	−0,15
Alter	65,78	64,00	10,80	0,45
Altersgruppe	1,63	1,00	0,71	0,66
Einschränkung Global	0,45	0,00	0,50	0,22
Anzahl Einschränkungen ((I)ADL)	0,59	0,00	1,74	4,08
Anzahl Einschränkungen ((I)ADL)^a	0,30	0,00	0,69	2,38
Anzahl Einschränkungen (Mobilität)	1,59	0,00	2,36	1,65
Anzahl Einschränkungen (Mobilität)^a	0,81	0,00	0,97	0,73
Greifkraft (Keine Messung)	0,08	0,00	0,28	2,99
Greifkraft (Schnellere 25%)	0,19	0,00	0,40	1,55
Greifkraft (Langsamere 25%)	0,23	0,00	0,42	1,31
Chair Stand (Keine Messung)	0,20	0,00	0,40	1,53
Chair Stand (Schnellere 25%)	0,16	0,00	0,37	1,83
Chair Stand (Langsamere 25%)	0,17	0,00	0,38	1,75
Chronische Krankheit Global	0,50	0,00	0,50	0,00
Anzahl Gesundheitsprobleme	1,76	1,00	1,60	1,16
Anzahl Gesundheitsprobleme^a	1,11	0,88	0,76	−0,07
Schmerzen allgemein	0,46	0,00	0,50	0,17
Schmerzen (Mild)	0,10	0,00	0,30	2,69
Schmerzen (Moderate)	0,23	0,00	0,42	1,25
Schmerzen (Severe)	0,12	0,00	0,33	2,30
Medikamente gegen Depression (RK: nein)	0,07	0,00	0,25	3,41
Anzahl depressiver Symptome	1,37	1,44	0,90	−0,17
Anzahl depressiver Symptome^a	1,37	1,44	0,90	−0,17
Untergewicht	0,01	0,00	0,12	8,25
Normalgewicht	0,38	0,00	0,49	0,48
Übergewicht	0,41	0,00	0,49	0,38
Adipositas	0,20	0,00	0,40	1,53
Raucher (RK: Nichtraucher)	0,19	0,00	0,39	1,60
n		61.302		

Datenbasis: SHARE, Release 6.1.1; gewichtete Daten, eigene Berechnungen; Angaben in Variableneinheiten
^{a} IHS-transformiert

Tabelle A.3: Arithmetisches Mittel, Median, Standardabweichung und Schiefe der verwendeten Variablen im Kapitel 7

	Arithmetisches Mittel	Median	Standardabweichung	Schiefe
Frau (RK: Mann)	0,53	1,00	0,50	−0,12
Alter	65,33	64,00	10,63	0,44
Altersgruppe	1,60	1,00	0,69	0,72
Keine Erf. (Interv.; RK: mind. ein Jahr)	0,03	0,00	0,18	5,15
Alter (InterviewerIn) (kat. 10 Jahre)	5,27	5,00	1,09	−0,43
SRH (InterviewerIn)	3,29	3,00	0,81	0,16
Altersunterschied (in Jahren)	8,23	8,00	14,75	0,34
Interviewerin (RK: Interviewer)	0,56	1,00	0,50	−0,25
Bildung Niedrig	0,10	0,00	0,29	2,75
Bildung Mittel	0,33	0,00	0,47	0,70
Bildung Hoch	0,24	0,00	0,43	1,20
Bildung Universität	0,33	0,00	0,47	0,74
Andere Person anw. (RK: alleine)	0,32	0,00	0,47	0,75
Proxyinterview (RK: kein Proxy.)	0,02	0,00	0,14	6,96
Lebenszufriedenheit	7,57	8,00	1,84	−1,06
Generalisiertes Vertrauen	5,45	5,00	2,41	−0,39
ISCED 4-6 (RC: ISCED 0-3)	0,28	0,00	0,45	0,97
Anzahl Aktivitäten (letztes Jahr)	0,68	0,00	0,90	1,32
Anzahl Aktivitäten (letztes Jahr)[a]	0,51	0,00	0,62	0,71
Belgien	0,06	0,00	0,24	3,70
Deutschland	0,62	1,00	0,48	−0,51
Schweden	0,03	0,00	0,18	5,13
Österreich	0,05	0,00	0,23	3,96
Spanien	0,23	0,00	0,42	1,30
n		16.210		

Datenbasis: SHARE, Release 6.1.1; gewichtete Daten, eigene Berechnungen; Angaben in Variableneinheiten

[a] IHS-transformiert

Tabelle A.4: Fallzahlen, Standardabweichung und Schiefe der Residuen in Kapitel 7 nach Geschlecht, Altersgruppe und Befragungsland

			n	Standard-abweichung	Schiefe
♀		Allgemein	8.676	0,72	0,35
	Altersgruppe	50–64	4.309	0,76	0,22
		64–79	3.410	0,67	0,50
		80+	957	0,62	0,50
	Land	Belgien	1.817	0,69	0,30
		Deutschland	2.287	0,70	0,34
		Schweden	969	0,80	−0,08
		Österreich	1.737	0,69	0,06
		Spanien	1.866	0,71	0,39
♂		Allgemein	7.534	0,73	0,38
	Altersgruppe	50–64	3.562	0,74	0,31
		64–79	3.184	0,73	0,48
		80+	788	0,70	0,40
	Land	Belgien	1.542	0,70	0,29
		Deutschland	2.155	0,73	0,42
		Schweden	881	0,77	−0,08
		Österreich	1.239	0,68	0,14
		Spanien	1.717	0,70	0,38

Datenbasis: SHARE, Release 6.1.1; gewichtete Daten, eigene Berechnungen; Angaben in Variableneinheiten

Tabelle A.5: Arithmetisches Mittel, Median, Standardabweichung und Schiefe der verwendeten Variablen im Kapitel 8

	Arithmetisches Mittel	Median	Standard-abweichung	Schiefe
SRH	3,65	4,00	1,02	−0,49
Frau (RK: Mann)	0,50	1,00	0,50	0,00
Alter	49,92	49,00	15,14	0,24
Kohorte	2,80	3,00	1,45	0,44
Anzahl Einschränkungen (ADL)	0,94	1,00	0,79	0,70
Anzahl Einschränkungen (ADL)^a	0,74	0,88	0,55	−0,11
Einschränkung Global	0,08	0,00	0,27	3,05
Anzahl Einschränkungen (HUI-3)	0,17	0,00	0,68	4,80
Anzahl Einschränkungen (HUI-3)^a	0,11	0,00	0,40	3,76
Chronische Krankheit global	0,53	1,00	0,50	−0,13
Anzahl chronische Krankheiten	0,96	1,00	1,19	1,46
Anzahl chronische Krankheiten^a	0,67	0,88	0,70	0,52
Schmerzen allgemein	0,21	0,00	0,41	1,42
Schmerzen (Mild)	0,07	0,00	0,25	3,48
Schmerzen (Moderate)	0,11	0,00	0,31	2,51
Schmerzen (Severe)	0,03	0,00	0,18	5,08
Untergewicht	0,02	0,00	0,14	6,66
Normalgewicht	0,42	0,00	0,49	0,32
Übergewicht	0,36	0,00	0,48	0,57
Adipositas	0,19	0,00	0,40	1,54
Raucher (RK: Nichtraucher)	0,22	0,00	0,41	1,36
n	295.895			

Datenbasis: CCHS-Erhebungen 2001, 2009, 2010, 2013 und 2014; gewichtete Daten, eigene Berechnungen; Angaben in Variableneinheiten
^{a} IHS-transformiert

Tabelle A.6: Arithmetisches Mittel, Median, Standardabweichung und Schiefe der verwendeten Variablen im Kapitel 9 für das Jahr 1994

	Arithmetisches Mittel	Median	Standard-abweichung	Schiefe
SRH	2,73	3,00	1,00	−0,52
Frau (RK: Mann)	0,51	1,00	0,50	−0,05
Alter	44,07	41,00	16,83	0,52
Kohorte	2,40	2,00	1,03	0,38
Einschränkung Global	0,17	0,00	0,38	1,73
Anzahl Einschränkungen (IADL)	0,90	1,00	0,81	0,75
Anzahl Einschränkungen (IADL)[a]	0,71	0,88	0,57	0,00
Anzahl Einschränkungen (HUI-3)	0,19	0,00	0,72	4,97
Anzahl Einschränkungen (HUI-3)[a]	0,12	0,00	0,41	3,64
Chronische Krankheit Global	0,16	0,00	0,36	1,89
Anzahl Gesundheitsprobleme	1,42	1,00	1,04	2,55
Anzahl Gesundheitsprobleme[a]	1,05	0,88	0,45	0,96
Schmerzen allgemein	0,18	0,00	0,38	1,68
Schmerzen (Mild)	0,05	0,00	0,22	4,02
Schmerzen (Moderate)	0,10	0,00	0,30	2,71
Schmerzen (Severe)	0,03	0,00	0,17	5,71
Medikamente gegen Depression (RK: nein)	0,03	0,00	0,17	5,56
Anzahl depressiver Symptome	0,42	0,00	1,52	3,59
Anzahl depressiver Symptome[a]	0,18	0,00	0,63	3,25
Untergewicht	0,03	0,00	0,16	5,77
Normalgewicht	0,50	0,00	0,50	0,01
Übergewicht	0,35	0,00	0,48	0,64
Adipositas	0,13	0,00	0,33	2,24
Raucher (RK: Nichtraucher)	0,31	0,00	0,46	0,82
n		15.180		

Datenbasis: NPHS-Erhebung 1994; gewichtete Daten, eigene Berechnungen; Angaben in Variableneinheiten

[a] IHS-transformiert

Tabelle A.7: Arithmetisches Mittel, Median, Standardabweichung und Schiefe der verwendeten Variablen im Kapitel 9 in Personenjahren (1994–2011)

	Arithmetisches Mittel	Median	Standard-abweichung	Schiefe
SRH	2,67	3,00	0,97	−0,46
Frau (RK: Mann)	0,51	1,00	0,50	−0,05
Alter	48,93	47,00	16,05	0,34
Kohorte	2,29	2,00	0,96	0,35
Einschränkung Global	0,18	0,00	0,39	1,66
Anzahl Einschränkungen (IADL)	0,90	1,00	0,78	0,71
Anzahl Einschränkungen (IADL)[a]	0,72	0,88	0,55	−0,07
Anzahl Einschränkungen (HUI-3)	0,27	0,00	0,84	4,02
Anzahl Einschränkungen (HUI-3)[a]	0,18	0,00	0,48	2,81
Chronische Krankheit Global	0,16	0,00	0,37	1,87
Anzahl Gesundheitsprobleme	1,45	1,00	1,55	1,39
Anzahl Gesundheitsprobleme[a]	0,92	0,88	0,78	0,21
Schmerzen allgemein	0,16	0,00	0,37	1,82
Schmerzen (Mild)	0,05	0,00	0,22	4,07
Schmerzen (Moderate)	0,09	0,00	0,29	2,87
Schmerzen (Severe)	0,02	0,00	0,15	6,46
Medikamente gegen Depression (RK: nein)	0,06	0,00	0,23	3,82
Anzahl depressiver Symptome	0,32	0,00	1,30	4,01
Anzahl depressiver Symptome[a]	0,15	0,00	0,56	3,70
Untergewicht	0,02	0,00	0,13	7,28
Normalgewicht	0,42	0,00	0,49	0,32
Übergewicht	0,38	0,00	0,49	0,48
Adipositas	0,18	0,00	0,38	1,69
Raucher (RK: Nichtraucher)	0,25	0,00	0,43	1,16
n		85.316		

Datenbasis: NPHS-Erhebungen 1994–2011; gewichtete Daten, eigene Berechnungen; Angaben in Variableneinheiten
[a] IHS-transformiert

Anhang B: Detaillierte Regressionsergebnisse

B.1 Detaillierte Regressionsergebnisse zu Kapitel 6

Tabelle B.1: Regressionsergebnisse nach Geschlecht und Altersgruppe (unstandardisierte Koeffizienten, Standardfehler in Klammern)

	Frauen			Männer		
	50–64	65–79	80+	50–64	65–79	80+
Funktion						
Aktivitätseinschränkung (RK = keine)	−0,32***	−0,35***	−0,31***	−0,39***	−0,38***	−0,34***
	(0,04)	(0,03)	(0,06)	(0,04)	(0,03)	(0,06)
Anzahl Einschränkungen von (I)ADL[a]	−0,11***	−0,05**	−0,08**	−0,03	−0,07***	−0,02
	(0,03)	(0,02)	(0,03)	(0,03)	(0,02)	(0,03)
Anzahl Einschränkungen der Mobilität[a]	−0,09***	−0,13***	−0,12***	−0,13***	−0,12***	−0,14***
	(0,02)	(0,02)	(0,03)	(0,03)	(0,02)	(0,03)
Greifkraft (RK: mittlere 50%)						
Keine Messung	0,02	−0,10**	−0,19**	−0,13*	−0,15**	−0,19*
	(0,06)	(0,04)	(0,06)	(0,06)	(0,05)	(0,08)
Stärkere 25%	0,09***	0,07	0,31	0,09**	0,18***	0,14
	(0,03)	(0,03)	(0,21)	(0,03)	(0,04)	(0,24)
Schwächere 25%	−0,06	−0,12***	−0,04	−0,05	−0,13***	−0,06
	(0,05)	(0,02)	(0,05)	(0,05)	(0,03)	(0,05)
Chair Stand (RK: mittlere 50%)						
Keine Messung	−0,24***	−0,20***	−0,18***	−0,15**	−0,19***	−0,18**
	(0,05)	(0,03)	(0,05)	(0,05)	(0,04)	(0,07)
Schnellere 25%	0,11***	0,03	0,18	0,06	0,11**	0,05
	(0,03)	(0,03)	(0,13)	(0,04)	(0,04)	(0,14)
Langsamere 25%	−0,16***	−0,08**	−0,13*	−0,02	−0,06*	−0,11
	(0,04)	(0,03)	(0,06)	(0,04)	(0,03)	(0,06)
Krankheiten						
Chronisches Gesundheitsproblem (RK: keins)	−0,25***	−0,24***	−0,19***	−0,32***	−0,34***	−0,25***
	(0,03)	(0,02)	(0,05)	(0,04)	(0,03)	(0,06)
Anzahl Gesundheitsprobleme/Krankheiten[a]	−0,26***	−0,21***	−0,13***	−0,26***	−0,24***	−0,20***
	(0,02)	(0,02)	(0,03)	(0,02)	(0,02)	(0,03)
Schmerzen (RK: keine)						
Gering	−0,12*	−0,11***	−0,00	−0,05	−0,03	−0,11
	(0,05)	(0,03)	(0,08)	(0,05)	(0,04)	(0,07)
Mäßig	−0,25***	−0,15***	−0,13**	−0,24***	−0,11***	−0,22***
	(0,03)	(0,03)	(0,05)	(0,04)	(0,03)	(0,05)
Stark	−0,39***	−0,29***	−0,28***	−0,37***	−0,25***	−0,35***
	(0,05)	(0,04)	(0,06)	(0,06)	(0,04)	(0,08)
Mentale Gesundheit						
Medikamente gegen Depression (RK: nein)	−0,16***	−0,09**	−0,12*	−0,13*	−0,08	0,05
	(0,05)	(0,03)	(0,06)	(0,06)	(0,05)	(0,10)
Anzahl depressiver Symptome[a]	−0,13***	−0,18***	−0,20***	−0,15***	−0,16***	−0,16***
	(0,02)	(0,01)	(0,02)	(0,02)	(0,01)	(0,03)
Gesundheitsverhalten						
BMI (RK: normal (18.5 ≤ BMI ≤ 25))						
Untergewicht (BMI < 18.5)	−0,24**	−0,05	−0,19**	0,01	0,05	0,31
	(0,09)	(0,08)	(0,07)	(0,27)	(0,15)	(0,21)
Übergewicht (25 ≤ BMI < 30)	−0,13***	−0,03	0,03	−0,07*	−0,07**	0,05
	(0,03)	(0,02)	(0,04)	(0,03)	(0,03)	(0,05)
Adipositas (BMI ≥ 30)	−0,20***	−0,12***	0,03	−0,16***	−0,10**	−0,02
	(0,03)	(0,03)	(0,05)	(0,04)	(0,03)	(0,07)
Aktuell Raucher (RK: nein)	−0,12***	−0,01	0,03	−0,16***	−0,07*	0,03
	(0,03)	(0,03)	(0,09)	(0,03)	(0,03)	(0,07)
$R^2_{Adj.}$	0,46	0,49	0,46	0,46	0,45	0,44
n	15.929	13.752	4.070	12.565	11.939	3.047

Datenbasis: SHARE, Release 6.1.1; gewichtete Daten, eigene Berechnungen

[a] IHS-transformiert; RK = Referenzkategorie; $^*p \leq ,05$ $^{**}p \leq ,01$ $^{***}p \leq ,001$

© Springer Fachmedien Wiesbaden GmbH, ein Teil von Springer Nature 2019
P. Lazarevič, *Was misst Self-Rated Health?*,
https://doi.org/10.1007/978-3-658-28026-0

Tabelle B.3: Detaillierte Regressionsergebnisse der Frauen nach Befragungsland (unstandardisierte Koeffizienten, Standardfehler in Klammern)

	DK	AT	EE	SE	DE	FR	LU	IL	NE	IT	ES	CZ	BE	CH	SI
Funktion															
Aktivitätseinschränkung (RK = keine)	−0,04	−0,38***	−0,24***	−0,20*	−0,55***	−0,04	−0,40***	−0,41***	−0,40***	−0,27***	−0,23***	−0,41***	−0,20***	−0,29***	−0,35***
	(0,08)	(0,06)	(0,04)	(0,09)	(0,06)	(0,08)	(0,05)	(0,05)	(0,04)	(0,04)	(0,05)	(0,06)	(0,06)	(0,06)	(0,06)
Anzahl Einschränkungen von (I)ADL[a]	−0,10	−0,10***	−0,06***	−0,09	−0,09*	−0,08*	−0,16***	−0,14***	−0,01	−0,11***	−0,01	−0,08**	−0,12**	−0,15**	−0,09*
	(0,06)	(0,03)	(0,02)	(0,05)	(0,04)	(0,03)	(0,04)	(0,03)	(0,03)	(0,03)	(0,04)	(0,03)	(0,04)	(0,05)	(0,04)
Anzahl Einschränkungen der Mobilität[a]	−0,17***	−0,11***	−0,13***	−0,20***	−0,17***	−0,12*	−0,16***	−0,07**	−0,12***	−0,06*	−0,17***	−0,09**	−0,06	−0,13***	−0,15***
	(0,04)	(0,03)	(0,02)	(0,05)	(0,03)	(0,05)	(0,03)	(0,03)	(0,02)	(0,02)	(0,04)	(0,03)	(0,03)	(0,03)	(0,04)
Greifkraft (RK: mittlere 50%)															
Keine Messung	−0,13	−0,10	−0,10**	−0,06	−0,07	−0,12	−0,02	−0,14	−0,11	−0,19***	−0,17*	−0,00	−0,01	−0,22**	−0,27*
	(0,10)	(0,06)	(0,04)	(0,12)	(0,12)	(0,10)	(0,09)	(0,07)	(0,06)	(0,06)	(0,07)	(0,07)	(0,08)	(0,08)	(0,11)
Stärkere 25%	0,00	0,05	0,10**	0,19*	0,06	−0,01	0,11*	0,12*	0,11**	0,09	0,06	0,10	0,18**	0,04	0,03
	(0,11)	(0,05)	(0,04)	(0,08)	(0,04)	(0,11)	(0,04)	(0,06)	(0,04)	(0,05)	(0,07)	(0,07)	(0,06)	(0,05)	(0,06)
Schwächere 25%	0,01	−0,13*	−0,08**	−0,19*	−0,11*	−0,01	−0,28***	−0,07	−0,09*	−0,13***	−0,15**	−0,04	−0,13*	−0,09	−0,17**
	(0,08)	(0,05)	(0,03)	(0,08)	(0,06)	(0,07)	(0,06)	(0,04)	(0,04)	(0,04)	(0,06)	(0,05)	(0,06)	(0,06)	(0,06)
Chair Stand (RK: mittlere 50%)															
Keine Messung	−0,31**	−0,18**	−0,13***	0,01	−0,25**	−0,26**	−0,20**	−0,09	−0,22***	−0,14**	−0,04	−0,26***	−0,08	−0,01	−0,11
	(0,10)	(0,06)	(0,03)	(0,09)	(0,08)	(0,09)	(0,07)	(0,05)	(0,05)	(0,05)	(0,06)	(0,06)	(0,08)	(0,07)	(0,08)
Schnellere 25%	0,03	0,28***	0,23***	0,29**	0,12**	0,33**	0,05	0,11	0,09*	0,08	0,29**	0,02	0,12	0,21***	0,12
	(0,07)	(0,05)	(0,05)	(0,11)	(0,04)	(0,11)	(0,05)	(0,06)	(0,04)	(0,05)	(0,09)	(0,07)	(0,07)	(0,05)	(0,07)
Langsamere 25%	−0,31*	−0,00	−0,02	−0,25**	−0,16*	−0,17*	−0,03	−0,16***	−0,08	−0,09*	−0,03	−0,10	−0,12	−0,08	−0,05
	(0,13)	(0,05)	(0,03)	(0,09)	(0,07)	(0,07)	(0,05)	(0,05)	(0,05)	(0,04)	(0,08)	(0,05)	(0,06)	(0,07)	(0,06)
Krankheiten															
Chronisches Gesundheitsproblem (RK: keins)	−0,44***	−0,20***	−0,27***	−0,40***	−0,36***	−0,18**	−0,37***	−0,31***	−0,24***	−0,30***	−0,20***	−0,18**	−0,31***	−0,19***	−0,24***
	(0,07)	(0,05)	(0,04)	(0,08)	(0,05)	(0,06)	(0,05)	(0,04)	(0,04)	(0,04)	(0,04)	(0,06)	(0,05)	(0,05)	(0,06)
Anzahl Gesundheitsprobleme/Krankheiten[a]	−0,32***	−0,21***	−0,17***	−0,12*	−0,18***	−0,36***	−0,31***	−0,16***	−0,21***	−0,16***	−0,27***	−0,26***	−0,19***	−0,21***	−0,24***
	(0,04)	(0,03)	(0,02)	(0,05)	(0,03)	(0,05)	(0,03)	(0,03)	(0,03)	(0,03)	(0,04)	(0,04)	(0,04)	(0,03)	(0,04)
Schmerzen (RK: keine)															
Gering	0,00	−0,11	0,03	0,19	0,04	0,00	−0,12	−0,15*	−0,04	0,04	−0,03	−0,18**	−0,10	0,00	−0,00
	(0,15)	(0,07)	(0,04)	(0,13)	(0,07)	(0,11)	(0,06)	(0,06)	(0,06)	(0,07)	(0,07)	(0,10)	(0,10)	(0,09)	(0,07)
Mäßig	−0,18*	−0,16**	−0,09**	−0,04	−0,31***	−0,18*	−0,08	−0,14**	−0,14***	−0,13**	−0,12*	−0,23***	−0,22***	−0,23***	−0,18**
	(0,07)	(0,05)	(0,03)	(0,08)	(0,06)	(0,07)	(0,05)	(0,04)	(0,04)	(0,05)	(0,06)	(0,05)	(0,06)	(0,05)	(0,07)
Stark	−0,17	−0,31***	−0,19***	−0,23*	−0,48***	−0,35***	−0,24**	−0,24***	−0,31***	−0,36***	−0,39***	−0,31***	−0,62***	−0,41***	−0,50***
	(0,12)	(0,08)	(0,04)	(0,11)	(0,08)	(0,10)	(0,08)	(0,06)	(0,05)	(0,06)	(0,07)	(0,07)	(0,07)	(0,08)	(0,15)
Mentale Gesundheit															
Medikamente gegen Depression (RK: nein)	0,23	−0,08	−0,06	−0,21*	−0,16*	−0,08	−0,14	−0,10	−0,21***	−0,11*	−0,22*	−0,22***	−0,09	−0,15	−0,12
	(0,15)	(0,06)	(0,05)	(0,09)	(0,08)	(0,08)	(0,07)	(0,05)	(0,05)	(0,05)	(0,10)	(0,07)	(0,08)	(0,08)	(0,10)
Anzahl depressiver Symptome[a]	−0,05	−0,16***	−0,13***	−0,21***	−0,18***	−0,09*	−0,17***	−0,18***	−0,13***	−0,14***	−0,10***	−0,21***	−0,16***	−0,15***	−0,13***
	(0,04)	(0,02)	(0,02)	(0,04)	(0,02)	(0,04)	(0,03)	(0,02)	(0,02)	(0,02)	(0,03)	(0,03)	(0,03)	(0,03)	(0,03)
Gesundheitsverhalten															
BMI (RK: normal (18.5 ≤ BMI ≤ 25))															
Untergewicht (BMI < 18.5)	0,03	−0,16	−0,13	0,02	0,01	−0,40**	−0,10	−0,19	−0,15	−0,08	−0,11	−0,23	0,06	−0,09	−0,28
	(0,27)	(0,11)	(0,12)	(0,17)	(0,10)	(0,15)	(0,19)	(0,10)	(0,11)	(0,08)	(0,10)	(0,12)	(0,26)	(0,10)	(0,16)
Übergewicht (25 ≤ BMI < 30)	−0,12	−0,11**	−0,06	0,02	−0,05	−0,11	−0,08	−0,08*	−0,09**	−0,06	−0,06	−0,00	−0,06	−0,08	−0,02
	(0,07)	(0,04)	(0,03)	(0,07)	(0,04)	(0,06)	(0,04)	(0,04)	(0,04)	(0,04)	(0,04)	(0,05)	(0,05)	(0,05)	(0,05)
Adipositas (BMI ≥ 30)	−0,25**	−0,12*	−0,10**	−0,20*	−0,08	−0,24***	−0,14*	−0,16**	−0,16***	−0,15**	−0,02	−0,01	−0,19**	−0,15**	−0,14
	(0,09)	(0,05)	(0,03)	(0,08)	(0,06)	(0,07)	(0,06)	(0,05)	(0,04)	(0,05)	(0,07)	(0,05)	(0,06)	(0,05)	(0,07)
Aktuell Raucher (RK: nein)	−0,02	−0,00	0,01	−0,12	−0,12**	−0,21*	−0,09	−0,05	−0,06	−0,13**	0,01	−0,00	0,02	−0,06	−0,12
	(0,10)	(0,04)	(0,04)	(0,08)	(0,05)	(0,09)	(0,05)	(0,06)	(0,04)	(0,04)	(0,06)	(0,06)	(0,07)	(0,05)	(0,07)
$R^2_{Adj.}$	0.55	0,54	0,50	0,51	0,56	0,55	0,54	0,48	0,52	0,47	0,49	0,53	0,50	0,44	0,48
n	958	1.671	2.051	731	1.824	2.738	2.059	1.870	2.629	2.414	2.188	2.036	1.213	1.348	1.821

Datenbasis: SHARE, Release 6.1.1; gewichtete Daten, eigene Berechnungen
[a] IHS-transformiert; RK = Referenzkategorie; *$p \leq ,05$ **$p \leq ,01$ ***$p \leq ,001$

Tabelle B.4: Detaillierte Regressionsergebnisse der Männer nach Befragungsland (unstandardisierte Koeffizienten, Standardfehler in Klammern)

	DK	AT	EE	SE	DE	FR	LU	IL	NE	IT	ES	CZ	BE	CH	SI
Funktion															
Aktivitätseinschränkung (RK = keine)	−0,42***	−0,32***	−0,31***	−0,33***	−0,51***	−0,21*	−0,33***	−0,43***	−0,35***	−0,37***	−0,27***	−0,49***	−0,35***	−0,46***	−0,32**
	(0,09)	(0,07)	(0,04)	(0,08)	(0,06)	(0,08)	(0,06)	(0,05)	(0,04)	(0,04)	(0,07)	(0,05)	(0,08)	(0,07)	(0,11)
Anzahl Einschränkungen von (I)ADL[a]	−0,15*	−0,08*	−0,08**	−0,09	−0,07	0,03	−0,13*	−0,10*	−0,06*	−0,08*	−0,02	0,02	−0,06	−0,02	−0,14
	(0,06)	(0,04)	(0,03)	(0,06)	(0,05)	(0,05)	(0,06)	(0,04)	(0,03)	(0,03)	(0,04)	(0,03)	(0,05)	(0,07)	(0,08)
Anzahl Einschränkungen der Mobilität[a]	−0,17**	−0,24***	−0,15***	−0,20***	−0,19***	−0,10	−0,26***	−0,11**	−0,10***	−0,12***	−0,16***	−0,15***	−0,11**	−0,08	−0,13**
	(0,06)	(0,04)	(0,02)	(0,05)	(0,04)	(0,06)	(0,04)	(0,04)	(0,03)	(0,03)	(0,04)	(0,03)	(0,04)	(0,05)	(0,05)
Greifkraft (RK: mittlere 50%)															
Keine Messung	0,08	0,16	−0,09	−0,07	−0,21	−0,44***	−0,18	−0,17	−0,09	−0,11	−0,33**	−0,07	−0,10	0,08	−0,14
	(0,09)	(0,09)	(0,05)	(0,15)	(0,16)	(0,10)	(0,12)	(0,11)	(0,07)	(0,08)	(0,11)	(0,08)	(0,09)	(0,13)	(0,13)
Stärkere 25%	0,06	0,08	0,05	0,19*	0,13**	0,01	0,11*	0,10	0,11**	0,15**	−0,10	0,12	0,12	0,17**	0,21
	(0,14)	(0,05)	(0,04)	(0,08)	(0,04)	(0,12)	(0,05)	(0,06)	(0,04)	(0,05)	(0,09)	(0,07)	(0,08)	(0,06)	(0,11)
Schwächere 25%	−0,01	−0,12*	−0,04	−0,19*	−0,07	−0,16*	−0,03	−0,06	−0,13**	−0,04	−0,14*	−0,06	−0,06	−0,05	−0,02
	(0,07)	(0,06)	(0,04)	(0,08)	(0,07)	(0,07)	(0,07)	(0,05)	(0,04)	(0,04)	(0,06)	(0,06)	(0,07)	(0,06)	(0,07)
Chair Stand (RK: mittlere 50%)															
Keine Messung	−0,36***	−0,15*	−0,10*	−0,13	−0,22*	−0,28**	−0,15*	−0,10	−0,23***	−0,08	−0,07	−0,08	−0,06	−0,15	−0,11
	(0,08)	(0,08)	(0,05)	(0,10)	(0,10)	(0,09)	(0,08)	(0,07)	(0,06)	(0,06)	(0,07)	(0,07)	(0,08)	(0,09)	(0,11)
Schnellere 25%	−0,02	0,23***	0,17***	0,08	0,16**	0,11	0,11	0,04	0,04	0,15*	0,19	0,11	0,07	0,22***	−0,24
	(0,09)	(0,06)	(0,05)	(0,13)	(0,05)	(0,10)	(0,06)	(0,07)	(0,04)	(0,06)	(0,13)	(0,08)	(0,08)	(0,06)	(0,15)
Langsamere 25%	−0,09	−0,05	−0,04	−0,12	−0,18**	−0,06	−0,18***	−0,15**	−0,11*	−0,05	0,06	0,11*	−0,11	−0,09	−0,03
	(0,11)	(0,05)	(0,04)	(0,09)	(0,07)	(0,08)	(0,05)	(0,05)	(0,04)	(0,05)	(0,08)	(0,05)	(0,09)	(0,08)	(0,07)
Krankheiten															
Chronisches Gesundheitsproblem (RK: keins)	−0,38***	−0,22***	−0,13**	−0,33***	−0,41***	−0,28***	−0,43***	−0,29***	−0,34***	−0,28***	−0,24**	−0,27***	−0,29***	−0,19***	−0,43***
	(0,07)	(0,07)	(0,05)	(0,08)	(0,05)	(0,08)	(0,05)	(0,05)	(0,04)	(0,04)	(0,08)	(0,05)	(0,08)	(0,06)	(0,12)
Anzahl Gesundheitsprobleme/Krankheiten[a]	−0,39***	−0,23***	−0,20***	−0,25***	−0,14***	−0,26***	−0,28***	−0,28***	−0,21***	−0,19***	−0,21***	−0,32***	−0,29***	−0,24***	−0,12*
	(0,05)	(0,03)	(0,03)	(0,05)	(0,03)	(0,05)	(0,03)	(0,03)	(0,03)	(0,03)	(0,06)	(0,04)	(0,05)	(0,04)	(0,06)
Schmerzen (RK: keine)															
Gering	−0,14	−0,23*	0,00	0,05	−0,03	0,05	0,01	−0,09	−0,04	0,04	0,14	−0,03	−0,16	−0,09	−0,26
	(0,10)	(0,10)	(0,06)	(0,09)	(0,08)	(0,07)	(0,07)	(0,07)	(0,06)	(0,08)	(0,07)	(0,09)	(0,09)	(0,09)	(0,14)
Mäßig	−0,17	−0,22***	−0,05	−0,07	−0,18**	−0,19*	−0,20**	−0,06	−0,28***	−0,02	−0,23***	−0,24***	−0,24***	−0,21**	−0,20*
	(0,09)	(0,06)	(0,04)	(0,09)	(0,07)	(0,08)	(0,06)	(0,05)	(0,04)	(0,05)	(0,06)	(0,05)	(0,06)	(0,08)	(0,08)
Stark	0,08	−0,30**	−0,16**	−0,25*	−0,50***	−0,22	−0,22	−0,22**	−0,39***	−0,31***	−0,50***	−0,43***	−0,40***	−0,46**	0,00
	(0,12)	(0,11)	(0,05)	(0,12)	(0,10)	(0,18)	(0,16)	(0,07)	(0,05)	(0,08)	(0,11)	(0,07)	(0,09)	(0,16)	(0,17)
Mentale Gesundheit															
Medikamente gegen Depression (RK: nein)	0,00	−0,11	−0,04	−0,10	−0,01	−0,23*	−0,18	−0,12	0,00	−0,20***	0,02	−0,19	−0,00	−0,24*	0,01
	(0,19)	(0,11)	(0,09)	(0,14)	(0,10)	(0,11)	(0,12)	(0,09)	(0,08)	(0,06)	(0,09)	(0,11)	(0,24)	(0,11)	(0,09)
Anzahl depressiver Symptome[a]	−0,14***	−0,09**	−0,11***	−0,19***	−0,21***	−0,19***	−0,18***	−0,17***	−0,13***	−0,14***	−0,25***	−0,11***	−0,16***	−0,15***	−0,28***
	(0,04)	(0,03)	(0,02)	(0,04)	(0,03)	(0,04)	(0,03)	(0,03)	(0,02)	(0,03)	(0,05)	(0,03)	(0,04)	(0,03)	(0,05)
Gesundheitsverhalten															
BMI (RK: normal (18.5 ≤ BMI ≤ 25))															
Untergewicht (BMI < 18.5)	−0,44	−0,29	0,19	−0,36	−0,15	0,28	0,13	−0,28	−0,12	−0,15	0,31	0,67	0,46**	−0,25	0,13
	(0,27)	(0,17)	(0,14)	(0,28)	(0,19)	(0,37)	(0,28)	(0,19)	(0,21)	(0,24)	(0,37)	(0,41)	(0,16)	(0,17)	(0,31)
Übergewicht (25 ≤ BMI < 30)	0,02	0,04	0,07	−0,08	−0,05	−0,02	−0,11*	−0,07	−0,06	0,03	−0,04	−0,01	−0,04	−0,05	−0,14
	(0,07)	(0,05)	(0,04)	(0,08)	(0,05)	(0,07)	(0,04)	(0,05)	(0,04)	(0,04)	(0,09)	(0,05)	(0,07)	(0,05)	(0,08)
Adipositas (BMI ≥ 30)	−0,05	−0,04	0,04	−0,16*	−0,20**	−0,17	−0,15*	−0,09	−0,17***	−0,04	−0,00	0,00	−0,12	−0,13	−0,22**
	(0,08)	(0,06)	(0,04)	(0,08)	(0,06)	(0,09)	(0,07)	(0,06)	(0,04)	(0,05)	(0,10)	(0,07)	(0,08)	(0,07)	(0,08)
Aktuell Raucher (RK: nein)	−0,11	−0,05	−0,18***	−0,13	−0,15**	−0,14	−0,21**	−0,06	−0,14***	−0,05	−0,08	−0,05	−0,16*	−0,14*	−0,29**
	(0,07)	(0,05)	(0,03)	(0,08)	(0,05)	(0,08)	(0,07)	(0,05)	(0,04)	(0,05)	(0,08)	(0,06)	(0,07)	(0,05)	(0,10)
$R^2_{Adj.}$	0,65	0,52	0,48	0,50	0,51	0,49	0,48	0,49	0,49	0,44	0,46	0,48	0,44	0,40	0,39
n	958	1.671	2.051	731	1.824	2.738	2.059	1.870	2.629	2.414	2.188	2.036	1.213	1.348	1.821

Datenbasis: SHARE, Release 6.1.1; gewichtete Daten, eigene Berechnungen
[a] IHS-transformiert; RK = Referenzkategorie; $^*p \leq ,05$ $^{**}p \leq ,01$ $^{***}p \leq ,001$

B.2 Detaillierte Regressionsergebnisse zu Kapitel 7

Tabelle B.2: Ergebnisse der Regression zur Erklärung der Residuen nach Geschlecht und Altersgruppe (unstandardisierte Koeffizienten, Standardfehler in Klammern)

	Frauen			Männer		
	50–64	65–79	80+	50–64	65–79	80+
InterviewerIn						
Keine Erfahrung (RK: mind. ein Jahr)	−0,02	−0,05	−0,09	−0,04	−0,02	0,01
	(0,06)	(0,06)	(0,09)	(0,06)	(0,06)	(0,09)
Alter (InterviewerIn) (kat. 10 Jahre)	−0,07	−0,10**	0,09	−0,06	−0,02	−0,03
	(0,04)	(0,04)	(0,08)	(0,04)	(0,04)	(0,08)
SRH (InterviewerIn)	0,05	0,06*	0,02	0,03	0,04	0,06
	(0,03)	(0,02)	(0,04)	(0,03)	(0,02)	(0,04)
Altersunterschied (in Jahren)	−0,00	−0,01	0,01	−0,01	0,00	−0,00
	(0,00)	(0,00)	(0,01)	(0,00)	(0,00)	(0,01)
Interviewerin (RK: Interviewer)	0,04	−0,02	0,14*	−0,05	0,02	0,14
	(0,04)	(0,04)	(0,07)	(0,04)	(0,04)	(0,08)
Bildung (RK: Universität)						
Niedrig	0,14*	0,06	0,13	0,03	0,06	−0,16
	(0,06)	(0,06)	(0,11)	(0,07)	(0,07)	(0,15)
Mittel	0,06	0,07	−0,02	−0,06	0,03	−0,03
	(0,05)	(0,05)	(0,08)	(0,05)	(0,05)	(0,09)
Hoch	0,07	0,08	0,09	−0,05	0,04	0,16
	(0,06)	(0,05)	(0,09)	(0,06)	(0,05)	(0,10)
Befragte						
Andere Person anwesend (RK: alleine)	0,02	−0,03	0,05	0,08	−0,05	0,01
	(0,05)	(0,04)	(0,07)	(0,04)	(0,04)	(0,07)
Proxyinterview (RK: kein Proxyinterview)	0,02	−0,16	0,04	−0,05	0,11	−0,02
	(0,10)	(0,15)	(0,11)	(0,14)	(0,12)	(0,22)
Lebenszufriedenheit	0,05***	0,04***	0,03	0,06***	0,06***	0,10***
	(0,01)	(0,01)	(0,02)	(0,01)	(0,01)	(0,02)
Generalisiertes Vertrauen	0,01	0,01	0,00	−0,02	−0,00	0,02
	(0,01)	(0,01)	(0,01)	(0,01)	(0,01)	(0,02)
ISCED 4-6 (RC: ISCED 0-3)	0,02	0,01	0,21	0,16***	0,11*	0,02
	(0,05)	(0,04)	(0,12)	(0,05)	(0,04)	(0,09)
Anzahl Aktivitäten (letztes Jahr)[a]	0,16***	0,11***	0,05	0,08*	0,09**	−0,01
	(0,04)	(0,03)	(0,08)	(0,03)	(0,03)	(0,09)
Interviewland (RK: Deutschland)						
Österreich	0,06	0,09*	−0,10	0,20***	0,17***	−0,05
	(0,05)	(0,04)	(0,08)	(0,05)	(0,05)	(0,10)
Belgien	0,14**	0,24***	0,21*	0,25***	0,25***	0,11
	(0,05)	(0,04)	(0,08)	(0,05)	(0,05)	(0,09)
Spanien	−0,07	−0,01	−0,18	0,12	0,01	−0,14
	(0,08)	(0,06)	(0,11)	(0,08)	(0,06)	(0,14)
Schweden	0,34***	0,31***	0,11	0,51***	0,35***	0,09
	(0,07)	(0,06)	(0,11)	(0,07)	(0,06)	(0,12)
$R^2_{Adj.}$ (GI)	0,48	0,50	0,49	0,48	0,46	0,44
$R^2_{Adj.}$ (NGI)	0,07	0,07	0,06	0,08	0,07	0,10
n	4.309	3.410	957	3.562	3.184	788

Datenbasis: SHARE, Release 6.1.1; gewichtete Daten, eigene Berechnungen

[a] IHS-transformiert

RK = Referenzkategorie

$*p \leq ,05$ $**p \leq ,01$ $***p \leq ,001$

Tabelle B.5: Ergebnisse der Regressionen zur Erklärung der Residuen nach Geschlecht und Befragungsland (unstandardisierte Koeffizienten, Standardfehler in Klammern)

	Frauen					Männer				
	BE	DE	SE	AT	ES	BE	DE	SE	AT	ES
InterviewerIn										
Keine Erfahrung (RK: mind. ein Jahr)	0,09	†	−0,11	−0,09	−0,07	−0,02	†	−0,04	−0,18	0,05
	(0,05)		(0,07)	(0,09)	(0,13)	(0,06)		(0,07)	(0,10)	(0,11)
Alter (InterviewerIn) (kat. 10 Jahre)	0,02	−0,05	−0,02	0,02	−0,15*	−0,10*	−0,05	−0,14*	0,04	0,02
	(0,04)	(0,03)	(0,07)	(0,04)	(0,08)	(0,04)	(0,04)	(0,06)	(0,05)	(0,08)
SRH (InterviewerIn)	−0,02	0,04	0,07	0,08***	0,09	0,03	0,05	0,13**	0,02	0,06
	(0,02)	(0,02)	(0,04)	(0,02)	(0,05)	(0,03)	(0,02)	(0,04)	(0,03)	(0,06)
Altersunterschied (in Jahren)	0,00	0,00	−0,00	0,00	−0,01*	−0,01	−0,00	−0,02*	0,00	−0,00
	(0,00)	(0,00)	(0,01)	(0,00)	(0,01)	(0,00)	(0,00)	(0,01)	(0,00)	(0,01)
Interviewerin (RK: Interviewer)	−0,02	0,03	0,05	0,04	0,07	0,02	−0,03	0,05	−0,02	0,06
	(0,04)	(0,03)	(0,06)	(0,04)	(0,08)	(0,05)	(0,04)	(0,07)	(0,05)	(0,09)
Bildung (RK: Universität)										
Niedrig	†	0,10	−0,01	0,05	0,31**	†	0,02	−0,23**	0,20*	0,01
		(0,06)	(0,10)	(0,06)	(0,12)		(0,06)	(0,09)	(0,08)	(0,10)
Mittel	−0,06	0,01	0,04	−0,13*	0,24*	−0,03	−0,02	0,04	−0,11	0,06
	(0,07)	(0,04)	(0,09)	(0,06)	(0,12)	(0,06)	(0,04)	(0,09)	(0,07)	(0,11)
Hoch	0,04	0,03	†	0,05	0,18	0,01	0,00	†	0,04	−0,03
	(0,04)	(0,05)		(0,06)	(0,09)	(0,05)	(0,05)		(0,07)	(0,08)
Befragte										
Andere Person anwesend (RK: alleine)	−0,08*	0,01	−0,13	−0,01	−0,01	−0,12**	0,01	−0,06	−0,03	0,12
	(0,04)	(0,03)	(0,09)	(0,05)	(0,08)	(0,05)	(0,03)	(0,07)	(0,05)	(0,07)
Proxyinterview (RK: kein Proxyinterview)	0,15	−0,05	0,02	−0,23	0,13	0,12	−0,05	0,21	−0,15	0,17
	(0,10)	(0,10)	(0,17)	(0,18)	(0,14)	(0,10)	(0,17)	(0,32)	(0,12)	(0,14)
Lebenszufriedenheit	0,07***	0,06***	0,07**	0,05***	0,02	0,06	0,06***	0,07***	0,05***	0,08***
	(0,01)	(0,01)	(0,02)	(0,01)	(0,02)	(0,03)	(0,01)	(0,02)	(0,01)	(0,02)
Generalisiertes Vertrauen	0,01	0,01	0,03*	0,01	0,01	0,00	−0,01	−0,01	0,01	−0,02
	(0,01)	(0,01)	(0,01)	(0,01)	(0,02)	(0,01)	(0,01)	(0,01)	(0,01)	(0,02)
ISCED 4-6 (RC: ISCED 0-3)	0,03	0,04	0,05	0,15**	0,02	0,16***	0,14***	0,04	0,12*	0,01
	(0,05)	(0,04)	(0,06)	(0,05)	(0,15)	(0,05)	(0,04)	(0,06)	(0,05)	(0,13)
Anzahl Aktivitäten (letztes Jahr)[a]	0,16***	0,12***	0,12**	0,05	0,21*	0,02	0,07*	0,07	0,03	0,15*
	(0,03)	(0,03)	(0,05)	(0,03)	(0,09)	(0,03)	(0,03)	(0,05)	(0,04)	(0,08)
Alter (RK: 50-64 Jahre)										
65–79 Jahre	−0,07	−0,10	−0,05	−0,05	0,25**	0,10	−0,01	0,20*	0,02	−0,08
	(0,06)	(0,06)	(0,09)	(0,06)	(0,09)	(0,07)	(0,06)	(0,09)	(0,07)	(0,10)
80+ Jahre	0,06	0,08	0,01	0,02	0,48**	0,20	0,05	0,35	−0,09	−0,05
	(0,11)	(0,10)	(0,18)	(0,12)	(0,16)	(0,12)	(0,11)	(0,18)	(0,14)	(0,20)
$R^2_{Adj.}$ (GI)	0,47	0,53	0,52	0,55	0,54	0,42	0,48	0,51	0,53	0,48
$R^2_{Adj.}$ (NGI)	0,06	0,07	0,06	0,05	0,06	0,07	0,05	0,05	0,04	0,03
n	1.866	1.737	2.287	969	1.817	1.717	1.239	2.155	881	1.542

Datenbasis: SHARE, Release 6.1.1; gewichtete Daten, eigene Berechnungen

[a] IHS-transformiert † Keine entsprechenden Fälle in dieser Subgruppe; RK = Referenzkategorie; $^*p \leq ,05$ $^{**}p \leq ,01$ $^{***}p \leq ,001$

B.3 Detaillierte Regressionsergebnisse zu Kapitel 8

Tabelle B.6: Detaillierte Regressionsergebnisse nach Geschlecht und Befragungsland (unstandardisierte Koeffizienten, Standardfehler in Klammern)

	2001		2009		2010		2013		2014	
	♀	♂	♀	♂	♀	♂	♀	♂	♀	♂
Funktion										
Aktivitätseinschränkung (RK = keine)	0,22***	0,24***	0,18***	0,15**	0,27***	0,20***	0,23***	0,23***	0,24***	0,19***
	(0,03)	(0,03)	(0,05)	(0,05)	(0,05)	(0,06)	(0,05)	(0,05)	(0,05)	(0,06)
Anzahl Einschränkungen^a	−0,38***	−0,43***	−0,32***	−0,33***	−0,38***	−0,39***	−0,34***	−0,40***	−0,36***	−0,36***
	(0,02)	(0,03)	(0,04)	(0,05)	(0,04)	(0,05)	(0,04)	(0,04)	(0,04)	(0,05)
Anzahl Aktivitäten Hilfe benötigt^a	−0,41***	−0,41***	−0,33***	−0,31***	−0,34***	−0,38***	−0,39***	−0,40***	−0,41***	−0,42***
	(0,02)	(0,02)	(0,03)	(0,03)	(0,03)	(0,03)	(0,03)	(0,04)	(0,03)	(0,04)
Krankheiten										
Chronisches Gesundheitsproblem (RK: keins)	0,19***	0,30***	0,23***	0,19***	0,16***	0,19***	0,25***	0,18***	0,17***	0,27***
	(0,03)	(0,03)	(0,04)	(0,04)	(0,04)	(0,05)	(0,05)	(0,05)	(0,04)	(0,05)
Anzahl Gesundheitsprobleme/Krankheiten^a	−0,52***	−0,69***	−0,49***	−0,55***	−0,48***	−0,54***	−0,47***	−0,50***	−0,45***	−0,57***
	(0,02)	(0,02)	(0,03)	(0,03)	(0,03)	(0,04)	(0,03)	(0,04)	(0,03)	(0,03)
Schmerzen (RK: keine)										
Gering	−0,33***	−0,30***	−0,27***	−0,24***	−0,33***	−0,27***	−0,29***	−0,18***	−0,23***	−0,18***
	(0,03)	(0,03)	(0,04)	(0,05)	(0,04)	(0,05)	(0,03)	(0,04)	(0,04)	(0,04)
Mäßig	−0,51***	−0,47***	−0,50***	−0,46***	−0,39***	−0,41***	−0,41***	−0,36***	−0,43***	−0,32***
	(0,02)	(0,02)	(0,03)	(0,04)	(0,04)	(0,04)	(0,03)	(0,04)	(0,04)	(0,04)
Stark	−0,79***	−0,74***	−0,82***	−0,76***	−0,78***	−0,74***	−0,65***	−0,64***	−0,71***	−0,67***
	(0,04)	(0,04)	(0,06)	(0,07)	(0,06)	(0,09)	(0,07)	(0,09)	(0,05)	(0,09)
Gesundheitsverhalten										
BMI (RK: normal (18.5 ≤ BMI ≤ 25))										
Untergewicht (BMI < 18.5)	−0,18***	−0,20**	−0,23***	−0,23	−0,11	−0,38**	−0,14*	−0,36**	−0,14	−0,32*
	(0,03)	(0,06)	(0,06)	(0,14)	(0,07)	(0,12)	(0,06)	(0,13)	(0,07)	(0,16)
Übergewicht (25 ≤ BMI < 30)	−0,09***	−0,02	−0,14***	−0,06**	−0,11***	−0,04	−0,07**	−0,08**	−0,09***	−0,06*
	(0,01)	(0,01)	(0,02)	(0,02)	(0,03)	(0,03)	(0,03)	(0,03)	(0,02)	(0,03)
Adipositas (BMI ≥ 30)	−0,25***	−0,23***	−0,28***	−0,28***	−0,32***	−0,32***	−0,25***	−0,28***	−0,28***	−0,29***
	(0,02)	(0,02)	(0,03)	(0,03)	(0,03)	(0,03)	(0,03)	(0,03)	(0,03)	(0,03)
Aktuell Raucher (RK: nein)	−0,17***	−0,22***	−0,16***	−0,21***	−0,21***	−0,27***	−0,17***	−0,27***	−0,22***	−0,25***
	(0,01)	(0,01)	(0,02)	(0,02)	(0,02)	(0,03)	(0,03)	(0,03)	(0,03)	(0,03)
$R^2_{Adj.}$	0,32	0,28	0,32	0,28	0,35	0,3	0,32	0,29	0,35	0,31
n	56.258	51.202	25.522	21.527	25.949	21.458	26.078	21.112	26.095	20.694

Datenbasis: CCHS-Erhebungen 2001, 2009, 2010, 2013 und 2014; gewichtete Daten, eigene Berechnungen
^{a} IHS-transformiert; RK = Referenzkategorie; $^*p \leq ,05$ $^{**}p \leq ,01$ $^{***}p \leq ,001$

B.4 Detaillierte Regressionsergebnisse zu Kapitel 9

Tabelle B.7: Detaillierte Regressionsergebnisse der linearen Regressionen nach Geschlecht und Altersgruppe (unstandardisierte Koeffizienten, Standardfehler in Klammern)

	♀					♂				
	1892–1914	1915–1929	1930–1949	1950–1964	1965–1977	1892–1914	1915–1929	1930–1949	1950–1964	1965–1977
Funktion										
Aktivitätseinschränkung (RK = keine)	−0,40*	−0,32***	−0,34***	−0,34***	−0,26*	−0,31	−0,32**	−0,44***	−0,32***	−0,54*
	(0,16)	(0,09)	(0,09)	(0,08)	(0,10)	(0,25)	(0,11)	(0,11)	(0,09)	(0,22)
Anzahl Einschränkungen[a]	0,08	−0,11	−0,15**	−0,11**	−0,11*	−0,25	−0,16	−0,16**	−0,11*	−0,17**
	(0,14)	(0,07)	(0,05)	(0,04)	(0,05)	(0,18)	(0,09)	(0,05)	(0,04)	(0,06)
Anzahl Aktivitäten Hilfe benötigt[a]	−0,23*	−0,19**	−0,06	−0,20**	−0,31*	−0,11	−0,26**	−0,26**	−0,36**	−0,07
	(0,10)	(0,06)	(0,08)	(0,07)	(0,16)	(0,14)	(0,09)	(0,08)	(0,11)	(0,29)
Krankheiten										
Chronisches Gesundheitsproblem (RK: keins)	−0,05	−0,13	−0,28**	−0,30***	−0,11	−0,47*	−0,04	−0,20*	−0,12	0,08
	(0,17)	(0,09)	(0,09)	(0,08)	(0,13)	(0,22)	(0,11)	(0,10)	(0,08)	(0,16)
Anzahl Gesundheitsprobleme/Krankheiten[a]	−0,36**	−0,38***	−0,32***	−0,17***	−0,25***	−0,35	−0,31***	−0,27***	−0,24***	−0,22*
	(0,12)	(0,06)	(0,06)	(0,05)	(0,07)	(0,19)	(0,08)	(0,06)	(0,07)	(0,10)
Schmerzen (RK: keine)										
Gering	−0,59*	−0,11	−0,35***	−0,40***	−0,12	−0,19	−0,39**	−0,19	−0,27**	−0,32*
	(0,24)	(0,13)	(0,09)	(0,11)	(0,15)	(0,34)	(0,14)	(0,13)	(0,10)	(0,15)
Mäßig	−0,34*	−0,54***	−0,49***	−0,52***	−0,66***	−0,91***	−0,67***	−0,46***	−0,50***	−0,37
	(0,16)	(0,13)	(0,08)	(0,08)	(0,14)	(0,18)	(0,12)	(0,10)	(0,10)	(0,21)
Stark	−0,63**	−0,83***	−0,91***	−0,73***	−0,57***	−0,84*	−0,80***	−0,71***	−0,43	−0,20
	(0,24)	(0,12)	(0,19)	(0,13)	(0,16)	(0,33)	(0,24)	(0,15)	(0,23)	(0,25)
Mentale Gesundheit										
Medikamente gegen Depression (RK: nein)	−0,24	−0,26*	−0,33***	−0,48***	0,08	0,25	−0,43	−0,37**	−0,24	−0,58**
	(0,41)	(0,13)	(0,09)	(0,09)	(0,18)	(0,16)	(0,23)	(0,13)	(0,13)	(0,21)
Anzahl depressiver Symptome[a]	0,06	−0,10	−0,14***	−0,03	−0,09**	−0,03	−0,16*	−0,14***	−0,08*	−0,07
	(0,13)	(0,07)	(0,04)	(0,03)	(0,03)	(0,11)	(0,07)	(0,04)	(0,04)	(0,04)
Gesundheitsverhalten										
BMI (RK: normal (18.5 ≤ BMI ≤ 25))										
Untergewicht (BMI < 18.5)	0,04	−0,20	−0,06	−0,22*	−0,16	−0,14	−0,16	−0,66*	−0,45*	0,09
	(0,21)	(0,14)	(0,17)	(0,10)	(0,12)	(0,18)	(0,34)	(0,26)	(0,21)	(0,20)
Übergewicht (25 ≤ BMI < 30)	−0,34*	−0,03	−0,16**	−0,15**	−0,24**	0,18	0,13	−0,05	0,00	0,02
	(0,16)	(0,08)	(0,06)	(0,06)	(0,08)	(0,20)	(0,09)	(0,06)	(0,05)	(0,06)
Adipositas (BMI ≥ 30)	0,03	−0,07	−0,26***	−0,28***	−0,33***	−0,35	−0,07	−0,28***	−0,28***	−0,26**
	(0,19)	(0,08)	(0,07)	(0,09)	(0,09)	(0,27)	(0,13)	(0,07)	(0,07)	(0,10)
Aktuell Raucher (RK: nein)	0,04	0,00	−0,06	−0,21***	−0,29***	0,09	−0,12	−0,23***	−0,24***	−0,24***
	(0,26)	(0,09)	(0,06)	(0,05)	(0,06)	(0,24)	(0,08)	(0,06)	(0,05)	(0,07)
$R^2_{Adj.}$	0,30	0,37	0,33	0,27	0,22	0,40	0,30	0,29	0,20	0,12
n	1.103	6.351	13.612	15.558	10.175	434	3.812	11.388	13.817	9.066

Datenbasis: NPHS-Erhebung 1994; gewichtete Daten, eigene Berechnungen

[a] IHS-transformiert; RK = Referenzkategorie; *$p \leq$,05   **$p \leq$,01   ***$p \leq$,001

Tabelle B.8: Detaillierte Regressionsergebnisse der Fixed-Effects-Modelle nach Geschlecht und Altersgruppe (unstandardisierte Koeffizienten, Standardfehler in Klammern)

	♀					♂				
	1892–1914	1915–1929	1930–1949	1950–1964	1965–1977	1892–1914	1915–1929	1930–1949	1950–1964	1965–1977
Funktion										
Aktivitätseinschränkung (RK = keine)	−0,11	−0,21***	−0,22***	−0,17***	−0,25***	−0,07	−0,26***	−0,24***	−0,14***	−0,19***
	(0,14)	(0,04)	(0,03)	(0,04)	(0,04)	(0,17)	(0,06)	(0,03)	(0,03)	(0,05)
Anzahl Einschränkungen[a]	0,18	−0,03	−0,07**	−0,11***	−0,10***	−0,08	−0,08*	−0,08***	−0,11***	−0,06*
	(0,16)	(0,03)	(0,02)	(0,02)	(0,03)	(0,14)	(0,04)	(0,02)	(0,02)	(0,03)
Anzahl Aktivitäten Hilfe benötigt[a]	−0,31***	−0,20***	−0,15***	−0,21***	−0,16***	−0,19*	−0,15***	−0,21***	−0,25***	−0,11
	(0,08)	(0,03)	(0,03)	(0,03)	(0,04)	(0,08)	(0,04)	(0,03)	(0,04)	(0,10)
Krankheiten										
Chronisches Gesundheitsproblem (RK: keins)	−0,26*	−0,18***	−0,09**	−0,11**	0,02	−0,29*	0,00	−0,12***	−0,14***	−0,06
	(0,10)	(0,04)	(0,03)	(0,03)	(0,05)	(0,15)	(0,06)	(0,03)	(0,04)	(0,08)
Anzahl Gesundheitsprobleme/Krankheiten[a]	−0,23**	−0,17***	−0,20***	−0,15***	−0,12***	−0,14	−0,22***	−0,24***	−0,17***	−0,14***
	(0,08)	(0,03)	(0,02)	(0,02)	(0,02)	(0,09)	(0,04)	(0,02)	(0,02)	(0,03)
Schmerzen (RK: keine)										
Gering	−0,23	−0,12	−0,13**	−0,19***	−0,12*	−0,29	−0,19*	−0,11**	−0,14***	−0,25***
	(0,16)	(0,08)	(0,04)	(0,04)	(0,06)	(0,23)	(0,08)	(0,04)	(0,04)	(0,05)
Mäßig	−0,18	−0,28***	−0,28***	−0,33***	−0,28***	−0,83***	−0,27***	−0,29***	−0,35***	−0,35***
	(0,13)	(0,05)	(0,03)	(0,04)	(0,07)	(0,19)	(0,07)	(0,04)	(0,04)	(0,08)
Stark	−0,34	−0,46***	−0,36***	−0,65***	−0,48***	−0,78**	−0,67***	−0,45***	−0,55***	−0,92***
	(0,28)	(0,08)	(0,06)	(0,08)	(0,09)	(0,27)	(0,12)	(0,08)	(0,10)	(0,19)
Mentale Gesundheit										
Medikamente gegen Depression (RK: nein)	0,15	−0,08	−0,06	−0,15***	−0,16**	0,77*	−0,14	−0,15*	−0,13*	−0,28***
	(0,19)	(0,06)	(0,04)	(0,04)	(0,05)	(0,34)	(0,12)	(0,07)	(0,06)	(0,07)
Anzahl depressiver Symptome[a]	−0,06	−0,02	−0,07***	−0,07***	−0,08***	0,16	−0,08	−0,10***	−0,08***	−0,05*
	(0,17)	(0,04)	(0,02)	(0,01)	(0,02)	(0,15)	(0,05)	(0,03)	(0,02)	(0,02)
Gesundheitsverhalten										
BMI (RK: normal (18.5 ≤ BMI ≤ 25))										
Untergewicht (BMI < 18.5)	0,06	−0,30*	−0,02	−0,10	−0,11	−0,18	−0,56***	−0,12	0,08	0,13
	(0,21)	(0,12)	(0,11)	(0,07)	(0,07)	(0,42)	(0,13)	(0,17)	(0,14)	(0,16)
Übergewicht (25 ≤ BMI < 30)	−0,06	0,12**	−0,03	−0,11***	−0,10**	−0,24	0,03	−0,07*	−0,09**	−0,16***
	(0,16)	(0,05)	(0,03)	(0,03)	(0,03)	(0,18)	(0,06)	(0,03)	(0,03)	(0,04)
Adipositas (BMI ≥ 30)	−0,15	0,14	−0,04	−0,23***	−0,25***	−0,11	0,05	−0,07	−0,23***	−0,42***
	(0,27)	(0,09)	(0,04)	(0,05)	(0,06)	(0,21)	(0,09)	(0,05)	(0,05)	(0,06)
Aktuell Raucher (RK: nein)	0,23	0,11	0,10*	−0,02	−0,06	0,05	0,25*	0,04	0,00	−0,10
	(0,55)	(0,10)	(0,05)	(0,03)	(0,04)	(0,36)	(0,12)	(0,05)	(0,04)	(0,05)
R^2_{Within}	0,14	0,16	0,11	0,13	0,09	0,28	0,15	0,13	0,11	0,08
Personenjahre	1.103	6.351	13.612	15.558	10.175	434	3.812	11.388	13.817	9.066

Datenbasis: NPHS-Erhebungen 1994–2011; gewichtete Daten, eigene Berechnungen
[a] IHS-transformiert; RK = Referenzkategorie; $^*p \leq ,05$ $^{**}p \leq ,01$ $^{***}p \leq ,001$

Anhang C: Weiterführende Analysen

C.1 Weiterführende Analysen zu Kapitel 6

C.1.1 Alternative Modellierung mithilfe generalisierter Ordered Logit Modelle

Durch die sehr viel längere Berechnungszeit generalisierter Ordered Logit Modelle und da es nur um einen Vergleich hinsichtlich der inhaltlichen Schlussfolgerungen geht, habe ich auf die Berechnung der Konfidenzintervalle für sämtliche generalisierte Ordered Logit Modelle verzichtet.

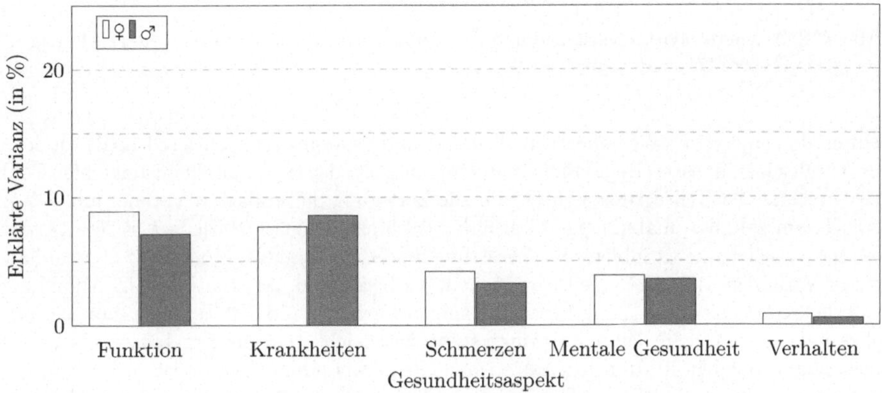

Datenbasis: SHARE, Release 6.1.1; gewichtete Daten, eigene Berechnungen

Abb. C.1: Ausmaß erklärter Varianz durch Gesundheitsaspekte nach Geschlecht (generalisierte Ordered Logit Modelle)

Aufgrund der vergleichsweise geringen Fallzahlen mussten in der Stichprobe der ältesten Befragten (80+) beides Geschlechts die beiden Kategorien „mäßige" und „starke" Schmerzen zusammengefasst werden. Aus diesem Grund ist davon auszugehen, dass durch diese Berechnungsmethode die erklärte Varianz durch die Gesundheitsdimension Schmerzen in beiden Altersgruppen unterschätzt wird.

© Springer Fachmedien Wiesbaden GmbH, ein Teil von Springer Nature 2019
P. Lazarević, *Was misst Self-Rated Health?*,
https://doi.org/10.1007/978-3-658-28026-0

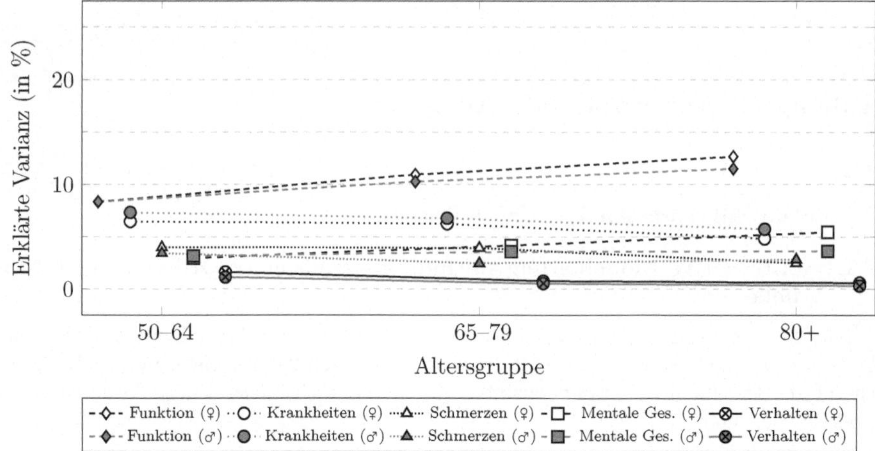

Datenbasis: SHARE, Release 6.1.1; gewichtete Daten, eigene Berechnungen

Abb. C.2: Ausmaß erklärter Varianz durch Gesundheitsaspekte nach Geschlecht und Altersgruppe (generalisierte Ordered Logit Modelle)

Durch den einerseits weit höheren Rechenaufwand generalisierter Ordered Logit Modelle im Vergleich zu linearen Regressionen und andererseits der exponentiell ansteigenden Zahl zu berechnender Teilregressionen (k) für die Zerlegung der erklärten Varianz mit jedem zur Gesamtzahl der unabhängigen Variablen (p) hinzugefügten GI (denn $k = 2^p - 1$), war es nicht möglich, die variablenweise Zerlegung für das vollständige Modell mit 20 unabhängigen Variablen (1.048.575 Teilregressionen) zu berechnen. Alternativ ist in Abbildung C.3 das reduzierte Modell mit 14 unabhängigen Variablen (16.383 Teilregressionen), welches nur Surveyfragen beinhaltet, dargestellt. Vergleicht man die Ergebnisse mit denen des entsprechenden linearen Regressionsmodells in Abbildung C.5, finden sich allerdings wieder die selben inhaltlichen Ergebnisse, sodass die Verwendung der anderen Methode auch hier offenbar keinen sonderlich großen Einfluss hat.

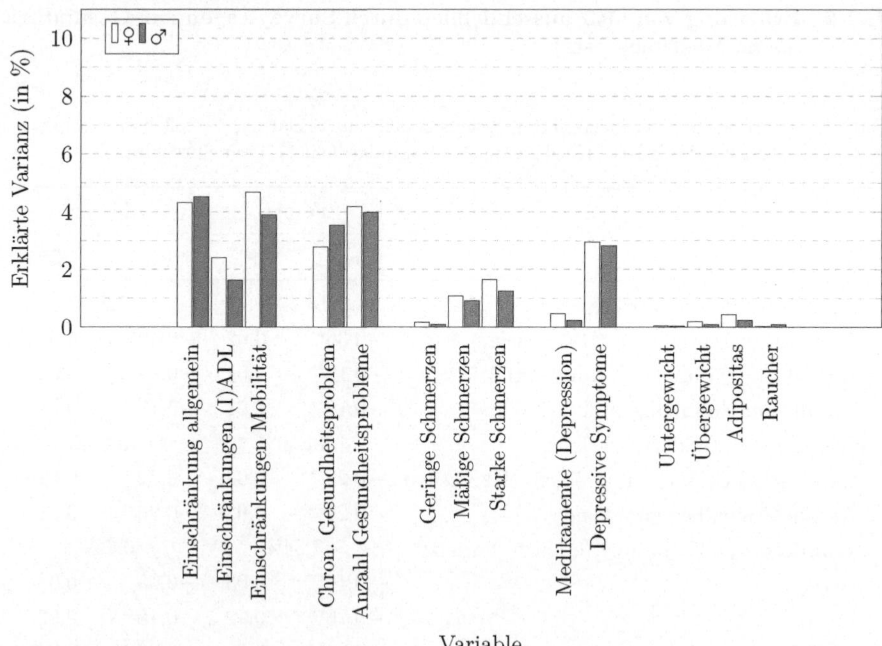

Datenbasis: SHARE, Release 6.1.1; gewichtete Daten, eigene Berechnungen

Abb. C.3: Ausmaß erklärter Varianz durch die einzelnen Variablen nach Geschlecht (generalisierte Ordered Logit Modelle) – nur Surveyfragen

C.1.2 Erklärung von SRH ausschließlich durch Surveyfragen zur Gesundheit (keine Leistungstests)

Tabelle C.1: Ergebnisse der linearen Regressionsmodelle zur Erklärung der selbst eingeschätzten Gesundheit (unstandardisierte Koeffizienten und Standardfehler) – nur Surveyfragen

	Frauen		Männer	
	Koef.	SF	Koef.	SF
Funktion (erklärte Varianz)	18,47%		17,29%	
Aktivitätseinschränkung (RK = keine)	−0,36***	0,02	−0,40***	0,02
Anzahl Einschränkungen von (I)ADL[a]	−0,12***	0,01	−0,08***	0,02
Anzahl Einschränkungen der Mobilität[a]	−0,16***	0,01	−0,17***	0,01
Krankheiten (erklärte Varianz)	14,50%		15,63%	
Chronisches Gesundheitsproblem (RK: keins)	−0,22***	0,02	−0,32***	0,02
Anzahl Gesundheitsprobleme[a]	−0,25***	0,01	−0,26***	0,01
Schmerzen (RK: keine) (erklärte Varianz)	8,34%		6,56%	
Gering	−0,10**	0,03	−0,05	0,03
Mäßig	−0,20***	0,02	−0,18***	0,02
Stark	−0,34***	0,03	−0,32***	0,04
Mentale Gesundheit (erklärte Varianz)	7,11%		6,44%	
Medikamente gegen Depression (RK: nein)	−0,14***	0,03	−0,09*	0,04
Anzahl depressiver Symptome[a]	−0,16***	0,01	−0,16***	0,01
Gesundheitsverhalten	1,50%		0,80%	
BMI (RK: normal (18.5 ≤ BMI ≤ 25))				
Untergewicht (BMI < 18.5)	−0,20***	0,05	0,01	0,15
Übergewicht (25 ≤ BMI < 30)	−0,07***	0,02	−0,04*	0,02
Adipositas (BMI ≥ 30)	−0,13***	0,02	−0,10***	0,02
Aktuell Raucher (RK: nein)	−0,04	0,02	−0,11***	0,02
$R^2_{Adj.}$	0,50		0,47	
n	33.762		27.561	

Datenbasis: SHARE, Release 6.1.1; gewichtete Daten, eigene Berechnungen
[a] IHS-transformiert
SF = Standardfehler; RK = Referenzkategorie
$p \leq ,05$ **$p \leq ,01$ ***$p \leq ,001$

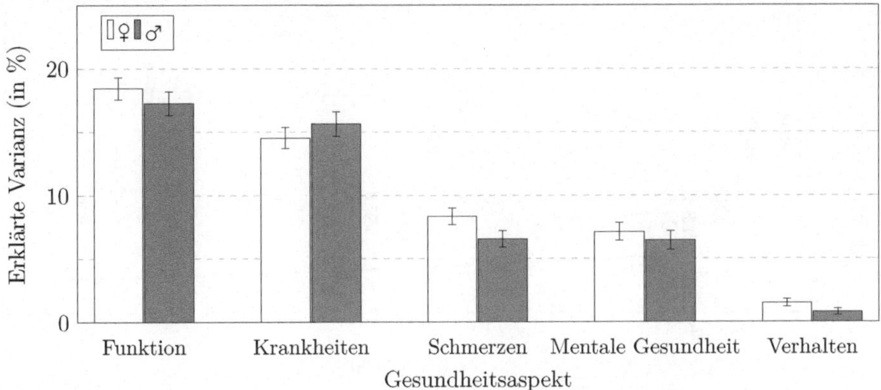

Datenbasis: SHARE, Release 6.1.1; gewichtete Daten, eigene Berechnungen

Abb. C.4: Ausmaß erklärter Varianz durch Gesundheitsaspekte nach Geschlecht (95%-Konfidenzintervalle) – nur Surveyfragen

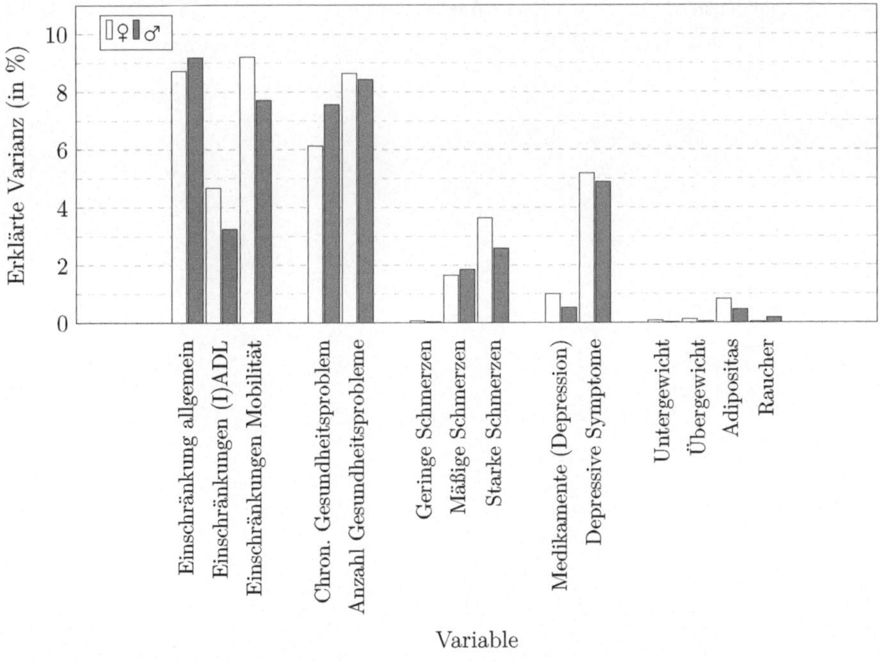

Datenbasis: SHARE, Release 6.1.1; gewichtete Daten, eigene Berechnungen

Abb. C.5: Ausmaß erklärter Varianz durch die einzelnen Variablen nach Geschlecht – nur Surveyfragen

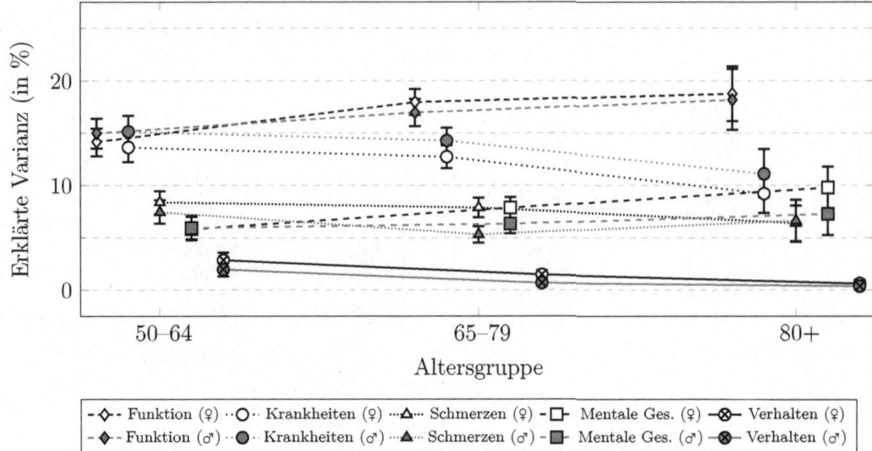

Datenbasis: SHARE, Release 6.1.1; gewichtete Daten, eigene Berechnungen

Abb. C.6: Ausmaß erklärter Varianz durch Gesundheitsaspekte nach Geschlecht und Altersgruppe (95%-Konfidenzintervalle) – nur Surveyfragen

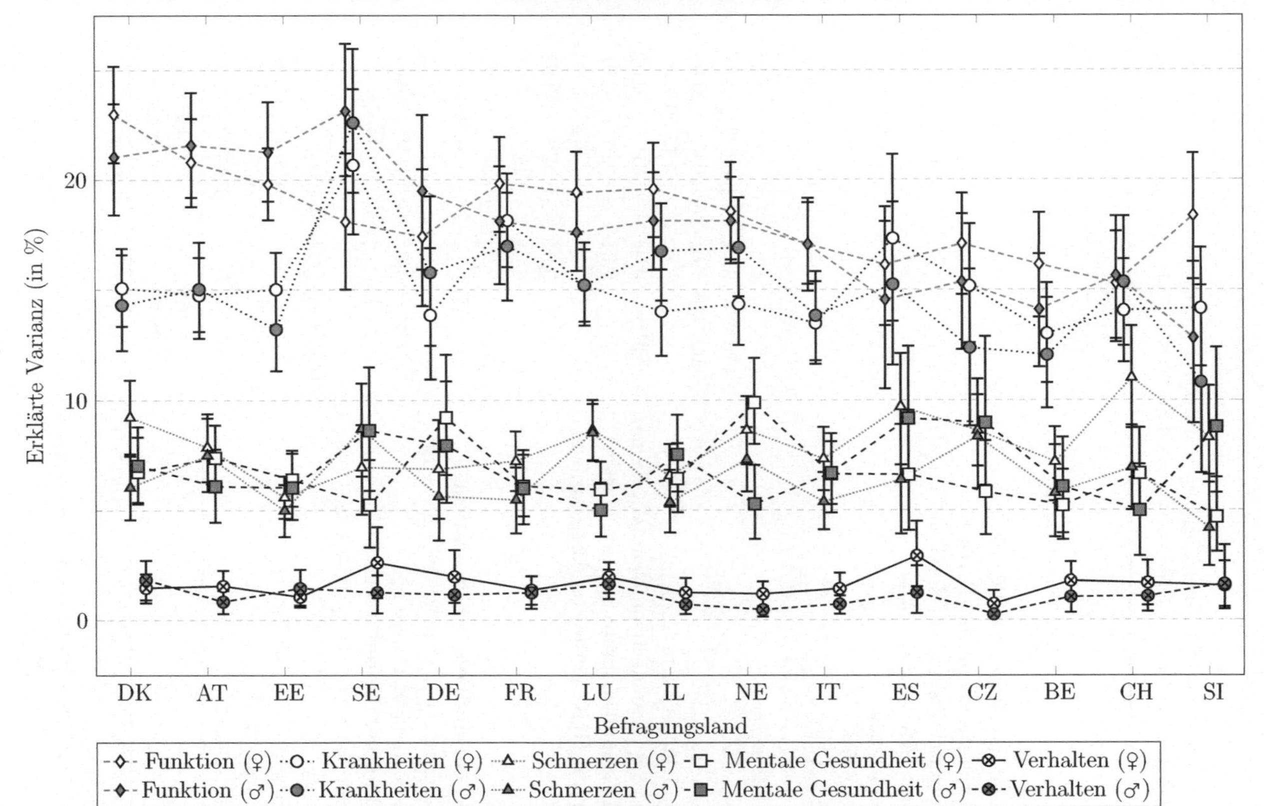

Datenbasis: SHARE, Release 6.1.1; gewichtete Daten, eigene Berechnungen

Abb. C.7: Ausmaß erklärter Varianz durch Gesundheitsaspekte nach Geschlecht und Befragungsland (95%-Konfidenzintervalle) – nur Surveyfragen

C.1.3 Überblick über die Ergebnisse der nicht nach Ländern getrennten Analysen ohne Gewichtung

Tabelle C.2: Ergebnisse der linearen Regression zur Erklärung der selbst eingeschätzten Gesundheit durch GI (unstandardisierte Koeffizienten und Standardfehler)

	Frauen		Männer	
	Koef.	SF	Koef.	SF
Funktion (erklärte Varianz)	19,84%		19,57%	
Aktivitätseinschränkung (RK = keine)	−0,32***	0,01	−0,38***	0,01
Anzahl Einschränkungen ((I)ADL)[a]	−0,07***	0,01	−0,05***	0,01
Anzahl Einschränkungen (Mobilität)[a]	−0,13***	0,01	−0,16***	0,01
Greifkraft (RK: mittlere 50%)				
Keine Messung	−0,14***	0,02	−0,16***	0,02
Stärkere 25%	0,09***	0,01	0,13***	0,01
Schwächere 25%	−0,13***	0,01	−0,11***	0,01
Chair Stand (RK: mittlere 50%)				
Keine Messung	−0,20***	0,01	−0,17***	0,02
Schnellere 25%	0,13***	0,01	0,08***	0,01
Langsamere 25%	−0,09***	0,01	−0,08***	0,01
Krankheiten (erklärte Varianz)	14,04%		13,89%	
Chronisches Gesundheitsproblem (RK: keins)	−0,29***	0,01	−0,31***	0,01
Anzahl Gesundheitsprobleme/Krankheiten[a]	−0,20***	0,01	−0,22***	0,01
Schmerzen (RK: keine) (erklärte Varianz)	7,77%		6,25%	
Gering	−0,06***	0,01	−0,05**	0,02
Mäßig	−0,17***	0,01	−0,18***	0,01
Stark	−0,33***	0,02	−0,31***	0,02
Mentale Gesundheit (erklärte Varianz)	7,07%		6,77%	
Medikamente gegen Depression (RK: nein)	−0,09***	0,02	−0,04	0,02
Anzahl depressiver Symptome[a]	−0,17***	0,01	−0,17***	0,01
Gesundheitsverhalten (erklärte Varianz)	1,82%		0,94%	
BMI (RK: normal (18.5 ≤ BMI ≤ 25))				
Untergewicht (BMI < 18.5)	−0,08**	0,03	−0,04	0,07
Übergewicht (25 ≤ BMI < 30)	−0,11***	0,01	−0,05***	0,01
Adipositas (BMI ≥ 30)	−0,19***	0,01	−0,13***	0,01
Aktuell Raucher (RK: nein)	−0,06***	0,01	−0,13***	0,01
$R^2_{Adj.}$	0,51		0,47	
n	33.751		27.551	

Datenbasis: SHARE, Release 6.1.1; ungewichtete Daten, eigene Berechnungen
[a] IHS-transformiert
SF = Standardfehler; RK = Referenzkategorie
*$p \leq ,05$ **$p \leq ,01$ ***$p \leq ,001$

Tabelle C.3: Regressionsergebnisse nach Geschlecht und Altersgruppe (unstandardisierte Koeffizienten, Standardfehler in Klammern)

	Frauen			Männer		
	50–64	65–79	80+	50–64	65–79	80+
Funktion						
Aktivitätseinschränkung (RK = keine)	−0,33***	−0,32***	−0,30***	−0,37***	−0,39***	−0,32***
	(0,02)	(0,02)	(0,03)	(0,02)	(0,02)	(0,04)
Anzahl Einschränkungen von (I)ADL[a]	−0,06***	−0,07***	−0,09***	−0,04*	−0,08***	−0,05**
	(0,02)	(0,01)	(0,01)	(0,02)	(0,02)	(0,02)
Anzahl Einschränkungen der Mobilität[a]	−0,12***	−0,13***	−0,13***	−0,17***	−0,16***	−0,15***
	(0,01)	(0,01)	(0,02)	(0,01)	(0,01)	(0,02)
Greifkraft (RK: mittlere 50%) Keine Messung	−0,13***	−0,13***	−0,11**	−0,11**	−0,18***	−0,18***
	(0,03)	(0,02)	(0,04)	(0,04)	(0,03)	(0,05)
Stärkere 25%	0,08***	0,06**	−0,06	0,13***	0,14***	0,29
	(0,01)	(0,02)	(0,10)	(0,02)	(0,02)	(0,15)
Schwächere 25%	−0,16***	−0,13***	−0,04	−0,08***	−0,12***	−0,07*
	(0,02)	(0,02)	(0,03)	(0,03)	(0,02)	(0,03)
Chair Stand (RK: mittlere 50%) Keine Messung	−0,20***	−0,20***	−0,22***	−0,14***	−0,17***	−0,25***
	(0,02)	(0,02)	(0,03)	(0,03)	(0,02)	(0,04)
Schnellere 25%	0,11***	0,14***	0,12	0,07***	0,11***	−0,05
	(0,01)	(0,02)	(0,07)	(0,02)	(0,02)	(0,09)
Langsamere 25%	−0,08***	−0,09***	−0,11**	−0,02	−0,10***	−0,14***
	(0,02)	(0,02)	(0,03)	(0,02)	(0,02)	(0,04)
Krankheiten						
Chronisches Gesundheitsproblem (RK: keins)	−0,28***	−0,29***	−0,28***	−0,31***	−0,33***	−0,26***
	(0,02)	(0,02)	(0,03)	(0,02)	(0,02)	(0,03)
Anzahl Gesundheitsprobleme/Krankheiten[a]	−0,22***	−0,19***	−0,11***	−0,25***	−0,19***	−0,13***
	(0,01)	(0,01)	(0,02)	(0,01)	(0,01)	(0,02)
Schmerzen (RK: keine)						
Gering	−0,06*	−0,07**	−0,10*	−0,04	−0,05	−0,07
	(0,02)	(0,02)	(0,04)	(0,02)	(0,03)	(0,05)
Mäßig	−0,20***	−0,17***	−0,12***	−0,22***	−0,15***	−0,18***
	(0,02)	(0,02)	(0,03)	(0,02)	(0,02)	(0,04)
Stark	−0,37***	−0,29***	−0,33***	−0,36***	−0,26***	−0,30***
	(0,03)	(0,02)	(0,04)	(0,03)	(0,03)	(0,05)
Mentale Gesundheit						
Medikamente gegen Depression (RK: nein)	−0,13***	−0,07**	−0,07	−0,03	−0,06	0,03
	(0,02)	(0,02)	(0,04)	(0,04)	(0,04)	(0,07)
Anzahl depressiver Symptome[a]	−0,15***	−0,18***	−0,19***	−0,16***	−0,17***	−0,20***
	(0,01)	(0,01)	(0,02)	(0,01)	(0,01)	(0,02)
Gesundheitsverhalten						
BMI (RK: normal (18.5 ≤ BMI ≤ 25))						
Untergewicht (BMI < 18.5)	−0,13**	−0,03	−0,04	−0,19	0,11	0,01
	(0,05)	(0,05)	(0,06)	(0,11)	(0,11)	(0,14)
Übergewicht (25 ≤ BMI < 30)	−0,15***	−0,08***	−0,01	−0,06***	−0,06***	0,02
	(0,01)	(0,02)	(0,03)	(0,02)	(0,02)	(0,03)
Adipositas (BMI ≥ 30)	−0,22***	−0,19***	−0,02	−0,15***	−0,13***	−0,05
	(0,02)	(0,02)	(0,03)	(0,02)	(0,02)	(0,04)
Aktuell Raucher (RK: nein)	−0,11***	−0,01	0,04	−0,19***	−0,07***	0,02
	(0,01)	(0,02)	(0,05)	(0,02)	(0,02)	(0,05)
$R^2_{Adj.}$	0,47	0,48	0,46	0,46	0,45	0,45
n	15.929	13.752	4.070	12.565	11.939	3.047

Datenbasis: SHARE, Release 6.1.1; ungewichtete Daten, eigene Berechnungen
[a] IHS-transformiert; SF = Standardfehler; RK = Referenzkategorie; $^*p \leq ,05$ $^{**}p \leq ,01$ $^{***}p \leq ,001$

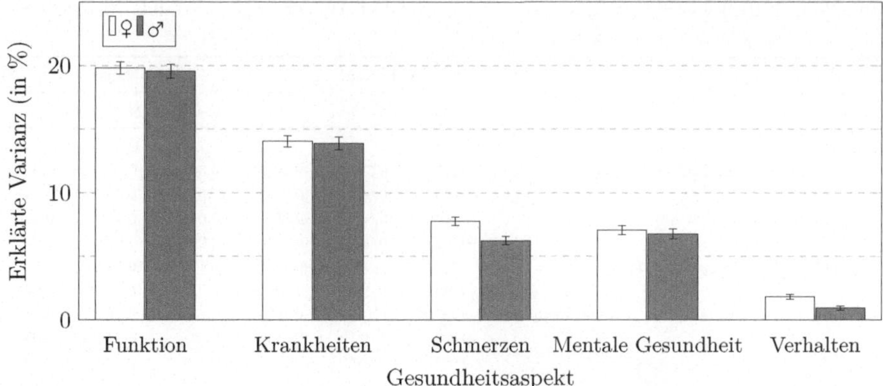

Datenbasis: SHARE, Release 6.1.1; ungewichtete Daten, eigene Berechnungen

Abb. C.8: Ausmaß erklärter Varianz durch Gesundheitsaspekte nach Geschlecht ohne Gewichtung (95%-Konfidenzintervalle)

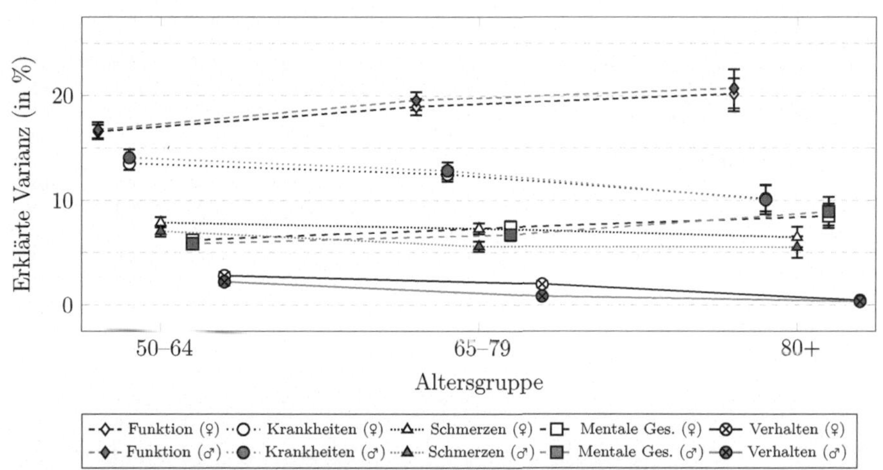

Datenbasis: SHARE, Release 6.1.1; ungewichtete Daten, eigene Berechnungen

Abb. C.9: Ausmaß erklärter Varianz durch Gesundheitsaspekte nach Geschlecht und Altersgruppe ohne Gewichtung (95%-Konfidenzintervalle)

C.2 Weiterführende Analysen zu Kapitel 7

C.2.1 Überblick über die Ergebnisse der nicht nach Ländern getrennten Analysen ohne Gewichtung

Tabelle C.4: Ergebnisse der Regression zur Erklärung der Residuen (unstandardisierte Koeffizienten und Standardfehler)

	Frauen		Männer	
	Koef.	SF	Koef.	SF
InterviewerIn (erklärte Varianz)	1,08%		0,79%	
Keine Erfahrung (RK: mind. ein Jahr)	−0,06*	0,02	−0,03	0,03
Alter (InterviewerIn) (kat: 10 Jahre)	−0,03	0,02	−0,04*	0,02
SRH (InterviewerIn)	0,04***	0,01	0,02	0,01
Altersunterschied (in Jahren)	−0,00	0,00	−0,00	0,00
Interviewerin (RK: Interviewer)	0,04**	0,02	0,04*	0,02
Bildung (RK: Universität)				
Niedrig	0,05	0,03	0,04	0,03
Mittel	−0,04*	0,02	−0,05*	0,02
Hoch	0,04*	0,02	0,03	0,02
Befragte (erklärte Varianz)	5,12%		4,69%	
Andere Person anwesend (RK: alleine)	−0,03	0,02	−0,03	0,02
Proxyinterview (RK: kein Proxyinterview)	0,06	0,05	0,00	0,06
Lebenszufriedenheit	0,06***	0,00	0,06***	0,01
Generalisiertes Vertrauen	0,01**	0,00	0,00	0,00
ISCED 4-6 (RC: ISCED 0-3)	0,10***	0,02	0,12***	0,02
Alter (RK: 50-64 Jahre)				
65–79 Jahre	−0,02	0,03	0,05	0,03
80+ Jahre	0,11*	0,05	0,05	0,05
Anzahl Aktivitäten (letztes Jahr)[a]	0,13***	0,01	0,07***	0,01
Befragungsland (RK: DE) (erklärte Varianz)	2,60%		3,08%	
Österreich	0,04	0,02	0,13***	0,03
Belgien	0,18***	0,02	0,23***	0,03
Spanien	−0,06*	0,03	−0,01	0,03
Schweden	0,26***	0,03	0,32***	0,03
$R^2_{Adj.}$ (GI)	0,51		0,47	
$R^2_{Adj.}$ (NGI)	0,09		0,08	
n	8.676		7.534	

Datenbasis: SHARE, Release 6.1.1; ungewichtete Daten, eigene Berechnungen
[a] IHS-transformiert
SF = Standardfehler; RK = Referenzkategorie
*$p \leq ,05$ **$p \leq ,01$ ***$p \leq ,001$

Tabelle C.5: Ergebnisse der Regression zur Erklärung der Residuen nach Geschlecht und Altersgruppe (unstandardisierte Koeffizienten, Standardfehler in Klammern)

	Frauen			Männer		
	50–64	65–79	80+	50–64	65–79	80+
InterviewerIn						
Keine Erfahrung (RK: mind. ein Jahr)	−0,06	−0,05	−0,07	−0,03	−0,04	0,06
	(0,04)	(0,04)	(0,06)	(0,04)	(0,04)	(0,07)
Alter (InterviewerIn) (kat. 10 Jahre)	−0,04	−0,04	0,08	−0,05*	−0,01	0,00
	(0,02)	(0,03)	(0,05)	(0,03)	(0,03)	(0,06)
SRH (InterviewerIn)	0,04**	0,05***	0,04	−0,00	0,03*	0,04
	(0,01)	(0,01)	(0,02)	(0,01)	(0,02)	(0,03)
Altersunterschied (in Jahren)	−0,00	−0,00	0,01	−0,00	0,00	0,00
	(0,00)	(0,00)	(0,00)	(0,00)	(0,00)	(0,01)
Interviewerin (RK: Interviewer)	0,02	0,04	0,10*	−0,02	0,06*	0,17**
	(0,02)	(0,03)	(0,04)	(0,02)	(0,03)	(0,05)
Bildung (RK: Universität)						
Niedrig	0,04	0,05	0,08	0,06	0,03	−0,04
	(0,04)	(0,04)	(0,08)	(0,04)	(0,05)	(0,10)
Mittel	−0,06*	−0,02	−0,03	−0,07*	−0,03	0,02
	(0,03)	(0,03)	(0,06)	(0,03)	(0,03)	(0,07)
Hoch	0,03	0,05	0,06	−0,00	0,06	0,08
	(0,03)	(0,03)	(0,06)	(0,03)	(0,04)	(0,06)
Befragte						
Andere Person anwesend (RK: alleine)	0,01	−0,06*	−0,04	−0,02	−0,06*	−0,01
	(0,02)	(0,03)	(0,05)	(0,03)	(0,03)	(0,05)
Proxyinterview (RK: kein Proxyinterview)	0,03	−0,03	0,11	−0,08	0,01	0,06
	(0,11)	(0,09)	(0,08)	(0,10)	(0,10)	(0,10)
Lebenszufriedenheit	0,06***	0,05***	0,05***	0,06***	0,07***	0,08***
	(0,01)	(0,01)	(0,01)	(0,01)	(0,01)	(0,01)
Generalisiertes Vertrauen	0,01	0,01*	0,00	0,00	0,00	0,00
	(0,00)	(0,01)	(0,01)	(0,01)	(0,01)	(0,01)
ISCED 4-6 (RC: ISCED 0-3)	0,05*	0,14***	0,22***	0,14***	0,12***	0,05
	(0,02)	(0,03)	(0,06)	(0,03)	(0,03)	(0,06)
Anzahl Aktivitäten (letztes Jahr)[a]	0,14***	0,12***	0,04	0,08***	0,08***	0,07
	(0,02)	(0,02)	(0,05)	(0,02)	(0,02)	(0,05)
Interviewland (RK: Deutschland)						
Österreich	0,05	0,06	−0,05	0,14***	0,14***	0,00
	(0,03)	(0,04)	(0,07)	(0,04)	(0,04)	(0,09)
Belgien	0,14***	0,22***	0,24**	0,22***	0,25***	0,17
	(0,03)	(0,04)	(0,07)	(0,04)	(0,04)	(0,09)
Spanien	−0,12**	0,01	−0,05	−0,03	0,03	−0,10
	(0,04)	(0,04)	(0,08)	(0,04)	(0,05)	(0,09)
Schweden	0,33***	0,26***	0,06	0,38***	0,32***	0,06
	(0,05)	(0,05)	(0,09)	(0,05)	(0,05)	(0,10)
$R^2_{Adj.}$ (GI)	0,48	0,49	0,45	0,46	0,45	0,43
$R^2_{Adj.}$ (NGI)	0,09	0,09	0,07	0,08	0,08	0,07
n	4.309	3.410	957	3.562	3.184	788

Datenbasis: SHARE, Release 6.1.1; ungewichtete Daten, eigene Berechnungen
[a] IHS-transformiert; SF = Standardfehler; RK = Referenzkategorie; *$p \leq ,05$ **$p \leq ,01$ ***$p \leq ,001$

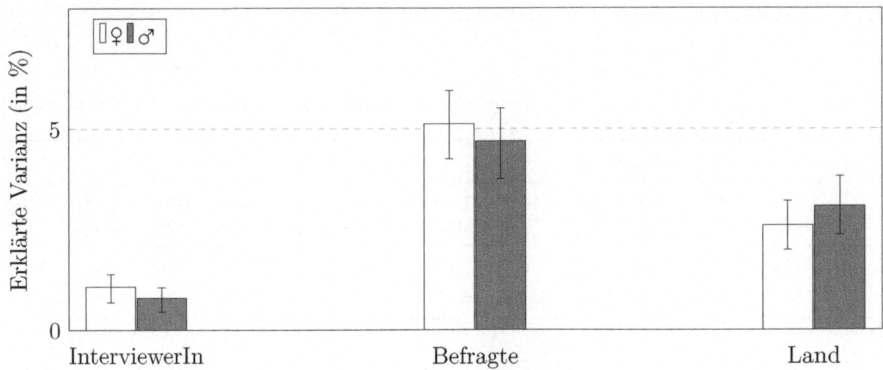

Datenbasis: SHARE, Release 6.1.1; ungewichtete Daten, eigene Berechnungen

Abb. C.10: Ausmaß erklärter Varianz durch Verzerrungsquellen nach Geschlecht (95%-Konfidenzintervalle)

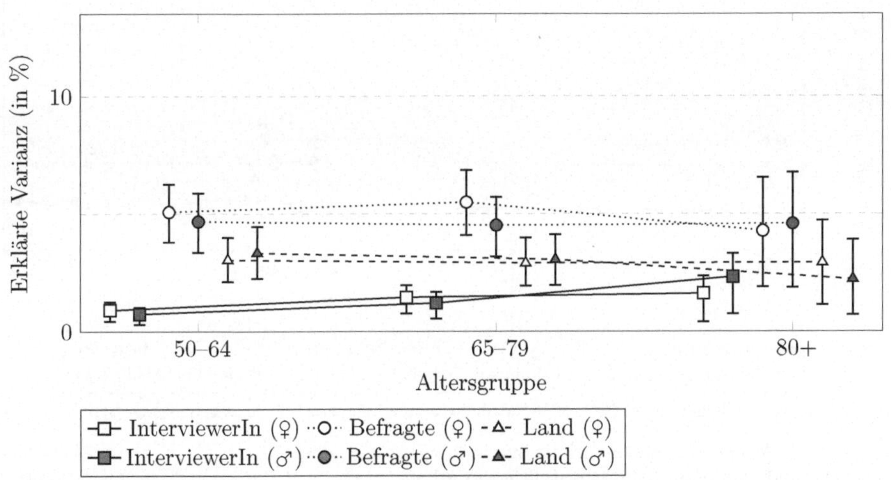

Datenbasis: SHARE, Release 6.1.1; ungewichtete Daten, eigene Berechnungen

Abb. C.11: Ausmaß erklärter Varianz durch Verzerrungsquellen nach Geschlecht und Altersgruppe (95%-Konfidenzintervalle)

C.3 Weiterführende Analysen zu Kapitel 8

Tabelle C.6: $R^2_{Adj.}$ und Fallzahl für die gepoolten Modelle nach Geschlecht und Kohorte

	Frauen						Männer					
	1972–1983	1962–1971	1952–1961	1942–1951	1932–1941	1922–1931	1972–1983	1962–1971	1952–1961	1942–1951	1932–1941	1922–1931
$R^2_{Adj.}$	0,23	0,29	0,35	0,36	0,33	0,29	0,20	0,22	0,32	0,32	0,28	0,28
n	27.919	26.232	34.733	32.675	22.990	15.353	25.055	24.518	31.056	28.240	17.534	9.590

Datenbasis: CCHS-Erhebungen 2001, 2009, 2010, 2013 und 2014; gewichtete Daten, eigene Berechnungen

C.3.1 Alternative Modellierung mithilfe generalisierter Ordered Logit Modelle

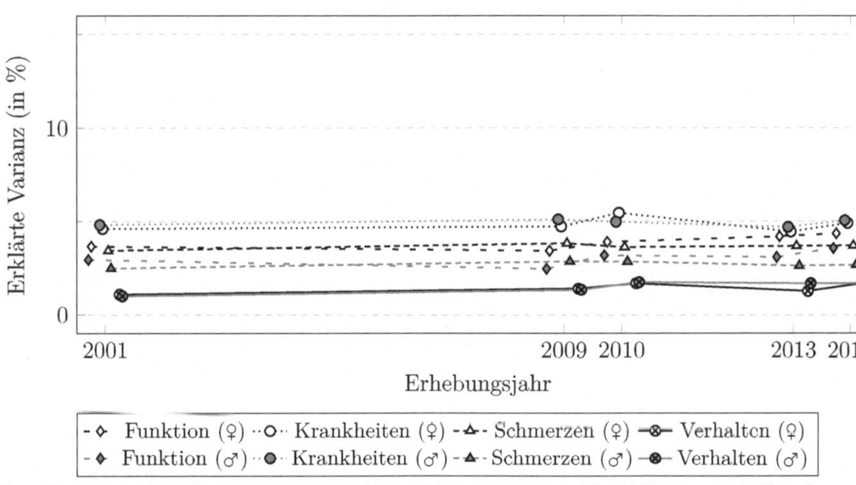

Datenbasis: CCHS-Erhebungen 2001, 2009, 2010, 2013 und 2014; gewichtete Daten, eigene Berechnungen

Abb. C.12: Ausmaß erklärter Varianz durch die vier Gesundheitsdimensionen separat nach Geschlecht und Befragungsjahr (generalisierte Ordered Logit Modelle; wiederholte Querschnittsanalysen)

C.4 Weiterführende Analysen zu Kapitel 9

C.4.1 Alternative Modellierung mithilfe generalisierter Ordered Logit Modelle

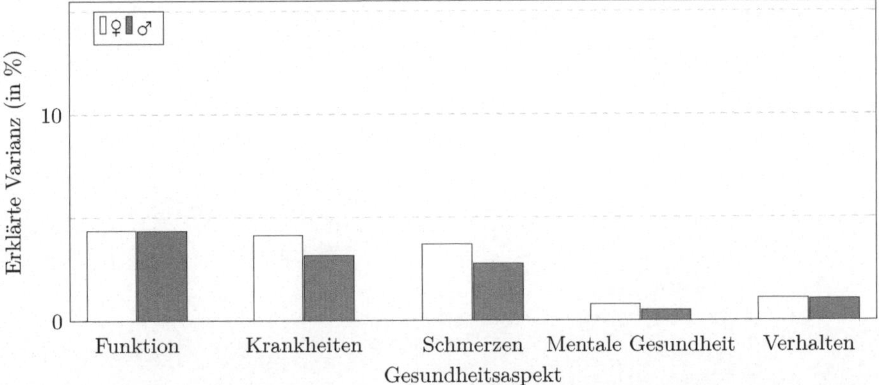

Abb. C.13: Ausmaß erklärter Varianz durch Gesundheitsaspekte nach Geschlecht (generalisierte Ordered Logit Modelle, Querschnittsanalysen der ersten NPHS-Welle (1994))